U0158585

本书获得中国社会科学院大学中央高校基本科研业务费优秀博士学位论文出版资助项目经费支持，谨以致谢！

中国社会科学院大学文库
优秀博士学位论文系列

UCASS Excellent
Doctoral Dissertation

阿拉斯加北坡石油开发与管道建设争议及影响

张文静 著

中国社会科学出版社

图书在版编目（CIP）数据

阿拉斯加北坡石油开发与管道建设争议及影响 / 张文静著.
—北京：中国社会科学出版社，2023.2
（中国社会科学院大学文库.优秀博士学位论文系列）
ISBN 978-7-5227-1356-4

Ⅰ.①阿… Ⅱ.①张… Ⅲ.①石油开采—研究—阿拉斯加
②石油管道—管道工程—研究—阿拉斯加 Ⅳ.①TE35 ②TE973

中国国家版本馆 CIP 数据核字（2023）第 022439 号

出 版 人 赵剑英
责任编辑 赵 丽
责任校对 季 静
责任印制 李寡寡

出　　版 中国社会科学出版社
社　　址 北京鼓楼西大街甲 158 号
邮　　编 100720
网　　址 http://www.csspw.cn
发 行 部 010-84083685
门 市 部 010-84029450
经　　销 新华书店及其他书店

印　　刷 北京明恒达印务有限公司
装　　订 廊坊市广阳区广增装订厂
版　　次 2023 年 2 月第 1 版
印　　次 2023 年 2 月第 1 次印刷

开　　本 710×1000 1/16
印　　张 18.25
插　　页 2
字　　数 255 千字
定　　价 98.00 元

凡购买中国社会科学出版社图书，如有质量问题请与本社营销中心联系调换
电话：010-84083683

中国社会科学院大学优秀博士学位论文系列

序　言

呈现在读者面前的这套中国社会科学院大学（以下简称“中国社科大”）优秀博士学位论文集，是专门向社会推介中国社科大优秀博士学位论文而设立的一套文集，属于中国社会科学院大学文库的重要组成部分。

中国社科大的前身，是中国社会科学院研究生院。中国社会科学院研究生院成立于1978年，是新中国成立最早的研究生院之一。1981年11月3日，国务院批准中国社会科学院研究生院为首批博士和硕士学位授予单位，共批准了22个博士授权学科和29位博士生导师。截至2020年7月，中国社科大（中国社会科学院研究生院）学校拥有博士学位一级学科17个、硕士学位一级学科16个，博士学位二级学科108个、硕士学位二级学科114个，还有金融、税务、法律、社会工作、文物与博物馆、工商管理、公共管理、汉语国际教育等8个硕士专业学位授权点，现有博士生导师757名、硕士生导师1132名。40多年来共授予科学学位硕士7612人、博士6268人，专业硕士学位6714人。

为鼓励博士研究生潜心治学，作出优秀的科研成果，中国社会科学院研究生院自2004年开始评选优秀博士学位论文。学校为此专门制定了《优秀博士学位论文评选暂行办法》，设置了严格的评选程序。秉持“宁缺勿滥”的原则，从每年答辩的数百篇博士学位论文中，评选不超过10篇的论文予以表彰奖励。这些优秀博士学位论文有以下共同特点：一是选题为本学科前沿，有重要理论意义和实践价值；二是理论观点正确，理论或方法有创新，研究成果处于国内领先水平，具有较好的社会效益或应用价值与前景；三是资料翔实，逻辑严谨，文字流畅，表达确当，无学术不端行为。

《易·乾》曰："君子学以聚之，问以辩之"。学术研究要"求真求实求新"。博士研究生已经跨入学术研究的殿堂，是学术研究的生力军，是高水平专家学者的"预备队"，理应按照党和国家的要求，立志为人民做学问，为国家、社会的进步出成果，为建设中国特色社会主义的学术体系、学科体系和话语体系做贡献。

习近平总书记教导我们：学习和研究"要求真，求真学问，练真本领。'玉不琢，不成器；人不学，不知道。'学习就必须求真学问，求真理、悟道理、明事理，不能满足于碎片化的信息、快餐化的知识。"按照习近平总书记的要求，中国社科大研究生的学习和学术研究应该做到以下三点。第一，要实实在在地学习。这里的"学习"不仅是听课，读书，还包括"随时随地的思和想，随时随地的见习，随时随地的体验，随时随地的反省"（南怀瑾先生语）。第二，要读好书，学真知识。即所谓"有益身心书常读，无益成长事莫为"。现在社会上、网络上的"知识"鱼龙混杂，读书、学习一定要有辨别力，要读好书，学真知识。第三，研究问题要真，出成果要实在。不要说假话，说空话，说没用的话。

要想做出实实在在的学术成果，首先要选择真问题进行研究。这里的真问题是指那些为推动国家进步、社会发展、人类文明需要解决的问题，而不是没有理论意义和实践价值的问题，也不是别人已经解决了的问题。其次，论述问题的依据要实在。论证观点依靠的事例、数据、观点是客观存在的，是自己考据清楚的，不能是虚假的，也不能是自以为是的。再次，要作出新结论。这里说的新结论，是超越前人的。别人已经得出的结论，不能作为研究成果的结论；对解决问题没有意义的结论，也不必在成果中提出。要依靠自己的独立思考和研究，从“心”得出结论。做到“我书写我心，我说比人新，我论体现真”。

我希望中国社科大的研究生立志高远，脚踏实地，以优异的学习成绩和学术成果“为国争光、为民造福”。这也是出版本优秀博士学位论文集的初衷。

王新清

2021 年 12 月 9 日

前　　言

第二次世界大战后，美国进入经济社会发展的黄金时段。“战后繁荣”极大地提高了美国人的生活水平，同时也带来了巨大的原材料和能源消费。美国社会迎来了新一轮的能源结构调整，最终石油超过煤炭，成为最重要的能源消费类型。另外，战后美国环保观念产生了深刻的变化，逐渐由明智利用转变为保护自然，而且防治污染的思想也逐渐深入人心。尼克松当政初期，重视环境保护，开启了著名的“环境十年”；然而随之而来的能源危机又令其面临日益严峻的能源形势。美国社会和尼克松政府面临能源消费与环境保护的双重要求。

能源危机与环境保护对垒的首场战役发生在阿拉斯加。阿拉斯加成为美国的独立州后，当地经济和生活逐渐发展起来，这片广阔土地上蕴藏着的丰富的地质资源也逐渐进入民众视野，并成为阿拉斯加开发利益集团关注的焦点。另外，鉴于阿拉斯加特殊的地理环境和风土景观，该州的资源保护和环境保护一直受到联邦政府和环保组织的重视。环保组织要求保护阿拉斯加的荒野，保护“最后的边疆”。然而，1968 年，石油公司发现了普鲁德霍湾大油田，要求开发北坡石油，建设跨阿拉斯加输油管道。石油开发与荒野保护，经济发展与环保运动的矛盾最终爆发。

对于北坡石油开发与管道建设，人们最先关注的是施工建设的技术问题。拟定修建的管道长达 800 英里，将经过苔原、森林、沼泽、雪山等严酷的自然环境；线路北半部分 400 英里的范围内，还没有任何通行公路。永久冻土、地震、河流穿越和其他阿拉斯加的独特自然环境，严重影响石油管道的施工建设和安全运营。地质学家关注技术难题对管道建设的干扰，环保人士注重技术缺陷对环境带来的威胁。在阿拉斯加这样的苦寒之地，如果不着手解决最基本的技术问题，管道建设实际难以展开。

进入1970年以后，北坡石油开发和管道建设面临新的问题——阿拉斯加原住民的土地权索赔问题。自1867年美国购买阿拉斯加以后，原住民的土地权问题就出现了，且一直没有得到很好的解决。北坡石油的发现与开发使得原住民土地问题的解决更为紧迫。为建设管道，石油工业申请了800英里土地使用权，而原住民却声称自己拥有大部分管道走廊的土地所有权。石油工业和开发势力积极解决原住民土地权问题。1971年，《阿拉斯加原住民土地赔偿安置法》通过，持续了100年的原住民土地权问题得到一定程度的解决。

阿拉斯加独特的荒野环境和稀有的野生动植物，一直是美国环保组织和环保主义者关注的对象。当北坡发现石油，以及管道修建事宜提上日程后，环保主义者对阿拉斯加环境的关注持续上升，环保争议贯穿北坡石油开发和管道建设的始终。在这一过程中，全国性的环保组织和阿拉斯加当地的环保组织密切合作，在不断完善自身组织、坚定环保宗旨和理念的同时，还注重在不同阶段联合不同的利益同盟者。当技术问题和土地问题都解决后，环保组织的抗议依然没有结束，他们坚持保护驯鹿和北美荒野，并联合新的同盟者——阿拉斯加渔业集团，一起反对石油开发和管道建设。面对强大的石油开发势力，环保组织和环保主义者还适当地调整环保策略——提出了跨加拿大替代线路。

跨加拿大替代线路的提出，使得北坡石油开发与管道建设争议进一步升级。石油开发与管道建设问题从阿拉斯加转到华盛顿，环保主义者又收获了新的同盟者。美国中西部和东北州人士反对企业垄断和石油外销，反对跨阿拉斯加管道建设，而推荐跨加拿大线路。北坡石油开发与管道建设争议，在开发势力与环保势力相斗争的持续发酵下，从最开始较为简单的技术争议和土地争议，发展成为老生常谈的政治经济争议。司法机构鉴于问题的重大性，启动了立法还押程序，即将石油开发争议作为一个公共政策问题和国家优先事项，转给参议院和众议院负责。而石油危机的爆发迅速激化了矛盾，北坡石油开发与管道建设问题，从地区经济和环保问题，最终上升为国家安全问题。开发势力占了上风，国会解决了管道建设的通行权问题，以及管道铺设是否符合《国家环境政策法》的问题。虽然拖延了长达四年之久，北坡石油开发与管道建设最终被批准，跨阿拉斯加管道的施工随之开始。

北坡石油开发与管道建设争议的影响巨大而深远，促进了阿拉斯加土地和资源开发的一系列关键法律的颁布与实施，既调节了阿拉斯加当地的矛盾冲突，也促进了美国环保运动的发展与进步。北坡石油开发和管道建设争议，有效地调节了阿拉斯加开发与环保的冲突，使得开发势力、原住民集团，以及环保势力各得其所，达成了开发与保护的妥协与平衡。另外，在这一争议中，环保组织和环保主义者对技术乐观主义进行了猛烈的批判，与原住民势力展开了适时的合作和必要的对抗，并对国际环保合作进行了初步的尝试，有力地推动了美国环境保护运动的发展与进步。

在阿拉斯加这篇广阔的土地上，石油开发势力、原住民集团，以及环保势力的诉求与斗争，纵横交叉，此起彼伏。他们时而彼此斗争，时而协调合作。阿拉斯加北坡石油开发及其争议问题，既体现了美国能源政策与环保政策的冲突与平衡，也反映了经济发展与环境保护、公平正义与国家安全之间的复杂关系。

目　　录

绪　　论

一　选题来源和意义

（一）选题来源

自第二次工业革命以来，化石能源消费需求在全世界范围内日益上升，煤炭、石油等资源的开发和利用是各国经济政治政策关注的重点。与此同时，随着社会经济的持续发展，能源消费的逐渐升级，全球环境污染也日益严重，环境保护问题已经引起各国政府和人民的高度重视。美国既是世界首屈一指的能源消费大国，又是环境保护运动的积极倡导者和实践者，20 世纪 60 年代以来，其经济发展与环境保护、能源消费与污染治理一直相伴而行。

第二次世界大战以后，美国经济迅猛发展，逐渐进入“丰裕社会”①。与此相呼应，美国的能源结构也发生了巨大的变化，石油取代煤炭成为主要能源。1918 年，美国生产石油 35600 万桶；而到 1948 年，美国石油产量已达到 20 亿桶。② 1950 年左右，石油的比重超过煤炭，成为最主要的能源消费种类。1977—1978 年，其比重一度达到 47%的峰值。此后虽有下降，但直到现在仍是美国最大的单

① J. Brooks Flippen, *Nixon and the Environment*, Albuquerque: University of New Mexico Press, 2000, pp. 2-4.

② John G. Clark, *Energy and the Federal Government: Fossil Fuel Policies, 1900-1946*, Urbana: University of Illinois Press, 1987, chap. 2.

一能源消费种类。[①] 然而，石油资源的大规模利用也带来了严重的环境污染问题，并越来越受到美国各界的重视。进入 20 世纪 60 年代以后，美国环保运动呈现出新的发展特点，环保理念逐渐由明智利用转变为保护自然，环保势力也迅速扩大。[②] 尼克松当政后，1970 年元旦，他签署了《国家环境政策法》，同时宣布 20 世纪 70 年代是美国的"环境十年"。美国进入了积极倡导环境保护的时代，联邦政府除了颁布《国家环境政策法》，还成立了国家环保局，陆续颁布了一系列环保法案，构筑了其后美国环保政策的框架；民间环保组织势力壮大，环保方向由户外娱乐和享受自然之美，发展为关注环境污染和生态稳定问题。[③]

就是在这样的历史背景下，美国北境飞地阿拉斯加发现了普鲁德霍湾（Prudhoe Bay）大油田，引发美国重要媒体的热烈报道。[④] 1968 年，石油公司宣布发现了北美最大的油田，总储油量达 100 亿桶（后续计算实际是超 200 亿桶）；同时在油田上方的一个蓄积带还发现了约 30 万亿立方英尺的天然气储备；在普鲁德霍油田附近还发现了库帕鲁克（Kuparuk）、里斯本（Lisbon）、尼亚库克（Niakuk）等多处油田。石油公司估算，北坡石油储量总共可达 1250 亿桶，足够满足美国长时期的能源需求。[⑤] 边陲飞地急需石油开发促进经济发展的强烈愿望，与反对资源滥用导致环境污染的社会舆论戏剧性地碰撞在一起，在全国上下引发巨大的争议，并产生了深远的影响。

---

① 裴广强：《近代以来美国的能源消费与大气污染问题——历史分析与现实启示》，《史学集刊》2019 年 5 月。

② Robert M. Collins, *More, the Politics of Economic Growth in Postwar America*, New York: Oxford University Press, 2000, pp. 136-137.

③ Samuel P. Hays, *Environmental Politics Since 1945*, Pittsburgh: University of Pittsburgh Press, 2000, pp. 22-35.

④ "Big Oil Find Reported on Alaska's Arctic Slope", *The New York Times*, July 19, 1968.

⑤ ［美］唐纳德·沃斯特：《在西部的天空下：美国西部的自然与历史》，青山译，商务印书馆 2014 年版，第 211—212 页。

本书拟探讨这一争议及其影响，基本考虑有如下两点：第一，研究时段集中在20世纪七八十年代，讲述了1968年普鲁德霍湾石油发现后，在石油开发势力、原住民、环境保护者之间引起了广泛的争议，带了巨大的社会影响，并最终以1980年《阿拉斯加国家利益土地保护法》的签订而告一段落；第二，研究对象集中在地理环境和人文背景都不同于美国本土的阿拉斯加，在研究北坡石油开发和管道建设争议的同时，展现阿拉斯加州内部各种势力的相互冲突与平衡，以及阿拉斯加州与外部世界因能源问题产生的更为广泛而复杂的联系。

（二）理论和实践意义

本书具有重要的理论意义和实践意义。

1. 理论意义

首先，本书从环境政治史角度入手，深入研究了环境保护运动中多方势力的博弈和影响。环境政治史研究的代表人物塞缪尔·海斯在他的著作《1945年以来的环境政治史》中，阐述了环境政策制定所面临的三方面力量：环境保护势力、反环保势力，以及调节和融合的政策制定机构。① 在阿拉斯加北坡石油开发这一典型的环境政治事件中，笔者也充分实践了这一研究方法，分析石油开发和管道建设争议中，环保主义者、石油公司与州政府、联邦机构在焦点问题上的竞争与角逐，挖掘他们背后的利益诉求，叙述他们与事件发展的关联和影响，尽力全面并清晰地展现这一事件的整体发展脉络和深层利益纠葛。

同时，本书还研究了阿拉斯加地区的特殊利益团体——原住民集团，它也成为博弈中的一环，使得这一问题更为复杂。原住民问题与阿拉斯加特殊的地理位置、历史背景和风土人情相关，是研究阿拉斯加不可回避的重要环节。另外，北坡石油开发与管道建设争

---

① Samuel P. Hays, *Environmental Politics Since 1945*, Pittsburgh: University of Pittsburgh Press, 2000, pp. 22-35.

议的历史显示，不管是环境保护势力、反环保势力，以及调节和融合的政策制定机构，都不是铁板一块的，每一股势力内部又包含种种不同的诉求和目标。随着情势的发展，环保势力甚至走向反环保一方，反环保势力也可能转变为环保势力。对于各方势力到底如何冲突、竞争与演变，需要进行更为细致的分析和阐述。

其次，本书将从具体问题出发，深入阐释能源开发与环境保护的关系。在这方面，美国休斯敦大学的历史学教授马丁·麦乐西在《美国的能源与环境：化石燃料时代》一文中，进一步发展了海斯的环境政治史理论，并从能源开发与环境保护的角度提出了“能源—环境平衡”的理论。麦乐西着重论述了20世纪70年代的能源危机和环保运动的融合，提出能源开发和环境保护之间的相互作用决定着两者发展的未来，决策者需要接受“能源—环境平衡”的观点，将其作为两种发展观点之间的折中。[①] 运用“能源—环境平衡”理论，我们可以更好地分析北坡石油开发与管道建设争议背后的深刻的政治经济问题、更好地阐释石油开发过程中的利益冲突及妥协，以及更好地理解美国联邦政府决策的转变与影响。

同时，必须注意的是，“能源已经成为更广泛的社会选择发生冲突的试验场”[②]，不止环境保护，其他一些长期存在的价值观和传统也受到了审查，诸如个人权利、经济发展、政府作用以及国家安全之类的问题，已成为美国未来能源发展需要考虑的重要因素。能源开发与环境保护的对立与统一，只是能源问题中的一部分，也是当今广受重视的一部分。研究能源与环境的关系，可以给其他相关的环境与社会问题研究提供一定的理论分析和经验借鉴。因此，研究北坡石油开发与管道建设的争议，对研究阿拉斯加州与联邦政府的关系、研究经济增长的效率与公平的关系、研究资源开发与国家安

---

① Martin V. Melosi, “Energy and Environment in the United States: The Era of Fossil Fuels”, *Environmental Review*: ER, Vol. 11, No. 3, Autumn, 1987, pp. 167-188.

② Martin V. Melosi, “Energy and Environment in the United States: The Era of Fossil Fuels”, *Environmental Review*: ER, Vol. 11, No. 3, Autumn, 1987, pp. 167-188.

全的关系等重大问题，都有所裨益。

最后，本书研究有助于更好地理解尼克松政府的能源政策与环境政策，以及美国环境保护运动的发展与进步。尼克松当政时期，美国环保运动经历了前所未有的大发展，尼克松政府的环境政策、环境外交一直是国内外研究的热点。北坡石油开发与管道建设争议爆发的年代，正是尼克松政府环境政策的起始、发展、演变的关键时段。北坡石油开发和管道建设问题集中反映了环境保护问题、能源开发问题、地区发展问题以及国家安全问题，可谓尼克松政府时期的典型案例。研究这一内容，一方面，可以具体、细致、深入地阐述尼克松总统当政时期，如何权衡能源开发与环境保护，如何保证地区发展与国家安全，从而为更好地理解其环境政策与能源政策的复杂关系提供个案素材。另一方面，北坡石油开发与管道建设争议，是美国环保运动史上的著名案例，对美国环保运动具有重大的影响。研究这一争议可知，美国环保组织和环保主义者对技术乐观主义进行了猛烈的批判，与原住民集团展开了适时的合作和合理的对抗，并对国际环保合作进行了初步的尝试，有力地推动了美国环境保护运动的发展与进步。

2. 实践意义

首先，本书对中国能源政策研究具有一定的借鉴意义。本书以尼克松政府期间的石油开发为主要研究对象，彼时美国的石油消费走过了廉价石油时代，进入了石油危机时期。而尼克松政府强有力的国家能源政策是保证石油供应与利用，保护国家能源安全的重要举措。尼克松政府在阿拉斯加北坡石油开发上所展现的能源发展规划，对中国研究制定切实可行的能源政策具有一定的借鉴意义。

其次，本书可为中国生态文明建设提供有益的启示。在开发阿拉斯加北坡石油的过程中，美国社会与美国政府同时关注生态环境的保护，一定程度上保证了能源开发与环境保护的协调发展，这一点更值得我们学习，是本书研究更为重要的立意所在。环境保护已经成为 21 世纪全世界瞩目的主题，环境污染与治理问题已经上升到国家战略高度。中共十九大报告中指出，加快生态文明体制改革，建设美丽中国。如何在资源开发的同时处理好环境保护问题，如何做到基础设施建设与生态文明发展并行不悖，是非常值得我们思考和解决的问题。而研究阿拉斯加北坡石油开发与管道建设争议，分析能源开发与环境保护的互动发展，则可以给我们以后的经济建设和环境保护以一定的启示。

二 国内外研究现状及趋势

自 1867 年美国购买阿拉斯加州以后，阿拉斯加的开发与保护发生了一系列故事，成为众多学者研究的对象。虽然阿拉斯加州是美国的一块飞地，但是其经济发展与环境保护却一直与联邦政府密切相关，与下 48 州（the lower 48 states）[①] 密切相关，因此成为美国国内各方势力关注和研究的焦点。

（一）国外研究综述

阿拉斯加州作为美国的极北飞地，石油产业在全州经济发展中占有举足轻重的地位；而随着 20 世纪 60 年代末 70 年代初环保运动的迅猛发展，阿拉斯加州也成为保护主义者重视的最后的边疆。阿拉斯加州石油开发与环境保护一直交织在一起，也是国外各学科学者关注和研究的焦点。就历史学科而言，与本课题相关的研究可以概括为三个方面：一是对北坡石油开发与管道建设的专题研究；二是对阿拉斯加州边疆开发的研究；三是对阿拉斯加州环境保护的研究。

1. 北坡石油开发与管道建设的专题研究

国外学者对北坡石油开发与管道建设的研究，大部分集中在地质和生态影响等理工科领域，还有一些有关管道的文学创作，而历

① lower 意为“较低的”，是指纬度较低。美国本土的 48 个州相对于阿拉斯加州纬度较低，所以美国本土的 48 个州叫 the lower 48 states。当初夏威夷还没有加入美国，后来夏威夷加入，它的每一个岛的纬度比美国本土更低，所以叫 lower 48 已经不合时宜，美国地理学会推荐使用 contiguous states。

史学研究相对较少。从历史角度分析北坡石油开发与管道建设的著作，主要是从环境保护与政治变革的角度，阐述北坡石油开发的历史及影响。

首先，彼得·科茨的著作《跨阿拉斯加管道争议：技术、资源保护和边疆》①，是从环境史角度研究跨阿拉斯加管道建设争议的重要著作。这一研究将阿拉斯加的故事置于美国历史的更广泛背景之中，深入分析了边疆对美国历史和社会的意义。作者重在论述现代阿拉斯加的开发与从前西部边疆的开发存在着重要的差异，并分析得出这种差异在于技术的巨大进步。这一著作对于研究工业技术对生态环境的影响具有重要贡献，但较少分析导致管道授权的政治冲突与竞争。

其次，玛丽·克莱·贝瑞的著作《阿拉斯加管道：石油和土地所有权问题》②，梳理了石油管道建设和土地权利争夺交织进行的历史，详细罗列了一项项的立法过程，强调了石油开发与土地权利分配这两大政治问题的冲突与融合。虽然作为描述阿拉斯加州政治特殊性的重要著作，但较少涉及管道建设与美国国家能源政策的关系。

乔舒亚·阿什恩米勒的文章《作为内部改进的阿拉斯加管道，1969—1973》③，讲述了阿拉斯加石油发现和管道建设的历史。文章分析认为，阿拉斯加石油开发与政治改革同步展开，强调阿拉斯加的石油问题不只是经济问题，也是政治问题。这篇文章突破了管道问题只是环保问题或州内部问题的局限，将管道建设与国家政治联

---

① Peter A. Coates, *The Trans-Alaska Pipeline Controversy: Technology, Conservation and the Frontier*, Bethlehem: Lehigh University Press, 1991.

② Mary Clay Berry, *The Alaska Pipeline: The Politics of Oil and Native Land Claims*, Bloomington: Indiana University Press, 1975.

③ Joshua Ashenmiller, "The Alaska Pipeline as an Internal Improvement, 1969-1973", *Pacific Historical Review*, Vol. 75, No. 3, August 2006, pp. 461-490.

系起来，具有一定的创新性。杰克·戴维斯的文章①，从微观史的角度详细分析了石油危机爆发后，美国政府的反应与决策。作者运用大量原始史料还原当时的情景，记述了面对举国上下唱衰经济的悲观氛围，决策者迅速做出了反应，授权石油公司进行阿拉斯加荒野钻探。这篇文章提供了研究北坡石油开发和管道建设的独特视角和独特方法，对历史史实的细致罗列和历史情景的生动还原，有助于读者更好地理解政治决策者面对这一问题的立场和行动。

2. 阿拉斯加州边疆开发的研究

国外学者对阿拉斯加州边疆开发的研究比较全面，涉及石油产业发展、土地分配与原住民问题，以及阿拉斯加开发与联邦政府决策等内容。

首先，阿拉斯加石油开发历史的研究比较丰富。一方面约翰·麦克菲在20世纪70年代访问了阿拉斯加州，他最畅销的书是《进入此州》②，关注了普鲁德霍湾的石油开发，及其对阿拉斯加经济发展的重大影响。这本书内容丰富，包括生动的人物、美丽的风景，以及荒野、城市和边区生活的描述性叙事，是文学创作与历史叙述的合理结合。约翰·斯特罗迈耶的著作《极端条件：大石油和阿拉斯加的转型》③，讨论了阿拉斯加石油繁荣对其州政府及其原住民的影响。作者从亲环保主义者的立场出发，探讨石油繁荣导致的政府腐败和环境破坏；同时，在某些情况下，他也表达了对石油公司的同情，对工会、原住民组织和受原住民控制的市政府表示了强烈的批评。这是一本关于石油如何影响阿拉斯加政治的综合文献，具有

---

① Jack Davies, "Oil Shocked: A Microhistory of The First Days of The Energy Crisis October 16-17, 1973", *Australasian Journal of American Studies*, Vol. 33, No. 1, Special Issue: America in the 1970s, July 2014, pp. 51-72.

② John McPhee, *Coming into the Country*, New York: Farrar, Straus and Giroux, 1977.

③ John Strohmeyer, *Extreme Conditions: Big Oil and the Transformation of Alaska*, New York: Simon & Schuster, 1993.

一定的参考价值。乔治·布森伯格的著作《阿拉斯加的石油与荒野：自然资源、环境保护和国家政策动态》[①]，考察了三项重大的国家政策改革：建立跨阿拉斯加管道以开发北坡石油，通过《阿拉斯加国家利益土地保护法》（*Alaska National Interest Lands Conservation Act*）以建立庞大的自然保护区，以及改革阿拉斯加海洋石油贸易以防范石油污染，并进而分析得出：商业利益和环境保护之间的冲突与妥协，塑造了支持阿拉斯加石油开发与环境保护的国家政策。前两部著作研究石油开发，并涉及管道建设，都是从偏环保角度论证，但是布森伯格将阿州石油问题与国家政策联系起来，对本书写作有一定的启发。

另一方面，美国的能源开发与经济发展情况研究，为了解阿拉斯加石油开发提供了时代背景和政治环境。约翰·克拉克在《能源与联邦政府：化石燃料政策，1900—1946》[②] 一书中，分析认为联邦政府在 20 世纪上半叶未能制定全面的能源政策。能源政策所能做到的只是关注单一能源，天然气、煤炭、电力等都被视为具有独特问题的独立实体而分别制定政策；而在能源的综合管理、公共利益对能源分配的要求等方面，却都还是一片空白。马丁·麦乐西的著作《应对富足：美国工业中的能源与环境》[③]，是对 20 世纪 20 年代至 80 年代初美国能源使用和发展情况的综合概述。作者洞察到，美国资源的丰富使其不断面临多样化的能源选择，这使得制定一个连贯而全面的国家能源政策极为困难。直到 20 世纪 60 年代以后的能源危机和环保运动，才令国家和政府意识到这一问题。保罗·萨宾

---

① George J. Busenberg, *Oil and Wilderness in Alaska: Natural Resources, Environmental Protection, and National Policy Dynamics*, Washington D. C.: Georgetown University Press, 2013.

② John G. Clark, *Energy and Federal Government: Fuel Policies, 1900 – 1946*, Urbana: University of Illinois Press, 1987.

③ Martin V. Melosi, *Coping with Abundance: Energy and Environment in Industrial America*, Philadelphia and New York: Temple University Press (cloth) and Alfred A. Knopf (paper), 1985.

的文章《美国石油政治的危机和连续性，1965—1980》[①]，研究了1965—1980年的环境危机和能源危机在美国能源变革中的重要作用。作者认为，生产者和消费者之间的冲突影响了公共政策的制定，而将能源政策与环保和通货膨胀等更大问题相联系，更是破坏了统一有效的国家战略的执行，使得能源政策变革止步不前。在一定程度上，这篇文章从反环保主义立场展示了美国20世纪后半期能源政策的运行情况，分析认为短期危机对石油政治影响不大，必须进行更深层次的结构变化，才能带来实质性的突破。尼克松政府的内政部长罗杰斯·莫顿的文章《尼克松政府的能源政策》[②]，首先指出尼克松政府面临着严峻的能源形势；接着论述了尼克松政府采取的能源政策，如增加美国境内能源的利用、消除人为的价格和监管障碍、寻找新的清洁能源，以及减少对环境的损害等等。梳理尼克松总统的能源政策的相关研究，有助于更好地理解阿拉斯加石油开发与管道建设争议中政府决策的缘由、作用和影响。

其次，阿拉斯加土地分配与原住民历史的研究成果颇丰。唐纳德·克雷格·米切尔的《被出卖的美国人：美国原住民及其土地的故事，1867—1959》[③]，讲述了联邦政府与阿拉斯加原住民关系的历史，关注了原住民参与阿拉斯加州资源开发的努力，并记录了原住民与非原住民共同生活的社会环境的变迁，对于理解阿拉斯加原住民的历史，以及当地资源与环境变化的历史具有重要参考价值。这部著作的姊妹篇《夺取我的土地，夺取我的生命：国会关于阿拉斯

① Paul Sabin, "Crisis and Continuity in U. S. Oil Politics, 1965-1980", *The Journal of American History*, Vol. 99, No. 1, Oil in American History, June 2012, pp. 177-186.

② Rogers C. B. Morton, "The Nixon Administration Energy Policy", *The Annals of the American Academy of Political and Social Science*, Vol. 410, The Energy Crisis: Reality or Myth, November 1973, pp. 65-74.

③ Donald Craig Mitchell, *Sold American: The Story of American Natives and Their Land, 1867-1959*, Hanover, New Hampshire: Dartmouth College/University Press of New England, 1997.

加原住民土地索赔法的历史性解决，1960—1971》[1]，总结了美国政府与阿拉斯加原住民 134 年的历史，重点描述了 1971 年国会颁布《阿拉斯加原住民土地赔偿安置法》（*Alaska Native Claims Settlement Act*）的历程，深入分析了阿拉斯加州建州后的第一个十年期间的政治历史。这两部著作研究了北美原住民争取权益的斗争历史，对本书写作大有帮助。理查德·琼斯的法律报告《1971 年阿拉斯加原住民土地赔偿安置法：历史分析和后续修订》[2]，以及戈登·斯科特·哈里森的文章《1971 年阿拉斯加原住民土地赔偿安置法》[3]，解析了该法的历史背景，解读了法案的主要条款，及其在美国历史上的作用。

最后，关于阿拉斯加州开发历史的研究，斯蒂芬·海克斯和玛丽·奇尔德·曼古索的著作《阿拉斯加文集：解读过去》[4]，收录了 25 位当代学者对阿拉斯加关键历史的分析文章，深入研究了阿拉斯加从俄美公司统治到原子能委员会公布核试验威胁事件期间的悠长历史，是对 1933 年出版的《解读阿拉斯加的历史》[5] 的丰富与补充，为学生、教师和学者研究阿拉斯加历史提供了全新的视角和宝贵的资料。泰德·欣克利的《阿拉斯加的美国化，1867—1897》[6]，研究了从购买阿拉斯加到克朗代克淘金热（Klondike Gold Rush）之

---

① Donald Craig Mitchell, *Take My Land, Take My Life: The Story of Congress's Historic Settlement of Alaska Native Land Claims, 1960 - 1971*, Fairbanks: University of Alaska Press, 2001.

② Richard S. Jones, "Alaska Native Claims Settlement Act of 1971: History and Analysis Together with Subsequent Amendments", Report No. 81-127 GOV., June 1981.

③ Gordon Scott Harrison, "The Alaska Native Claims Settlement Act, 1971", *Arctic*, Vol. 25, No. 3, September, 1972, pp. 232-233.

④ Stephen W. Haycox and Mary Childers Mangusso, *An Alaska Anthology: Interpreting the Past*, Seattle: University of Washington Press, 1996.

⑤ Stephen W. Haycox and Mary Childers Mangusso, *Interpreting Alaska's History: An Anthology*, Seattle: University of Washington Press, 1993.

⑥ Ted C. Hinckley, *Americanization of Alaska, 1867 - 1897*, Palo Alto: Pacific Books, 1972.

间的历史，同时涉及阿拉斯加当前面临的紧迫问题，如本土文化适应、保护主义者和资源开发者之间的冲突、威胁荒野保护的城市人口增长，以及自然资源过度开发造成的岌岌可危的经济发展状况等。这一著作对于理解阿拉斯加美国化的历史至关重要，同时也可作为环境政策制定的参考文献。埃里克·吉斯森的文章《阿拉斯加州的简史（1867—1959）》①，概述了阿拉斯加从购买到建州的艰辛历程，其中关于1958年《阿拉斯加建州法案》（*Alaska Statehood Act*）的研究，为了解阿拉斯加公共土地分配提供了参考。

阿拉斯加的经济开发与政治治理还离不开联邦政府的政策辅助，杰拉尔德·麦克比斯和托马斯·莫尔豪斯的《阿拉斯加州政治和政府》②，研究了阿拉斯加州政府的运作，诸如行政、立法、司法以及州与联邦政府的关系等问题，分析得出现行的联邦控制模式和阿拉斯加州的零星反抗，反映了该州既需要依赖联邦，又希望同其他49个州具有平等影响力的情况。这一著作是了解当代阿拉斯加州政治经济问题的非常有用的参考资料。斯蒂芬·海克斯的《阿拉斯加战场：在美国的最后一片荒野中与联邦政权搏斗》③，是最新出版的研究阿拉斯加与联邦政府关系的著作。作者追溯在北极国家野生动物保护区（1960）、跨阿拉斯加管道（1973）、阿拉斯加国家利益土地法案（1980）和通加斯木材改革法案（1990）等环保事件中出现的冲突与斗争，以及阿拉斯加州对联邦政府高度控制的反抗意识，认为阿拉斯加日益成为美国经济发展与环境保护相冲突的战场；同时也指出阿州发展离不开政府的支持，呼吁阿州开发和保护协调发展，注重实用主义的同时注重可持续性。如上著作是了解阿拉斯加州开

① Eric Gislason, "A Brief History of Alaska Statehood（1867-1959）", *American Studies at the University of Virginia*, June 3, 2003.

② Gerald A. McBeath and Thomas A. Morehouse, *Alaska Politics and Government*, Lincoln: University of Nebraska Press, 1994.

③ Stephen Haycox, *Battleground Alaska: Fighting Federal Power in America's Last Wilderness*, Lawrence: University of Kansas Press, 2016.

发历史的重要文献。

3. 阿拉斯加州环境保护的研究

国外学者对阿拉斯加州环境保护的研究，也取得了一定的成果。这些研究可以分为阿拉斯加州环境保护的专题研究；联邦政府制定宏观环境政策，影响阿拉斯加环境保护的研究；以及非政府组织参与阿拉斯加环保的研究。

首先，阿拉斯加州环境保护的著作，或者个别章节涉及阿拉斯加州环境保护的著作，分析了阿拉斯加州特殊的自然环境，以及开发与保护之间建立适当关系所面临的挑战。摩根·舍伍德的《阿拉斯加的大博弈：野生动物和人类的历史》[①]，是研究第二次世界大战前阿拉斯加的环境史著作，对阿拉斯加非原住民早期蔑视环境保护的行为进行了深入的分析和阐述。罗伯特·威登的《阿拉斯加：要遵守的诺言》[②]，对阿拉斯加的历史及其广阔的土地做了大量的描述，主题涉及土地、人民、野生动物以及资源的管理，分析了阿拉斯加人与自然、开发与保护之间建立适当关系所面临的挑战。罗德里克·纳什的著作《荒野与美国思想》[③]，从环保思想角度系统考察美国人的荒野思想和荒野保护实践，体现了美国人不断变化的荒野观。这一著作现已更新至第五版，作者在第三版中增加了关于阿拉斯加环保历史的内容，对本书具有一定的参考价值。唐纳德·沃斯特的著作《在西部的天空下：美国西部的自然与历史》[④] 是一部西部环境史论文集，围绕西部史的三个主题，即多元文化意识、环境意识、个人自由与集权问题展开，全面而深刻地分析了美国西部开

---

① Morgan Sherwood, *Big Game in Alaska*: *A History of Wildlife and People*, New Haven: Yale University Press, 1981.

② Robert Weeden, *Alaska*: *Promises to Keep*, Boston: Houghton Mifflin, 1978.

③ Roderick Nash, *Wilderness and the American Mind* (*Fifth edition*), New Haven: Yale University Press, 2014.

④ Donald Worster, *Under Western Skies*: *Nature and History in the American West*, New York: Oxford University Press, 1992.

发的种种问题。该著作的第九章介绍了阿拉斯加石油管道建设的争议，以及石油开发体现的资本主义盲目扩张、破坏环境的本质，贯彻了作者一贯的思想与风格。克雷格·艾伦的著作《荒野保护的政治》，探讨了美国荒野保护政治的历史，研究了美国从视荒野为敌人，到为荒野制定革命性的环保政策的漫长过程，并探索了环保政策深远的政治和经济影响。该书第七章研究了自1971年的《阿拉斯加原住民土地赔偿安置法》到1980年的《阿拉斯加国家利益土地保护法》通过期间，围绕保护阿拉斯加而发生的政治斗争。该书将北坡石油开发与管道建设放在整个环保运动或荒野运动中来考察，更能体现阿拉斯加特殊的自然社会情况，以及管道建设中环保争议的复杂性和独特性。

其次，在美国环境保护，以及环保法律制定与实施的过程中，美国总统及联邦相关机构发挥着巨大的作用。而阿拉斯加北坡石油开发和管道建设正值美国“环境十年”的特殊时期，联邦政府、国家环保局，以及《国家环境政策法》在环境保护方面发挥了更大的作用。拜伦·戴恩斯和格伦·萨斯曼的著作《白宫政治与环境：从富兰克林·罗斯福到乔治·布什》[①]，梳理了从罗斯福到布什的环境立法的历史，分析了美国总统在环境法制定过程中发挥的巨大作用。迈克尔·卡夫的论文《美国环境政策与政治：从20世纪60年代到20世纪90年代》[②]，从议程设置和政策变更的角度，回顾和评估了20世纪60年代至90年代后期环境政策和政治方面的一些最重要发展，特别关注了20世纪70年代环境保护规章制度的建立，以及执行机构的日趋成熟和扩展。如上著作和文章为我们展现了美国20世纪以来，尤其是20世纪后半期环境政治发展的历程，是研究阿拉斯

① Byron W. Daynes and Glen Sussman, *White House Politics and the Environment: Franklin D. Roosevelt To George W. Bush*, Texas College Station: Texas A & M University Press, 2010.

② Michael E. Kraft, “U. S. Environmental Policy and Politics: From the 1960s to the 1990s”, *Journal of Policy History*, Vol. 12, No. 1, 2000, pp. 18-42.

加石油开发与管道建设的宏观背景。布鲁克斯·弗立本的著作《尼克松与环境》[1]，描述了尼克松执政期间取得的卓越环保成果，及其执政后期面对政治经济种种困难而削弱环境保护的史实。该书是研究尼克松政府环保政策的经典著作，其中也有阿拉斯加环境保护方面的论述。

最后，环保组织在阿拉斯加荒野保护运动中的作用不可忽视，是该地区环境保护的一支重要力量。丹尼尔·尼尔森的《北方风景：阿拉斯加的荒野战斗》[2]，提供了阿拉斯加州环保历史的翔实描述。在这部书中，作者同时深入介绍了阿拉斯加州环保组织的发展历史、它们与全国性环保组织的合作关系，以及它们在20世纪70年代及以后进行的环保运动，是研究阿拉斯加环保组织及其环保运动的宝贵资料。詹姆斯·莫顿·特纳的著作《荒野的承诺：自1964年以来的美国环境政治史》[3]，探讨了自1964年《国家荒野法》通过以来，荒野的概念如何影响了公共土地的管理；通过关注荒野协会等荒野保护组织的内部变化，清晰地反映了美国环境保护主义的日益专业化，及其对美国环境政治的深刻影响。该书第四章中，作者讲述了阿拉斯加联盟（Alaska Coalition）这一环保组织在阿拉斯加荒野保护中的作用和影响。

除了阿拉斯加当地环保组织，全国性的非政府环保组织也参与到北坡石油开发与管道建设争议之中，如知名环保组织塞拉俱乐部。塞拉俱乐部第一任执行董事，也是俱乐部环境保护运动的知名人物大卫·布劳尔，被称为“环保运动的先知”。他的自传《以

---

① J. Brooks Flippen, *Nixon and the Environment*, Albuquerque: University of New Mexico Press Publication, 2000.

② Daniel Nelson, *Northern Landscapes: The Struggle for Wilderness Alaska*, Washington, D. C.: Resources for the Future Press, 2004.

③ James Morton Turner, *The Promise of Wilderness: A history of American Environmental Politic Since 1964*, Seattle: University of Washington Press, 2012.

地球的名义：大卫·布劳尔的生平和时代》[①]，从童年时代写起，描述了他的生活，以及他的环保活动。这部著作是他参与环保运动时发表的文章的集结，后半部分单列一章介绍了他与阿拉斯加的故事，对本课题的研究具有一定的参考价值。塞拉俱乐部主席埃德加·韦伯恩的自传《你和我的土地：资源保护的演变》[②]，是研究塞拉俱乐部参与阿拉斯加荒野保护的重要著作。埃德加·韦伯恩自20世纪60年代后期开始钟情于阿拉斯加的荒野保护，最终促成了《阿拉斯加国家利益土地保护法》的通过。他的这部自传也涉及石油开发与管道建设的相关叙述，尤其讲述了积极游说土地管理局局长和国会议员，在《阿拉斯加原住民土地赔偿安置法》中加入环保条款的历史。另外，班克罗夫特图书馆区域口述历史办公室主持的对塞拉俱乐部领导的访谈，构成了关于俱乐部历史的重要信息来源。这个口述史计划采访了俱乐部众多知名成员，也包括大卫·布劳尔、埃德加·韦恩、第二任执行董事迈克尔·麦克洛斯基（Michael McCloskey）等。这些采访广泛涉及这三位环保人士的环保运动和政治活动，其中也包含保护阿拉斯加荒野的内容。尤其是对于埃德加·韦恩和迈克尔·麦克洛斯基的采访，阿拉斯加保护是其中的重要议题。[③]

总而言之，国外对北坡石油开发与管道建设争议的研究较为丰

---

① David R. Brower, *For Earth's Sake*: *The Life and Times of David Brower*, Salt Lake City: Peregrine Smith Books, 1990.

② Edgar Wayburn, *Your Land and Mine*: *The Evolution of A Conservation*, San Francisco: Sierra Club Books, 2004.

③ Edgar Wayburn, "Sierra Club Statesman Leader of the Parks and Wilderness Movement: Gaining Protection for Alaska, the Redwoods, and Golden Gate Parklands", an oral history conducted 1976-1981 by Ann Lage and Susan Schrepfer, Regional Oral History Office, The Bancroft Library, University of California, 1985. Michael McCloskey, "Sierra Club Executive Director: The Evolving Club and the Environmental Movement, 1961-1981", an oral history conducted in 1981 by Susan R. Schrepfer, Sierra Club History Series, Regional Oral History Office, The Bancroft Library, University of California, Berkeley, 1983.

富，其中石油开发、原住民问题，以及阿拉斯加环境保护是研究的重点，取得了一定的成果。但这些研究或者从环境保护角度切入，或者从政治改革层面论述，却并没有将两者适当的结合起来，没有深挖能源开发与环境保护之间的关系，立论具有一定的局限性。本书就力图将能源开发、原住民土地以及荒野环境保护结合起来考虑，梳理分析不同利益集团的诉求，以及这些诉求之间的冲突与妥协，力图更全面也更立体地探究北坡石油开发与管道建设争议，探究阿拉斯加石油产业与环境保护之间的冲突与平衡，以及这期间阿拉斯加与美国联邦、与外部世界发生的广泛而复杂的联系。

与此同时，国外对政府层面的开发与保护历史的研究比较丰富，尤其是尼克松政府时期的环保政策、环保运动的研究成果丰硕，为本课题的研究提供了比较翔实的背景资料；而非政府层面的研究则比较匮乏，环保组织在石油开发与管道建设中的作用并没有专门的著作论述，而大多散见于个人传记、口述史材料之中，具有一定的片面性。本书力图挖掘更多关于非政府组织的一手资料，以便从更多角度还原历史真相，更好地梳理北坡石油开发与管道建设争议的来龙去脉，进而探求这一争议的深层内涵和重大影响。

（二）国内研究综述

国内的美国环境史学研究方兴未艾，主要关注于美国荒野保护运动和保护政策的综合研究，而对美国特定地区，尤其是阿拉斯加地区荒野保护的研究成果则非常之少，远不及国外研究的广泛与深入，急需国内学者的关注与努力。

近年来，国内对美国环境保护及荒野保护的研究日益增多。侯文蕙的《征服的挽歌——美国环境意识的变迁》[①]，从环境思想角度较为全面地介绍了美国各个阶段的环境意识，着重阐述了几位环境保护领军人物的主要观点。徐再荣等的《20 世纪美国环保运动与环

① 侯文蕙：《征服的挽歌——美国环境意识的变迁》，东方出版社 1995 年版。

境政策研究》[1]，综合考察了20世纪美国环保运动和环境政策的缘起、形成和发展进程，分析美国环保运动与环境政策之间的互动关系，总结美国环境保护的经验教训。滕海键的《战后美国环境政策史》[2]，系统地梳理了战后美国环境政策的历史背景、发展改革、主要成就、经验教训等方面的演变。

侯文蕙的《美国环境史观的演变》[3] 和《20世纪90年代的美国环境保护运动和环境保护主义》[4]，梅雪芹的《20世纪80年代以来世界环境问题与环境保护浪潮分析》[5]，以及高国荣的《美国现代环保运动的兴起及其影响》[6] 等论文，重点分析了美国环境问题、环保运动以及环保思想的发展。滕海键的《美国历史上的资源与荒野保护运动》[7]，付成双的《从征服自然到保护荒野：环境史视野下的美国现代化》[8] 等论文，对美国荒野保护运动做了较为深入的研究。

国内对尼克松政府的环境政策、环境外交政策的研究取得了一定的成果。金海的《20世纪70年代尼克松政府的环保政策》[9]，力图通过对尼克松政府环保政策兴衰的探讨，揭示当时美国环保运动发展的某些特点，及其与政府政策之间的关系。夏正伟和许安朝的《试析尼

① 徐再荣等：《20世纪美国环保运动与环境政策研究》，中国社会科学出版社2013年版。

② 滕海键：《战后美国环境政策史》，吉林文史出版社2007年版。

③ 侯文蕙：《美国环境史观的演变》，《美国研究》1987年第3期。

④ 侯文蕙：《20世纪90年代的美国环境保护运动和环境保护主义》，《世界历史》2000年第6期。

⑤ 梅雪芹：《20世纪80年代以来世界环境问题与环境保护浪潮分析》，《世界历史》2002年第1期。

⑥ 高国荣：《美国现代环保运动的兴起及其影响》，《南京大学学报》（哲学、人文科学、社会科学版）2006年第4期。

⑦ 滕海键：《美国历史上的资源与荒野保护运动》，《历史教学》（高校版）2007年第8期。

⑧ 付成双：《从征服自然到保护荒野：环境史视野下的美国现代化》，《历史研究》2013年第3期。

⑨ 金海：《20世纪70年代尼克松政府的环保政策》，《世界历史》2006年第3期。

克松政府的环境外交》[1]，指出尼克松政府的外交活动更多地着眼于美国所处的国内外环境形势和现实利益，在国际环境领域取得了有利地位，并推动了20世纪70年代初环境领域的国际合作达到一个高潮。在学位论文方面，东北师范大学裴杰的硕士论文《尼克松政府的环保政策与城市发展》[2]，指出随着环保运动发展成为一股不可忽视的政治力量，尼克松签署了一系列具有里程碑意义的环保立法，开创了联邦干预环境问题解决的新时代。南京大学周佳苗的博士论文《美国当代环境外交的肇始：探析尼克松时期的环境外交（1969—1972）》[3]，指出尼克松时期的环境外交政策主要由区域性环境外交、全球性环境外交和双边环境外交三部分组成。双边环境外交的对象主要是加拿大和苏联，美国与加拿大间的双边环境外交主要围绕保护大湖区域水质的工作展开。由上述分析可知，对尼克松政府的国内环保研究大都集中于全国性的环保立法和环保政策的制定，而较少涉及具体环保运动的决策情况；而环境外交研究则主要集中在全球环境外交层面，与加拿大的双边环境外交涉及较少，且主要集中在水资源领域，而对石油开发过程中美加关系问题的研究很少。

国内对阿拉斯加的研究，多注重其地质环境的特殊性，土地和石油资源开发的经济管理等方面，大量文章都是从地质学、地理学、经济学等角度进行的研究。[4] 在历史学角度，学者们对阿拉斯加早期

---

① 夏正伟、许安朝：《试析尼克松政府的环境外交》，《世界历史》2009年第1期。

② 裴杰：《尼克松政府的环保政策与城市发展》，硕士学位论文，华东师范大学，2016年。

③ 周佳苗：《美国当代环境外交的肇始：探析尼克松时期的环境外交（1969—1972）》，博士学位论文，南京大学，2015年。

④ ［苏］斯多布尼科夫：《北极冻土带》，清河译，时代出版社1955年版。高新祥译：《北海和阿拉斯加油气区》，石油工业出版社1988年版。潘家华、张德国：《阿拉斯加管道（待续）》，《油气储运》1994年第2期；潘家华、张德国：《阿拉斯加管道（续完）》，《油气储运》1994年第3期。陈健峰等：《阿拉斯加原油管道设计原则与特殊施工要点》，《油气储运》2006年第12期。吕宏庆、李均峰、汤永亮：《多年冻土区管道的若干关键技术》，《天然气与石油》2009年第6期。周建军、黄胤英：《社会分红制度的历史考察：阿拉斯加的经验》，《经济社会体制比较》2006年第3期。

出售历史进行了一定的研究[①]，多角度分析了阿拉斯加出售的原因、过程、意义和影响，具有一定的深度和广度，对了解阿拉斯加的早期历史具有重要的参考价值。

相对而言，从环境保护角度研究阿拉斯加荒野保护和资源开发的历史文献则比较少。吴琼的《从美国联邦法律的视角看阿拉斯加州土著民族的历史变迁》[②]，分析了1971年的《阿拉斯加原住民土地赔偿安置法》颁布的原因和对阿拉斯加原住民的影响。辽宁大学李红妹的硕士论文《1980年美国〈阿拉斯加国家利益土地保护法〉研究》[③]，以该法在国会通过时的争议作为叙述的脉络，追溯《阿拉斯加国家利益土地保护法》出台的历史背景以及在国会的博弈过程，分析解读该法的内容和特点，最后探讨总结该法的历史地位及影响，对研究《阿拉斯加国家利益土地保护法》以及阿拉斯加土地开发历史具有一定的参考价值。本书力图在前人研究的基础上，梳理《阿拉斯加原住民土地赔偿安置法》到《阿拉斯加国家利益土地保护法》之间的历史史实，分析原住民土地要求在资源开发与荒野保护中的过渡作用，填补国内对阿拉斯加近代开发历史研究的不足。

总而言之，一方面，国内对美国环保运动和环保政策的研究取得了一定的成果，但是这种研究还是初步的，全面系统和深刻的研究成果还不多。另一方面，国内对阿拉斯加的历史研究非常薄弱。

---

① 顾学稼：《沙俄出售阿拉斯加原因考析》，《四川大学学报》（哲学社会科学版）1987年第3期。徐国琦：《威廉·亨利·西沃德和美国亚太扩张政策》，《美国研究》1990年第3期。董小川：《阿拉斯加割让问题研究》，《世界历史》1998年第4期。董继民：《阿拉斯加出售与太平洋世界的形成》，《山东师范大学学报》（人文社会科学版）2003年第5期。戴轶敏：《近代捕鲸业的发展与美俄两国在俄美地区的领土争端》，《西伯利亚研究》2005年第4期。张德明：《国际机遇的利用与美国向太平洋的领土扩张——“路易斯安那购买”和“阿拉斯加购买”新探》，《史学集刊》2009年第5期。

② 吴琼：《从美国联邦法律的视角看阿拉斯加州土著民族的历史变迁》，《黑龙江省政法管理干部学院学报》2013年第3期。

③ 李红妹：《1980年美国〈阿拉斯加国家利益土地保护法〉研究》，硕士学位论文，辽宁大学，2018年。

在前辈学者对阿拉斯加早期历史进行了一定研究的情况下，后辈学者却没有接续地研究下去。这使得阿拉斯加研究在中国几乎是一片空白，虽有个别学位论文涉及阿拉斯加荒野保护，却只是孤立的研究，而并没有形成研究规模和研究队伍，也没有形成具有一定水平的著作和文章。本书抛砖引玉，期待更多学者对阿拉斯加进行更为广泛而深入的研究。

三　研究的主要内容

本书总体分为六个章节，第一章研究阿拉斯加北坡石油开发的背景。这一章主要介绍了美国战后经济蓬勃发展和能源结构转变的历史，以及能源消费与环境污染引发的环境保护运动；同时也介绍了阿拉斯加自购买以来的开发与保护的历史，以及石油资源及其开发历史，进而论述北坡石油的发现，以及阿拉斯加输油管道建设的提出。

本书的第二章至第五章研究石油开发与管道建设争议及其结果，这一争议体现了开发与保护的冲突，是本书的核心内容。本书按照事件演进的顺序，将争议分为技术争议、土地争议、环保争议以及政治经济争议四部分，层层深入地分析了石油开发与环境保护的冲突与平衡。第二章主要介绍了石油开发与管道建设争议的初始阶段，即技术问题和技术争议的提出，是管道争议的预热阶段。

第三章主要介绍了石油开发与管道建设争议的新问题，即原住民土地遗留问题带来的土地争议。原住民问题是阿拉斯加的特色问题，最终联邦政府制定了《阿拉斯加原住民土地赔偿安置法》，解决了原住民土地问题。另外，需要注意的是，为满足环保主义者要求，《安置法》蕴含了环保因素，为此后极北地区大面积的土地保护打下了基础。

第四章论述石油开发与管道建设争议的持续进行，重点分析了管道建设的环保争议，比之前两个争议更为复杂。这一章先介绍了阿州环保势力的发展与斗争的历史，以及阿州环保组织和国家环保组织的联系与区别。在讲述环保争议时，需要注意的有三点：一是环保主义者将生态威胁上升为荒野保护问题，大力反对管道建设；二是环保主义者继与原住民联合后，再次与渔业势力联盟，合力反对石油管道；三是环保主义者的态度由全面反对转变为寻求替代方案。

第五章是争议升级和解决阶段，探讨石油开发与管道建设争议的深层问题——经济政治争议。跨加拿大替代线路的提出，吸引了美国中西部和东北州的立法者参与到石油开发争议中，他们关注于垄断特权和石油外运问题，这使得开发争议从最开始较为简单的技术争议和土地争议，发展成为老生常谈的政治经济争议。石油危机的爆发更使得石油开发与管道建设从地区经济和环保问题，最终上升为国家安全问题。联邦政府最终通过了《跨阿拉斯加管道授权法案》，解决了这一历时多年的重大争议。

第六章是石油开发与管道建设争议的影响研究。这一章从阿拉斯加州和美国两个维度出发，先论述争议对阿拉斯加州开发与环保矛盾的调节，最终达成了开发势力、原住民集团和环保势力的暂时平衡，一定程度上体现了“能源—环境平衡”的理论。接下来论述争议对美国环保运动的促进作用，主要表现为环保方式的丰富与发展，一是对技术乐观主义的批判，研究分析环保势力面对强大的开发势力，如何通过技术争议纠正石油公司的工程问题，拖延石油开发和管道建设，保护阿拉斯加环境；二是对原住民集团的分而用之，研究环保势力在不同时段对原住民集团所持有的或联合或对立的态度和行动，以求利用原住民达成自己的环保目标；三是对国际环保合作的尝试，即研究美加环保势力的国际合作问题，既包括北坡石油开发中的挫折失败，也包括后续美加保护区相连开发的成功尝试。

四　创新和不足之处

（一）特色与创新之处

1. 选题内容创新

本书的选题内容具有一定的创新性。环境问题成为世界日益关注的问题，环境史学成为历史研究的新方向，与环境保护相关的思想、理念、意识和运动越来越受到史学研究的青睐。美国是环保运动发展的先驱，也是环境史学的发源地，环境保护研究的成果显著。然而，美国环境史学的选题大多集中在美国西部地区或本土其他地区，对阿拉斯加地区环境问题的研究却不甚丰富，还有相对广阔的研究空间。本书通过研究阿拉斯加北坡石油开发与管道建设，分析阿拉斯加地区能源开发与环境保护的分歧与妥协，为世界其他国家基础设施建设与生态文明发展提供借鉴和参考。

2. 研究思路创新

本书的研究思路具有一定的创新性。本书从环境政治史角度出发，深入分析阿拉斯加北坡石油开发与管道争议。本书按照事件的发展顺序，将这一争议分类为技术争议、土地争议、环保争议以及政治经济争议四个部分，分层级研究这一争议的复杂性和特殊性。本书将纵向时间线演绎与横向剖面解构相结合，更加细致也更加深入地理清北坡石油开发与管道争议的来龙去脉。通过这一研究思路，本书力求更好地理解阿拉斯加州各方势力的坚持与妥协，冲突与平衡，更好地理解阿拉斯加州与外部因素的互动与影响。

（二）不足之处

一是本书所需文献资料的全面收集具有一定难度，存在一定的不足。

一方面，国外对于阿拉斯加石油开发和管道建设问题的研究大都集中在环境保护领域或阿州原住民问题方面，而从美国国内政治和国际政治角度研究的著作较少，比如与加拿大的互动的相关研究较少。因此资料查找、取舍和组织需要花费更大的精力。另一方面，国内关于非政府环保组织的论述偏重国际环保组织方面，针对美国国内环保组织，如塞拉俱乐部、荒野协会、“地球之友”的研究还不甚完善，相关书籍和论文不甚丰富，这使得收集环保组织的资料也有一定的困难。

二是本书材料的组织，论证分析的深入具有很大难度，而前者尤为困难。

作为“环境十年”的第一个环保运动，作为环境政治史的典范案例，阿拉斯加石油开发和管道建设争议涉及的利益方众多，各方势力的博弈错综复杂，如何在广泛占有材料的基础上条分缕析地讲清楚争议内容，如何在讲述管道故事的同时说明故事背后的深层症结？这就需要笔者对文献材料进行合理的取舍和组织，对信息进行最大化的解读，对论证思路进行反复的推敲和琢磨，才能更好地组织素材，分析症结，论证结果。

第一章

北坡石油开发与管道建设争议的背景

第二次世界大战后，尤其是进入 20 世纪五六十年代以来，美国经济进入持续稳定增长时期。一方面，“战后繁荣”极大地提高了美国人的生活水平，也造成了消费能力的暴涨。面对持续增长的原材料消费和能源消费的趋势，美国社会迎来了新一轮的能源结构调整，最终石油超过煤炭，成为最重要的能源消费种类。另一方面，资源开发和利用又面临环保主义的挑战。越来越多的人意识到环境不只蕴藏着自然资源，也提供了休闲娱乐的场所；进入 20 世纪 60 年代后，工业污染和生活垃圾的危害日益明显，环保观念又逐渐扩展到防治污染的问题上。尼克松当政以来，大力发展环保事业，开启了著名的“环境十年”。然而，随之而来的能源危机又使其裹足不前。能源危机与环境保护相冲突的首次战役发生在阿拉斯加。一方面，1959 年，阿拉斯加正式成为美国的一个独立州。人们发现这片广阔的土地蕴藏着丰富的地质资源。另一方面，阿拉斯加的资源保护和环境保护一直受到联邦政府和环保组织的重视，并取得了一定的成果。1968 年，石油公司发现了普鲁德霍湾大油田。[①] 石油开发与荒野保护、经济发展与环保运动的冲突最终无可避免地爆发了。

---

① “Big Oil Find Reported on Alaska’s Arctic Slope”, *New York Times*, July 19, 1968.

第一节　美国经济社会发展与“环境十年”

20世纪五六十年代以来，美国经济进入持续增长的黄金时期。“战后繁荣”带来富裕的生活，也诱导了消费能力的爆发，美国开始新一轮的能源消费改革。与此同时，战后美国环保观念逐渐由明智利用扩展为保护自然；进入20世纪60年代后，在休闲娱乐的基础上又开始关注防治污染的问题。尼克松政府顺应社会潮流，重视环境保护，开启了“环境十年”；而20世纪70年代后期的能源危机又使其逐渐放弃自己的环保立场。

一　“战后繁荣”与能源结构的调整

1945—1960年，美国经济持续稳定增长，逐渐成为一个“丰裕社会”，并一直持续到1970年前期。[①]“战后繁荣”带来了产业经济发展、物质生活丰裕，并在一定程度上缩小了贫富差距，美国逐渐步入中产阶级社会。随着人们生活水平的提高，美国人的消费能力也逐渐爆发，原材料和能源消费尤为突出，美国随即迎来新一轮的能源结构调整。1950年左右，石油的比重超过煤炭，成为最主要的能源消费种类。

（一）“战后繁荣”

经济增长是第二次世界大战后美国历史的核心内容，增长本身是目标，也是实现其他目标的手段。在这一时期，美国在产业发展、物质消费、收入分配、生活水平等方方面面都得到了巨大的提高，造就了举世瞩目的“战后繁荣”（The Postwar Boom）。[②]

---

① John Kenneth Galbraith, *The Affluent Society*, Boston: Houghton Mifflin, 1958.

② Robert M. Collins, *More: The Politics of Economic Growth in Postwar America*, New York: Oxford University Press, 2000, p. 40.

“战后繁荣”首先体现在产业经济的惊人发展。美国的国民生产总值，从1947年的2823亿美元增长到1960年的4399亿美元，增幅达56%。这一惊人的增长还体现在其他方面：制造业生产指数从1947年的100%，上升到1960年的163%，增幅达63%；个人消费支出从1947年的1956亿美元，上升到1960年的2981亿美元。与此同时，美国战后人口出生率激增，1946—1964年是美国历史上人口增长最多的时期，出现了战后“婴儿潮”（baby boom）。但是即便考虑到人口增长和通货膨胀，战后经济增长也是惊人的：1947—1960年，人均国民生产总值增长了24%，人均个人消费支出增长了22%。①

“战后繁荣”的具体表现就是战后物质丰裕。物质的丰裕首先表现在“汽车潮”的出现。越来越多的美国人和美国家庭拥有了自己的汽车。1945—1960年，汽车拥有者的数量增加了133%。进入20世纪60年代后，中产阶级家庭的标准已经变成拥有两辆汽车。进入20世纪70年代后，超过80%的美国人拥有自己的汽车，其中28%的人拥有两辆私人汽车。除了汽车，美国在电话、电视机、电冰箱、电子媒体等电器设备上的现代化消费，也长期走在世界前列。电视的家庭拥有率从1950年的不足10%增加到1980年的98%，是物质精神生活提高的重要象征。② 超级市场也是物质丰富的鲜明表现场所。美国《生活》杂志夸张地描述：“购物者的购物车充满了世界上其他国家所不知道的丰富物品。”③

“战后繁荣”没有消除收入分配不公平的问题，但是这种不公平得到了一定程度的缓和。诚然，并不是所有美国人都分享了“战后

---

① Ben J. Wattenberg, *The Statistical History of the United States, from Colonial Times to the Present*, Washington, D. C.: Basic Books, 1976, pp. 143, 158, 409, 422.

② 徐再荣等：《20世纪美国环保运动与环境政策研究》，中国社会科学出版社2013年版，第182页。

③ Robert M. Collins, *More: The Politics of Economic Growth in Postwar America*, New York: Oxford University Press, 2000, p. 41.

繁荣”，黑人、西班牙裔、印第安人和老人的生活水平比其他人要低很多。不过，收入分配的不公平现象在战后得到了一定程度的缓和。例如，黑人在战后的富裕程度不如白人，但他们的相对地位提高了。1960 年，黑人男性的工资是白人的 67%，黑人女性的收入是白人的 70%；这一情况虽然也不算好，但是战前的情况更糟糕，黑人男性和女性的收入分别占白人男性和女性的 41%和 36%。经济增长并没有结束歧视或消除歧视，但是大大缩小了现有的差距。①

“战后繁荣”带来的经济增长、物质丰富，以及收入提高，使得人民的生活水平不断提高——美国逐渐向中产阶级社会过渡。首先，人们受教育的机会增多，中学毕业率和大学毕业率都大幅度升高，白领工人的比例超过蓝领工人。其次，美国工人的工作时间大幅度减少，“自 1935 年以来一直在每周 38 小时左右摆动，但是全年的劳动时间逐渐减少”②。1955 年，美国劳工联合会会长乔治·米尼（George Meany）感叹：“美国工人的日子从来没有这么好过过。”③生活物质的丰富、教育水平的提高以及休息时间的增多，让人们有更多的时间可以休闲娱乐，享受生活。

“战后繁荣”对美国经济社会发展产生重大影响，美国继续巩固战前在世界上的先进发展地位，进入经济社会发展的黄金时段。与此同时，美国人民享受着丰富的物质生活，产生了巨大而惊人的消费能力。1952 年佩里委员会的报告声称，美国已经成为资本主义世界中最大的原材料消费者，以不到世界 10%的人口和 8%的国土面积，消费了世界上将近一半的原材料。1950—1970 年，美国的能源

---

① Ben J. Wattenberg, *The Statistical History of the United States, from Colonial Times to the Present*, Washington, D. C.: Basic Books, 1976, p. 168.

② 徐再荣等：《20 世纪美国环保运动与环境政策研究》，中国社会科学出版社 2013 年版，第 146 页。

③ Stephen E. Ambrose, *Eisenhower: Soldier and President*, New York: Simon and Schuster, 1990, p. 249

年消费量增加了50%。[1]面对原材料和能源消费持续增长的趋势，美国社会迎来了新一轮的能源结构调整。

（二）能源结构调整

到了19世纪中叶，美国已经是能源的主要生产国和消费国。在1850—1960年，美国的能源总产量增长了200倍以上。[2]随着工业化的展开，美国开发和使用了大量能源，并经历了两次重大转型：从最初的木材和水力发电到19世纪后期的煤炭，再到20世纪初的石油。美国的能源转型具有重大意义，标志着能源利用从可再生资源向不可再生化石燃料的转变。

传统农业社会中，各国的能源结构均比较单一，彼此之间存在很大相似性，表现为主要以植物燃料为主。国际著名能源史学家保罗·马拉尼马（Paul Maranima）认为传统农业社会超过95%的能源来源于植物。[3]1775—1845年，木柴在美国总能耗中的比重接近100%。第一次工业革命的发生，及其在全球范围内的扩散，促使美国的能源结构发生了由植物型为主向化石型为主的转变。1850年左右至1950年左右，煤炭在能源消费中的比重逐渐上升，继而占据最大单一能源类型地位。随着薪柴的减少以及煤炭开发技术的进步，木柴、木炭价格不断上涨，而煤炭价格整体下跌。面对社会经济的发展和能源需求量的扩大，煤炭最终代替薪柴，得到普遍利用。1885年，煤炭在能源结构中的比重超过50%，标志着美国以煤炭为主的能源结构转型完成，美国进入了“煤炭时代”[4]。

1910年左右至1978年，石油在能源消费中的比重逐渐上升，继

---

[1] 克里斯·郎革、廖红编著：《美国环境管理的历史与发展》，中国环境科学出版社2006年版，第110页。

[2] Henry C. Dethloff, *Americans and Free Enterprise*, Englewood Cliffs, NJ, 1979, p. 4.

[3] Astrid Kander, et al., *Power to the People: Energy in Europe over the Last Five Centuries*, Princeton: Princeton University Press, 2013, p. 38.

[4] 裴广强：《近代以来美国的能源消费与大气污染问题——历史分析与现实启示》，《史学集刊》2019年第5期。

而开始成为最大单一能源类型。美国是世界上第一个商业化生产石油的国家，于1859年在宾夕法尼亚州（Pennsylvania）的缇特斯韦尔地区（Titusville）建立了第一个商业油井。从1859年到1883年，美国每年的石油产量占全球产量的80%以上，美国由此成为世界上最主要的产油国。1890年的世界石油产量为7600万桶，其中美国占60%；到1910年，美国占比继续上升至64%。[①] 石油资源蕴藏丰富，单位质量的能量含量高且稳定性强，从源头到消费者运输方便且易存储。因此，石油成为当今世界的主要能源，并且围绕石油产品的使用研发出众多现代技术。

宾夕法尼亚州油田的发现和后续开发，催生了一个快速发展的精炼行业，即从原油中生产其他材料。这种精炼技术在可操作后，迅速转换为原油加工技术。因此，石油被开发出多种用途，炼油厂通过分馏、裂化和重整等操作，可以生产出多种石化材料和燃料产品，如天然气燃料、汽油、柴油、工业燃料油以及润滑油等。第二次工业革命和内燃机的发明，对石油可以提供的润滑油和燃料物质提出了强烈的需求，工业国家迅速开始优先使用石油而不是其他燃料，美国也不例外。因此，尽管数千年来一直很少使用石油，但随着石油在宾夕法尼亚州的发现，现代石油工业迅速发展起来，对石油燃料和石化产品的严重依赖也开始出现。

二战之后，化工工业、电子工业以及国防工业共同推动了美国经济的快速发展。1946—1970年，美国非耐用品的生产增长了3倍，化工生产增长了6倍，铝制品增长了4倍，橡胶塑料增长了将近5倍。[②] 而化学工业迅速发展，以及燃料消费的持续上升，刺激了美国石油消费量急剧增长。1950年左右，石油的比重超过煤炭，成为最主要的能源消费种类，能源结构的第二次调整正式完成。1977—

① T. Neil. Davis, *Energy/Alaska*, Fairbanks: University of Alaska Press, 1984, pp. 168-172.

② 克里斯·郎革、廖红编著：《美国环境管理的历史与发展》，中国环境科学出版社2006年版，第109页。

1978 年，石油比重一度达到 47%的峰值。此后虽有下降，但直到现在仍是美国最大的单一能源类型。[①]

能源开发一直是美国经济增长过程的重要组成部分。在宾夕法尼亚州发现石油后的一百年里，美国要么是领先的石油生产国，要么是领先的石油出口国。而进入 20 世纪 60 年代时，美国开始大量进口石油了，能源优势逐渐消失。很明显，即使是自然资源丰富的美国，“经济可采”的油气藏数量也是有限的。美国使用廉价石油产品的日子已经过去了，石油资源的竞争力将逐年下降。正是在这种日益恶化的能源形势下，阿拉斯加以产油州的身份崛起。

另外，美国得天独厚的自然资源的丰富性，使人们无法认真考虑使用和开发能源对环境的影响。多年来，由于忽略了开采和加工能源的环境成本，美国存在着浪费资源和低效使用资源等问题。[②] 而随着 20 世纪 60 年代环保运动的兴起，以及 20 世纪 70 年代对能源匮乏的恐惧，美国的石油开发和能源政策也将面临新的挑战。

二 第二次世界大战后社会发展与环保观念的转变

第二次世界大战后，越来越多的人意识到环境不仅可以用来开发自然资源，还提供了休闲娱乐的场所。自然环境的户外娱乐、荒野体验和开放空间等方面的价值，日益得到人们的认可和重视，环保观念逐渐由明智利用扩展到保护自然。然而，快速的工业发展、舒适的生活方式也带来无法预料的环境后果，从 20 世纪 60 年代中后期开始，环保关注点再次转移到污染问题上。

（一）由明智利用扩展到保护自然

在第二次世界大战之前，人们的认知里几乎没有出现或使用过“环境”一词。人们普遍认为，对资源的明智利用，是保护自然资源

---

① 裴广强：《近代以来美国的能源消费与大气污染问题——历史分析与现实启示》，《史学集刊》2019 年第 5 期。

② 徐再荣等：《20 世纪美国环保运动与环境政策研究》，中国社会科学出版社 2013 年版，第 20—30 页。

是必要方式。自然资源保护的范围，从 19 世纪后期和 20 世纪初的水和森林资源，逐步演变成 20 世纪 30 年代的草木、土壤和野生动物资源，而对化石资源的保护则进展缓慢。在所有这些领域中，人们普遍担心浪费所代表的自然生产力的损失，企图通过“健全”或有效的管理来纠正错误，并强调保持物质平衡以支持更长期的生产，要求在中央管理计划下协调生产要素以实现最大效率。[①]

美国的资源保护运动兴起于 19 世纪 80 年代以后，在进步时代（Progressive Era）[②] 掀起了第一次高潮。[③] 最早受到关注的自然资源是森林。1891 年，美国国会通过了《森林保护法》（*Forest Protection Act*），1905 年成立林业局。吉福德·平肖（Gifford Pinchot）出任林业局局长，开始大力推进林业管理制度改革，积极倡导科学的林业试验，提高林业管理效率，贯彻他提倡的“从长远的角度出发，审慎、节俭和明智地利用资源”[④] 的原则。关于水电的争议也成为“明智利用”问题的核心，这一问题对开发能源至关重要。1920 年的《水电法》（*Water Power Act*）与 1933 年的《田纳西流域管理局法》（*Tennessee Valley Authority Act*），实现了水资源保护和经济发展的双重目标。[⑤] 在新政期间，美国的资源保护运动掀起了第二次高潮。1934 年的《泰勒放牧法案》（*Tylor Grazing Act*），规定一些地区的农场主可以联合起来发展水土保护工程，或休耕以恢复地力。

---

① Samuel P. Hays, “From Conservation to Environment: Environmental Politics in the United States Since World War Two”, *Environmental Review*: ER, Vol. 6, No. 2, 1982, pp. 14-41.

② 19 世纪 90 年代到第一次世界大战前后是美国历史上的一个大变革时代，美国政治、经济、社会、文化各领域内发生了广泛而深刻的变革，对美国影响深远，奠定了现代美国的基础。这一大变革时代历史上称为“进步时代”。

③ Samuel P. Hays, *Conservation and the Gospel of Efficiency: The Progressive Conservation Movement, 1890-1920*, Cambridge: Harvard University Press, 1959.

④ Giford Pinehot, *The Fight for Conseration*, Seattle: Washington University Press, 1967, p. 52.

⑤ Frank E. Smith, *The Politics of Conservation*, New York: Pantheon Books, 1966, pp. 48-58.

1936年的《皮特曼·罗伯逊法案》（*Pittman-Robertson Act*）提供了资金，用以科学地管理狩猎活动。[①]

对于煤炭、石油等化石能源的开发与保护方面，“明智利用”依然广为提倡，但实行力度远不如森林、水力、土壤保护领域。在工业化加速时期，联邦政府鼓励经济的快速增长和能源的大规模开采。在进步时代，关于煤炭租赁措施的辩论，涉及资源开发，以及对公共土地使用的控制问题。到第一次世界大战为止，联邦政府开始限制对公共领域的无限利用，但是它并未充分扩展“明智利用”的概念，并没有将这些资源从私人控制之下回收回来。

与平肖提倡的资源保护运动并行发展，但处于从属地位的，还有约翰·缪尔（John Muir）代表的自然保护运动。缪尔继承了亨利·梭罗（Henry David Thoreau）[②]关于自然和荒野的思想，坚持大自然拥有权利，所有物种之间没有高低贵贱之分，人类需要保护正在遭受破坏的荒野，保护自然景观和自然万物。缪尔认为“在上帝的荒野中，存在着世界的希望”[③]。

第二次世界大战之前，自然保护运动取得了重大进展，主要表现在国家公园系统的建立。1916年，国家公园管理局建立。《国家公园法案》（*National Parks Act*）声明了国家公园管理局的创建理念，即“保护风景、具有自然和历史意义的事物，以及居于其中的野生动物，使其能够被我们享受，并同时保证它们不受损害地

---

① Samuel P Hays, “From Conservation to Environment: Environmental Politics in the United States Since World War Two”, *Environmental Review*: ER, Vol. 6, No. 2, 1982, pp. 14-41.

② 亨利·戴维·梭罗（1817—1862年），美国作家、哲学家，超验主义代表人物，提倡回归本心，亲近自然。1845年，他在距离康科德两英里的瓦尔登湖畔隐居两年，自耕自食，体验简朴和接近自然的生活。以此为题材写成的长篇散文《瓦尔登湖》，成为超验主义的经典作品。

③ 侯文蕙：《征服的挽歌——美国国环境意识的变迁》，东方出版社1995年版，第78页。

为子孙后代所享受。”[①] 接下来的几十年中，积极进取的国家公园管理局一直在与林业局进行土地争夺，美国国家公园系统一直在扩展，到20世纪晚期国家公园总数已达到355处，面积超过12.5万平方英里。

二战后，历史力量发生了巨大转变。“战后繁荣”使美国成为“丰裕社会”，物质的极大丰富、收入的明显增加、教育水平的显著提高以及中产阶级的出现，都在推动一个后工业社会和一个“先进消费经济”的兴起。[②] 这些趋势转变了公众对环境保护的态度。首先，新环保主义者意识到，针对战后国家经济繁荣所表现出来的城市化和工业化的情况，环境保护不仅仅是明智利用自然资源，而是更广泛地保护整体的环境质量，保护空气、水、土壤的原貌。其次，随着中产阶级不再担心基本生活需要的满足，并且拥有更多休闲时间，他们愿意享受生活的“愉悦”，希望去公园、森林和荒野地区度假。[③] 去国家公园度假已经不再是超级富豪的专属活动，很多一般人也热衷于去荒野中放松精神，涤荡心灵。[④]

1958年，美国国会成立了国家户外休闲娱乐审查委员会。1962年，委员会完成了其环境保护报告，对约翰逊政府期间的公共政策产生严重影响。在报告的指导下，从1964年起，土地和水利保护基金开始提供持续的资金支持，用于购买州和联邦户外休闲用地。报告还加快了1964年《国家荒野法》（*Wilderness Act of 1964*）和1968

---

① Kathy Mason, *Natural Museums: U. S. National Parks, 1872－1916*, Michigan, Michigan State University Press, 2004, pp. 72-73.

② Samuel P. Hays, "Three Decades of Environmental Politics: The Historical Context", in Michael J. Lacey, ed., *Government and Environmental Politics: Essays on Historical Developments Since World War Two*, Washington, D. C.: Woodrow Wilson Center Press; Baltimore: Johns Hopkins University Press, 1991, p. 22.

③ Samuel P. Hays, *Beauty, Health, and Permanence: Environmental Politics in the United States, 1955-1985*, New York: Cambridge University Press, 1987, pp. 2-5.

④ J. Brooks Flippen, *Nixon and the Environment*, Albuquerque: University of New Mexico Press Publication, 2000, p. 2.

年《荒野与风景秀丽的河流法》（*Wild and Scenic Rivers Act*）与《国家步道法》（*National Trails Act*）的通过。同时，从20世纪50年代中期到60年代，人们一直在尝试保护并增加国家公园系统。环保组织掀起了声势浩大的环境保护运动，如保护回声公园运动、保护大峡谷运动、保护红杉公园运动等。国家公园管理局扩大了国家公园系统，如增加了犹他州的峡谷地保护区、新的国家湖岸和海岸保护区，以及新的国家休闲区等。随着关于荒野、风景秀丽的河流或其他自然地区的具体提议受到热烈讨论，环保运动继续影响着行政和立法行动。①

进入20世纪60年代之后，人们日益关注到工业发展、消费娱乐带来另一个环境问题——环境污染。日益增多的环境事件，引发了人们对日趋严重的环境污染的不满和恐惧，人们“把早期对有毒污染物的生态影响的关注，转移到了对人类健康影响的关注上来”②。环保主义者在呼吁保护自然的基础上，开始重点关注治理污染、改善人类居住环境等问题。

（二）由休闲娱乐扩展到防治污染

二战后，经济的发展以及人们对生活质量的追求，对环境造成巨大的压力；而工业迅猛发展更是带来更大的环境污染，引发人们越来越多的关注。20世纪六七十年代，美国发生了一场规模空前的环境保护运动，在先前关注自然环境领域休闲娱乐的基础上，更加着力于防治环境污染的战斗和立法。

二战后，美国人口的爆发式增长，以及经济的空前繁荣，给环境带来巨大的压力。这种压力主要体现在郊区化、社区垃圾以及汽

① Samuel P. Hays, “From Conservation to Environment: Environmental Politics in the United States Since World War Two”, *Environmental Review*: ER, Vol. 6, No. 2, 1982, pp. 14-41.

② Samuel P. Hays, “From Conservation to Environment: Environmental Politics in the United States Since World War Two”, *Environmental Review*: ER, Vol. 6, No. 2, 1982, pp. 14-41.

车消费等方面。首先，随着战后汽车的普及，郊区用房为解决住房问题提供了良好的方案。从 1950 年到 1956 年，全国住房净增长的 64%在城镇地区。其中，中心城市占 19.4%，郊区占 80.6%。土地所有者、房地产开发商、金融机构、公共事业公司以及地方政府都拥挤到郊区争夺土地。高速公路取代乡间小路，购物中心取代开阔的田野，广告牌拔地而起，摧毁了自然美景。① 其次，更多的郊区和更多的人口意味着更多的垃圾，而垃圾处理中心的建设没有跟上人口密度的增长，因此许多社区垃圾造成了严重的水污染、空气污染、疾病滋生等问题。② 汽车消费的发展对空气质量带来了更大的破坏。内燃机会产生碳氢化合物、一氧化碳和氮氢化物。在城市的炎热气候下，汽车尾气带来了灰色的令人窒息的雾霾。迅速发展的洛杉矶社区，在 20 世纪 40 年代爆发了举世闻名的洛杉矶光化学烟雾事件。到 1965 年，空气和水的污染已成为人们高度关注的问题。该年进行的第一次全国民意测验，以及总统的年度信息，都充分反映了人们对污染问题的全面关注。③

美国民众的生活与消费对环境的压力，远远小于工业污染带来的危害。二战后，美国的电力工业、化学工业以及国防工业迅猛发展，带来了空气污染、水污染、化学污染、核污染等一系列环境问题。20 世纪四五十年代，工业发展大都燃烧化石燃料，战后又进入石油时代。而石油、天然气和煤炭的燃烧，向空气中释放颗粒物和氧化硫，产生具有刺激性气味的黄色气体，造成严重的空气污染。工业废水造成的巨大的水污染问题，在凯霍加河（Cuyahoga River）

① Samuel P. Hays, *Beauty, Health, and Permanence: Environmental Politics in the United States, 1955-1985*, New York: Cambridge University Press, 1987, pp. 90-91.

② J. Brooks Flippen, *Nixon and the Environment*, Albuquerque: University of New Mexico Press Publication, 2000, pp. 3-4.

③ Samuel P. Hays, "From Conservation to Environment: Environmental Politics in the United States Since World War Two", *Environmental Review*: ER, Vol. 6, No. 2, 1982, pp. 14-41.

大火中得到了最鲜明的表现。[①]到了20世纪六七十年代，“对空气污染的担心已经被化学污染和核污染的恐惧所代替代了”[②]。从密歇根州的多溴联苯到弗吉尼亚州的酮类，再到哈德逊河上的多氯联苯，再到在爱运河和肯塔基州路易斯维尔附近发现的废弃化学废物堆，美国似乎受到了无休止的有毒化学事件的影响。冷战时期，美苏两国展开了疯狂的核军备竞赛和试验，这不但严重威胁着世界的和平，而且也造成了令世人堪忧的核污染。

1962年，美国鱼类及野生动植物管理局（United States Fish and Wildlife Service）的研究员蕾切尔·卡逊（Rachel Carson）出版了著名的环保著作《寂静的春天》（*Silent Spring*），警告杀虫剂对海洋、土壤、植物、动物甚至是人类造成的严重危害。《寂静的春天》对美国民众具有巨大的警醒作用，使人们第一次认识到伴随“战后繁荣”而来的环境问题。[③] 20世纪60年代，是美国历史上最叛逆和动荡的年代之一，环保关注与其他社会运动结合在一起，产生了极大的影响。民意调查显示，20世纪60年代的环境污染问题成为民众最关心的问题。这一潮流发展的顶点即是1970年的“地球日”运动。1970年4月22日，大约有2000万美国人走上街头，举行声势浩大的游行示威和抗议活动，借以表达他们对环境的不满和关注，这一天被命名为“地球日”。“地球日”运动代表了美国各个阶层，是“人类历史上规模最大的有组织的示威游行”，在美国乃至世界引起了极大的反响，代表了环境革命的开始。[④]

---

① David Stradling and Richard Stradling, “Perceptions of the Burning River: Deindustrialization and Cleveland's Cuyahoga River”, *Environmental History*, No. 3, July 2008, pp. 515-535.

② ［美］巴里·康芒纳：《与地球和平共处》，王喜六、王文江、陆兰芳译，上海译文出版社2002年版，第24页。

③ ［美］蕾切尔·卡逊：《寂静的春天》，吕瑞安、李长生译，吉林人民出版社1997年版。

④ Philip Shabecoff, *A Fierce Green Fire: The American Environmental Movement*, New York: Hill and Wang, A Division of Farah, Straus and Giroux, Inc. 1993, p. 114.

民众的环保热情，也催生了环保组织的进一步发展和壮大，具体表现为原有环保组织的扩大，和新生环保组织的扩张。在1960年之前，平均每年只有3个环保组织出现；而到了20世纪60年代后期，平均每年有18个环保组织成立。[①] 20世纪60年代末70年代初，一批日后在环保事业上发挥重要作用的环保组织涌现，包括环境保护基金（Environmental Defense Fund）、自然资源保护委员会（National Resource Defense Council）、“地球之友”（Friends of the Earth）等。资历老的环保组织，如国家奥杜邦协会（National Audubon Society）、国家野生动物联盟（National Wildlife Federation）、艾萨克·沃尔顿联盟（Izaak Walton League）和塞拉俱乐部（Sierra Club）等，成员人数也在不断增加，并慢慢适应了新的环保理念。虽然他们依然致力于保护自然环境，扩展国家公园，但是对于新生的污染问题也给予巨大关注，并开始调整环保目标，注意新生的环保事务。[②] 到20世纪60年代末，环保组织已经成为不容忽视的社会力量。

林登·约翰逊（Lyndon B. Johnson）当政时，“伟大社会”（Great Society）[③] 计划产生了第一批环境治理政策：建立空气和水质标准，限制固体废物、建立购买公园用地的永久基金，建立野生动物保护区系统，这些都是联邦环境政策演变的关键步骤。[④] 约翰逊政府的内政部长斯图尔特·尤德尔（Stewart Udall）一反前任功利主义

---

① J. Brooks Flippen, *Nixon and the Environment*, Albuquerque: University of New Mexico Press Publication, 2000, p. 5.

② Robert M. Collins, *More*, *The Politics of Economic Growth in Postwar America*, New York: Oxford University Press, 2000, pp. 136-137.

③ “伟大社会”是美国总统约翰逊对他在20世纪60年代中期颁布的一系列改革措施的称呼。约翰逊的目标是纠正美国的经济和种族不公，制定了一系列大规模的计划和法律，包括医疗、交通、城市住房、教育和环境等方面的改革。

④ 约翰逊政府通过了有关防治污染，保护环境的众多政策与立法，约翰逊总统的行政历程见 Doris Kearns, *Lyndon Johnson and the American Dream*, New York: Harper and Row, 1976.

的立场，在其两届政府任期中都致力于保护自然环境，被塞拉俱乐部誉为环保主义者“最坚定的支持者”[①]。美国国会也在环保方面扮演了重要的角色。两党都支持环境立法，缅因州的民主党参议员埃德蒙·马斯基（Edmund Muskie）起到了领导作用，尤为关注空气和水污染立法，奠定了国家需要的环境保护政策的基础。[②] 20 世纪六七十年代是美国环境立法最为集中的时期[③]，这些法案构成了一个比较完整的环境保护法律体系，环保工作被纳入法制化轨道。

20 世纪六七十年代，美国的环保主义开始将防治工业污染作为环境保护的焦点。战后工业发展、化石燃料的燃烧、有毒化学物质的污染以及核污染的威胁，使防治环境污染受到越来越多人的关注。“地球日”后，环保事业取得了前所未有的关注和支持，联邦政府、国会议员、州和地方官员、环保组织、普通民众都支持环保运动，并做出具体的行动，最终迎来尼克松政府的“环境十年”。

三　“环境十年”与能源危机

理查德·尼克松当政后，迎合当时社会的环保呼声，通过环保立法、环保机构建立，环保举措实施等一系列行动，开启了美国社会重视环境保护的“环保十年”。而在 20 世纪 70 年代中期遭遇了能源危机后，尼克松开始在环保问题上后退，环境保护逐步让位于能源与经济问题。

---

① Thomas G. Smith, “John Kennedy, Stewart Udall, and New Frontier Conservation”, *Pacific Historical Review*, Vol. 64, No. 3, 1995, pp. 329–362.

② Charles O. Jones, *Clean Air: The Policies and Politics of Pollution Control*, Pittsburgh: University of Pittsburgh Press, 1975, p. 56.

③ 关于空气污染，1955 年，美国国会通过第一部联邦空气污染控制法《大气污染控制援助法》；1963 年，经全面修订后更名为《空气污染防治法》；1970 年，经过多次修改后，又正式定名为《清洁空气法》。关于水污染，1965 年，美国国会通过了《联邦水质法》；1972 年，又通过了《联邦水污染控制法》。对杀虫剂的日益关注，导致 1972 年通过《联邦环境杀虫剂控制法》，该法授权环境保护局管理杀虫剂的使用，并控制在国内商业中的杀虫剂销售。

(一)尼克松政府开启“环境十年”

20世纪70年代，政策制定者和普通民众都一致认为有必要改善环境。尼克松在1970年1月22日发表的国情咨文中宣布：“……最大的问题是，我们应该向周围环境投降，还是我们与自然和谐相处，并开始为我们对空气、土地和水的损失作出赔偿……清洁的空气、清洁的水，开放的空间——这些应该再次成为每个美国人的与生俱来的权利。”[①] 尼克松承认并重视环境问题的严重性，开启了“环境十年”(Decade of the Environment)。[②]

作为在美国南部边缘地带出生的共和党人，尼克松既缺乏支持环保的生活环境影响，也没有重视环保的政治基础。[③] 民主党人和环保主义者也普遍认为，“尼克松与其说是环保信奉者，不如说是投机者。”[④] 那么，对环保事业兴趣不大的尼克松为什么会如此重视和推动环保事业发展呢？主要原因包括两点：一是战后工业污染造成的环境问题日益严重，公众环保舆论空前高涨。尼克松就职八天后的1969年1月28日，加州沿海的一口联合石油井爆炸，数万桶原油洒入了生物物种丰富的圣巴巴拉（Santa Barbara）海峡。[⑤] 六个月后，克利夫兰的凯霍加河再次起火，引发报纸媒体的广泛关注，环保运动获得了进一步的关注和发展。[⑥] 环境问题已经引发了公众的密切关

---

① Richard N. L. Andrews, *Managing the Environment, Managing Ourselves: A History of American Environmental Policy*, 2nd ed., New Haven: Yale University Press, 2006, p. 227.

② Gordon J. McDonald, “Environment: Evolution of a Concept”, *Journal of Environment and Development*, Vol. 12, No. 2, June 2003, pp. 151-176.

③ 金海：《20世纪70年代尼克松政府的环保政策》，《世界历史》2006年第3期。

④ Byron W. Daynes and Glen Sussman, *White House Politics and the Environment: Franklin D. Roosevelt To George W. Bush*, Texas College Station: Texas A & M University Press, 2010, p. 81.

⑤ “Oil Slick Threatening California Coast Stirs Renewed Demands for Drilling Halt”, *Wall Street Journal*, Feb 3, 1969.

⑥ David Stradling and Richard Stradling, “Perceptions of the Burning River: Deindustrialization and Cleveland's Cuyahoga River”, *Environmental History*, No. 3, July 2008, pp. 515-535.

注，尼克松不得不高度重视环保问题。二是关注环境是尼克松赢得政治前程的筹码。虽然尼克松本身对环境并不感兴趣，但是当环境变为政治关键议题时，他也开始关注环境问题。不管尼克松是否真心关注环保，但是他发现环保议题在国会和公众心目中的关键地位，并决定迎合这种喜好，把自己塑造成一个环境总统，在环保立法、机构改革、行政举措、国际倡议等方方面面，都取得了出色的成就。

首先在环保立法方面，尼克松说服国会建立了环保立法的基础，其后总统和国会都以此为基础进行环境治理。这一立法基础中最重要的是 1970 年通过的《国家环境政策法》（*National Environmental Policy Act*，NEPA）。尼克松特意选择在 1970 年 1 月 1 日签署该法，作为他开启“环境十年”的标志。[①] 依据该法案：在总统执行办公室内设立环境质量委员会（Council on Environmental Quality，CEQ），并就“对人类环境质量有重要影响的所有重大联邦行动”提供“环境影响报告”（Environmental Impact Statement，EIS），该法案还要求 CEQ 向国会提交一份有关环境状况的年度报告。《国家环境政策法》和“环境影响报告”的出现，使得对环境价值的考量在整个联邦系统中制度化了。[②] 这使普通民众都获得了一个有力的武器，能够在法庭上质疑环境影响报告的充分性，从而阻挠或者制止政府或大公司对当地环境造成不利影响的开发行动。在阿拉斯加北坡石油开发与加管道建设争议中，环境影响报告就发挥了重要的作用。

其次在机构改革方面，尼克松动用总统权力，创造了一系列保护公众健康和环境的政治机构，其中最著名的是国家环境保护局（Environmental Protection Agency）的建立。1970 年 7 月 9 日，总统

---

① Richard Nixon，“Remarks on Signing the National Environmental Policy Act of 1969”，January 1，1970，in *Public Papers of the Presidents of the United States*：*Richard Nixon*，*1970*，Washington，D. C.：U. S. Government Printing Office，1971.

② Russell E. Train，“The Environmental Record of the Nixon Administration”，*Presidential Studies Quarterly*，Vol. 26，No. 1，The Nixon Presidency，Winter，1996，pp. 185–196.

向国会提议建立国家环境保护局，作为处理环境问题的独立机构，并获国会通过。总的来说，国家环境保护局提供了对各种污染源进行综合管理的能力，以应对不断增长的公众对环境问题的关注。而环境质量委员会继续存在，重点是制定广泛的环境政策，包括野生生物、国家公园、土地利用和人口增长；而国家环境保护局将是致力于消除污染的一线组织。尼克松宣布这两个机构不是竞争的而是互补的，提供了“开展有效协调的运动，以对抗各种形式的环境恶化的方式方法”①。

在行政领域，政府在环境保护方面动员其全部执行权，采取了许多行政举措。最具创意的是：由总统向国会提交关于环保问题的国情咨文，以向全国显示这个问题的重要性，并为总统在这个问题上即将采取的措施争取国会和公众的支持。1970 年 2 月，尼克松向国会提交了关于环境问题的国情咨文，列出了环境保护的 37 点计划，其范围涉及空气、水、土地污染治理，制定环境质量标准，关注环保组织发展，进行联邦拨款等各方面，成为美国历史上第一份全面的环境国情咨文。② 此外，尼克松招募众多环保主义者进入其政府，这些人保证了尼克松政府在环境议程上的友好积极态度。③

无论尼克松在环境领域的个人喜好如何，从 1969 年到 1973 年，尼克松政府的确承认并回应了公众对环境的关注。环境保护无疑是尼克松政府实现国内政策最重要的领域，处理环境事务的立法、行政和体制措施的数量之多，远远超过了国内政策的任何其他领域。

① Russell E. Train, “The Environmental Record of the Nixon Administration”, *Presidential Studies Quarterly*, Vol. 26, No. 1, The Nixon Presidency, Winter, 1996, pp. 185-196.

② Richard Nixon, “Special Message to the Congress on Environmental Quality”, February 10, 1970, in *Public Papers of the Presidents of the United States: Richard Nixon, 1970*, Washington, D. C.: U. S. Government Printing Office, 1971.

③ Byron W. Daynes and Glen Sussman, *White House Politics and the Environment: Franklin D. Roosevelt To George W. Bush*, Texas College Station: Texas A & M University Press, 2010, p. 83.

然而，这次全面的环保努力，在1970年中期却遭遇了能源危机的挑战，尼克松开始在环保问题上后退，环境保护逐渐让位于能源与经济问题。

（二）20世纪70年代的能源危机

二战后，美国经济繁荣发展，出现了能源结构的第二次调整，对石油能源的依赖越发严重。然而继1969年的圣巴巴拉泄油事件后，1970年，墨西哥湾的海上平台上也发生了两次重大井喷；1971年，一艘油轮相撞事故向旧金山湾倾泻了19000桶石油。日积月累，这些污染事件加剧了对新的石油和天然气钻探的反对，并将水质保护列为国家优先事项。1970年，壳牌石油公司环境保护经理兼美国石油学会漏油清理委员会主席哈克斯比（L. P. Haxby）承认，“重大漏油事件，已经严重动摇了公众对石油行业开展业务的信心”①。石油行业面临着日益敌对和不信任的公众，他们要求终止该行业数十年来享有的特权和利益。

尼克松政府对民众呼声做出快速的反应，在第一个地球日前后签署了《水质改善法案》，要求总统发布国家应急计划以清除溢油。1972年的《联邦水污染控制法》（*Federal Water Pollution Control Act*），授权联邦政府监管相对少量的石油泄漏。1972年通过的《沿海地区管理法》（*Coast Zone Management Act*）也鼓励各州在经济和环境利益之间取得平衡，尤其关注沿海能源活动有关的问题。尼克松在签署同年颁布的《港口和水路安全法》（*Ports And Waterways Safety Act*）时，称石油为“现代美国的命脉”，但同时警告人们注意“生态悲剧”的风险。② 圣巴巴拉之后对石油行业的敌对态度，以及对交通和空气污染的愤怒，也使税收政策和运输财政发生了变化。

① William Smith, “Oil Industry Combats Environmental Pollution”, *New York Times*, April 19, 1970.

② Richard Nixon, “Statement on Signing the Ports and Waterways Safety Act of 1972”, July 10, 1972, Presidency Project, https://www.presidency.ucsb.edu/documents/statement-signing-the-ports-and-waterways-safety-act-1972.

金融改革减少了对石油生产的税收补贴，并将资金转移到了公共交通上。①

尽管发生了这些变化，但是新的法规和改革并未从根本上改变美国对石油的依赖。这主要是因为圣巴巴拉的溢油争议进入了有关环境的更大叙述。石油污染只是引起人们关注的头条新闻之一，而其他环境危机，以及 1970 年的“地球日”运动，吸引了更多公众的目光。尼克松政府的许多立法胜利，广泛地解决了空气、水、海洋污染、濒临物种等环境问题，但对石油问题的影响却没有那么具体和切实。我们可以猜测，对许多环保主义者来说，将石油置于更大的环境危机中似乎是一项更大胆的政治举措，它将关注人与自然关系的根本失衡。一方面，环境立法者在谴责圣巴巴拉事件时，经常感叹人口增长和新技术的威胁，他们描述了席卷森林、河流和渔业的全面“环境灾难”，却谨慎地不提石油消费的重大影响，也未从根本上改变美国的石油政策。另一方面，随着石油进口量的增加，外交政策分析师越来越担心国家应对“石油武器”的脆弱性。②

1973 年 4 月，《纽约时报》在其首页上宣布，石油出口国“打破了西方石油公司的主导权。”据报道，沙特阿拉伯石油部长告诉报纸，“我们有能力支配价格”③。不久之后，阿拉伯国家就让美国见识到他们的实力。在 1973 年 10 月爆发的埃及和叙利亚的战争中，美国与以色列站在一起。因此，阿拉伯国家削减了石油产量，并拒绝向美国出售石油。而在为期五个月的禁运期间，石油价格翻了两番，达到每桶

① Richard Nixon, “Statement on Signing a Highway and Mass Transit Bill”, August. 13, 1973, Presidency Project, https: //www. presidency. ucsb. edu/documents/statement-signing-highway-and-mass-transit-bill.

② Paul Sabin, “Crisis and Continuity in U. S. Oil Politics, 1965-1980”, *The Journal of American History*, Vol. 99, No. 1, Oil in American History, June 2012, pp. 177-186.

③ Juan de Onis, “Mastery over World Oil Supply Countries”, *New York Times*, Apr 16, 1973.

12 美元以上。[①] 因此，尼克松政府面临日益严峻的能源形势：美国现在处于并且将来也会处于能源消费的过渡时期，即从消费廉价丰富的本地能源并忽视环境后果，转变为缺乏可使用的清洁燃料、日益依赖外国能源进口、替代能源的开发不足，而对保持或提高环境价值的兴趣却日益浓厚。[②] 尼克松政府同时面临能源与环境两大问题。

能源危机和环境保护的碰撞产生了多方面的思考。首先，能源问题将物质短缺更加有力地带入了实质性的环境关切领域，再次将“消费极限”的概念印入环保主义者和普通民众心中。[③] 其次，能源和环境之间相互矛盾又共生发展的关系，使决策者意识到能源开发和环境保护之间的相互作用可能是两者未来发展的关键，并接受了“能源—环境平衡”的观点，将其作为开发与保护的折中。[④] 最后，资源开发与消费研究必须注意的是，“能源已经成为更广泛的社会选择发生冲突的试验场”，一些长期存在的价值观和传统受到了审查，诸如个人权利、经济发展、环境保护，政府的作用以及世界和平之类的问题已成为有关美国能源未来的辩论的一部分。[⑤]

能源危机和环境保护相冲突的首次战役，是阿拉斯加北坡石油开发和管道建设争议。环保主义者反对管道建设，保护美国剩余的少数荒野地区。而 1973 年的石油禁运破坏了他们的努力，同年国会通过了管道建设立法，北坡石油开发与管道建设正式启动。三年后，

---

① Daniel Yergin, *The Prize: The Epic Quest for Oil, Money, and Power*, New York: Simon & Schuster, 1991, pp. 588–612.

② Rogers C. B. Morton, “The Nixon Administration Energy Policy,” *The Annals of the American Academy of Political and Social Science*, Vol. 410, The Energy Crisis: Reality or Myth, November 1973, pp. 65–74.

③ Samuel P. Hays, “From Conservation to Environment: Environmental Politics in the United States Since World War Two”, *Environmental Review*: ER, Vol. 6, No. 2, 1982, pp. 14–41.

④ Martin V. Melosi, “Energy and Environment in the United States: The Era of Fossil Fuels”, *Environmental Review*: ER, Vol. 11, No. 3, Autumn, 1987, pp. 167–188.

⑤ Martin V. Melosi, “Energy and Environment in the United States: The Era of Fossil Fuels”, *Environmental Review*: ER, Vol. 11, No. 3, Autumn, 1987, pp. 167–188.

石油开始流出阿拉斯加。这即是本书想要研究与剖析的历史故事，而在详细讲述这个故事之前，让我们先来了解一下北美飞地阿拉斯加的历史，以及它的石油开发史。

第二节 阿拉斯加的开发与保护

1867 年，美国与俄国谈判，以 720 万美元（约合 2 美分每英亩）的价格购买了阿拉斯加。其后，随着地理探险和地质勘探的展开，人们逐渐发现这片广阔的土地上蕴藏着丰富的地质资源，也生活着许多其他地区没有的陆地与海洋生物。1959 年，阿拉斯加成为美国的一个独立州，随后加快了经济社会发展。另外，鉴于阿拉斯加特殊的地理环境和风土景观，该州的资源保护和环境保护一直受到联邦政府和环保组织的重视，并取得了一定的成果。

一 “伟大的土地”

阿拉斯加是位于北美西北端的美国独立州，是北美大陆上唯一不与美国本土相连的州。它与加拿大的行政区划不列颠哥伦比亚省（British Columbia）和育空地区（Yukon）接壤，领土最西端是阿图岛（Attu Island），隔着白令海峡（Bering Strait）与俄罗斯相望，北部是楚科奇海（Chukchi sea）和波弗特海（Beaufort sea），南部和西南部是太平洋。它是美国面积最大的州，名字“阿拉斯加”来源于当地原住民阿留特人（Aleuts）的语言，意为“伟大的土地”[①]。

阿拉斯加陆地面积为 586400 平方英里，海岸线长 6640 英里，包括岛屿在内的海岸线长 33904 英里。阿拉斯加有独特的地质风貌，美国 20 个最高峰中有 17 个在阿拉斯加。迪纳利（Denali）是北美最

① Alaska from Wikipedia：https：//encyclopedia. thefreedictionary. com/alaska. 2020 年 5 月 26 日。

高峰，海拔20320英尺。内陆育空河（Yukon River）长度将近2000英里，是美国第三大河流。阿拉斯加有3000多条河流，超过300万个湖泊。最大的伊利亚姆纳湖（Lake Iliamna）面积超过1000平方英里。阿拉斯加5%的面积（29000平方英里）被冰川覆盖，估计拥有多达100000个冰川，范围从小型的圆形冰川到巨大的山谷冰川，最大的马拉斯皮纳冰川（Malaspina）面积达850平方英里。①

作为极北寒地，阿拉斯加在冬季非常寒冷。然而，那里并不是一个终年冰雪覆盖的地方，97%的土地在夏季的阳光下会解冻，而且没有积雪。阿拉斯加的气候可以按区域分为如下几个类型：阿拉斯加东南地区、东南中心海岸线以及阿留申群岛（Aleutian Islands）的大部分地区都处于海上地带，雨量大，多云多雾，气候多变；阿拉斯加半岛（Alaska Peninsula）和西部沿海低地处于过渡地带，风大少雨；阿拉斯加内陆广大地区为大陆型气候，少风少雨，日温差和年温差都非常大；布鲁克斯山脉（Brooks Range）以北的地区，为极地气候，风力强劲，温度常年处于零度以下。②

人们按照地理气候等因素，常将阿拉斯加划分为如下五个区域。③（见图1-1）东南部地区（Southeast），从南部的波特兰运河（Portland Canal）向北延伸到冰湾（Icy Bay），经常被称为“阿拉斯加的狭长地带”（Alaska's panhandle），大部分是汤加斯国家森林（Tongass National Forest），首府朱诺（Juneau）也在这一地区。中南部地区（Southcentral），包括安克雷奇（Anchorage）、马塔努斯卡—苏西塔纳山谷（Matanuska-Susitna Valley）和基奈半岛（Kenai Peninsula）。这里是阿拉斯加最方便的地区，集中了阿拉斯加所有的交

① Geography of Alaska from State of Alaska Official Alaska State Website：http：//alaska. gov/kids/learn/aboutgeography. htm. 2020年5月26日。

② Peggy Wayburn, *Adventuring in Alaska*, San Francisco：Sierra Club Books，1982，pp. 20-21.

③ Alaska By Region from State of Alaska Official Alaska State Website：http：//alaska. gov/kids/learn/region. htm. 2020年5月26日。

通系统，阿拉斯加一半以上的居民居住在这里。西南部地区（Southwest）的范围从阿留申群岛到卡特迈国家公园（Katmai National Park and Preserve）。这一地区人烟稀少，大部分人口居住在沿海地区，主要港口是科迪亚克（Kodiak）。内陆地区（Interior）大体上位于南部的阿拉斯加山脉（Alaska Range）和北部的布鲁克斯山脉之间，是辽阔的水平展开的山间高原。这一地区大部分是无人居住的旷野，却是无数远古时代幸存下来的生物的栖息地和避难所。费尔班克斯（Fairbanks）是该地区唯一的大城市。远北地区（Far North）从育空河和布鲁克斯山脉以北，一直延伸到北极海岸。这片土地覆盖着连续的永久冻土，夏季会呈现以池塘和湖泊为主的湿地景观。该地区发现了美国一些最好的荒野公园。阿拉斯加北坡地区就在这一区域，由麦肯齐河（Mackenzie River）三角洲断裂并旋转而成，在地表塑造了现在的冻土大陆，在地下封存了巨大的化石能源。①

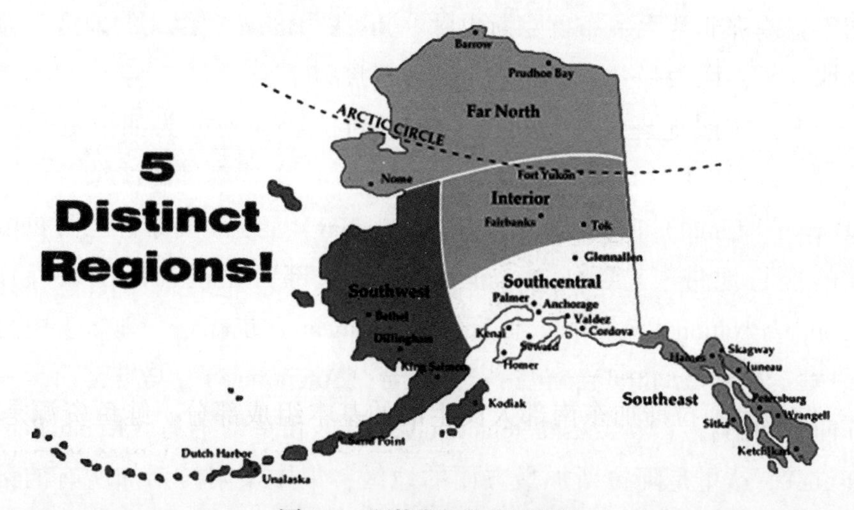

图 1-1　阿拉斯加的分区地图

资料来源：Alaska By Region from State of Alaska Official Alaska State Website：http：//alaska.gov/kids/learn/region.htm。

---

① Peggy Wayburn, *Adventuring in Alaska*, San Francisco：Sierra Club Books, 1982, p. 309.

阿拉斯加独特的地理位置、气候温度、地区风光以及原住民文明，自其购买以来，一直吸引着众多探险者前往勘探和旅行，阿拉斯加成为“美国最后的边疆”。然而，自 1867 年购入后，阿拉斯加在近 100 年的时间内并没有得到美国政府和公众关注，经济开发和政治建设一直没有受到足够的重视，阿拉斯加这颗“极北明珠”经历了长期而缓慢的殖民地经济发展时期。

二　阿拉斯加开发的历史

从购买到二战之前，阿拉斯加的殖民地经济发展缓慢且断断续续，远远落后于西部各州。二战前，阿拉斯加的经济发展依然实行“封建剥削制”（feudal barony），渔业和采矿公司夺走了数百万种自然资源，而阿拉斯加本身却缺席了这种利益分配——毫无疑问，阿拉斯加是“被掠夺的土地”[①]。二战后，阿拉斯加开始积极运作建州运动，最终将这一块广大区域由极北飞地真正转变为美国的独立州，建立起必要而适当的政府机构，开始了地区经济开发。

（一）战前的经济开发

二战前，阿拉斯加这片广阔的土地一直没有进入公众视线。从 19 世纪中期到二战之前近 100 年的时间里，阿拉斯加的殖民经济主要可以划分为三种类型：东南地区的捕鱼业，内陆地区的矿业集团，以及西北沿海与北极地区的原住民发展。

1. 东南地区的捕鱼业

鲑鱼是阿拉斯加东南部人民生活的基本组成部分。鲑鱼资源是东南原住民生存文化的基础，也是俄罗斯将阿拉斯加出售给美国之后第一批发展起来的产业。阿拉斯加东南，从朱诺以南到加拿大边境的狭长柄状区，是一个以鲑鱼捕捞为主要产业的小型、稳定的社区。朱诺是东南部多种经济并存的城市，1912 年成为该地区的首

---

① Gislason, Eric, “A Brief History of Alaska Statehood, 1867-1959”, *The Alasak Philatelist*, Vol. 39, No. 1, 2003, pp. 1-19.

府，并发展为阿拉斯加最大的城市；到 1940 年，人口超过了 5700 人。[①] 该地区的鲑鱼资源一直是特林吉特人（Tlingit），海达人（Haida）和钦西安人（Tsimshian）生存活动的基石。原住民顺从野生资源的发展规律，关注鲑鱼溯流产卵的重要性。[②]

然而白人到来之后，东南地区的鲑鱼资源迅速引起了美国商业经营者的注意，1869 年建立了第一家罐头厂。[③] 罐头技术使他们能够保存大量鱼类，然后通过船运到美国和欧洲市场。罐头厂的投资者各不相同，但这些设施几乎完全由阿拉斯加以外的波特兰、旧金山、西雅图和波士顿的所有者拥有。鲑鱼罐头厂随着产量和需求量的增加而巩固和壮大起来。从生存和易货的鲑鱼经济向工业鲑鱼罐头的过渡，从自然捕捞到工业掠夺的转换，标志着原住民对鲑鱼资源所有权的终结。[④] 1924 年，国会通过了《白色法案》（*White Act*），支持大公司的鱼塘，不利于阿拉斯加小规模经营者的发展。[⑤] 在这种情势下，鲑鱼罐头行业蓬勃发展到 20 世纪 30 年代，控制了当地的税收，抑制了当地政府的规模和运作，是阿拉斯加被殖民的重要表现。

另外，西雅图商会努力控制海洋航运和阿拉斯加资源。1920

---

① Daniel Nelson, *Northern Landscapes: The Struggle for Wilderness Alaska*, Washington, D. C.: Resources for the Future Press, 2004, p. 12.

② John Sisk, "The Southeastern Alaska Salmon Industry: Historical Overview and Current Status", in J. W. Schoen and E. Dovichin, eds., *The Coastal Forests and Mountains Ecoregion of Southeastern Alaska and the Tongass National Forest*, Audubon Alaska and The Nature Conservancy, Anchorage, Alaska, 2007, pp. 1-2.

③ Clark, John H., et al., "The Commercial Salmon Fishery in Alaska", *Alaska Fishery Research Bulletin*, Vol. 12, No. 1, 2006, pp. 1-146.

④ John Sisk, "The Southeastern Alaska Salmon Industry: Historical Overview and Current Status", in J. W. Schoen and E. Dovichin, eds., *The Coastal Forests and Mountains Ecoregion of Southeastern Alaska and the Tongass National Forest*, Audubon Alaska and The Nature Conservancy, Anchorage, Alaska, 2007, pp. 2-4.

⑤ Gislason, Eric, "A Brief History of Alaska Statehood, 1867-1959", *The Alasak Philatelist*, Vol. 39, No. 1, 2003, pp. 1-19.

年，西雅图参议员韦斯利·琼斯（Wesley Jones）提出的《美国海事法》，通常被称为《琼斯法》（*Jones Acts*），规定在美国各港口之间航行的所有商船都必须是美国拥有和美国制造的。因此，所有进出阿拉斯加的商品都必须由美国承运人运输，禁止了加拿大的航运公司与阿拉斯加进行贸易往来，巩固了西雅图的垄断地位。这反过来提高了阿拉斯加的生活成本，并把阿拉斯加的财富从本土转移到西雅图商人的口袋里，是“几十年来阿拉斯加从属地位的显著标志”[①]。

2. 内陆地区的矿业集团

阿拉斯加内陆，约从朱诺北部延伸700英里到育空河。从19世纪60年代开始，这一地区的经济是与金矿开发密切联系起来的。1897—1898年的克朗代克淘金热（Klondike Gold Rush）时期，内陆地区吸引了全世界的瞩目，并在之后十年达到顶峰。而从19世纪90年代的黄金到20世纪50年代的石油之间，铜是阿拉斯加的主要矿物资源。[②]

1900年，阿拉斯加内陆发现了著名的肯尼科特（Kennecott）铜矿，美国矿业边疆开始向阿拉斯加的扩展，诞生了阿拉斯加内陆地区最大的铜矿财团——阿拉斯加财团（Alaska Syndicate）。阿拉斯加财团将其产业扩展到除采矿业之外的其他行业，获得了阿拉斯加第二大鱼品包装公司，以及最大的轮船生产线和最长的铁路，迅速发展成为阿拉斯加内陆最大的矿业集团。[③]

阿拉斯加财团的巨大产业力量，挫伤了阿拉斯加当地小型企业的发展和利益，引起了广泛的不满，并延伸到阿拉斯加政治领域。

---

① Daniel Nelson, *Northern Landscapes: The Struggle for Wilderness Alaska*, Washington, D. C.: Resources for the Future Press, 2004, p. 13.

② Melody Webb Grauman, “Kennecott: Alaskan Origins of a Copper Empire, 1900-1938”, *The Western Historical Quarterly*, Vol. 9, No. 2, April 1978, pp. 197-211.

③ Robert Alden Stearns, “The Morgan-Guggenheim Syndicate and the Development of Alaska, 1906-1915”, 1968, p. 2.

阿拉斯加的著名法官詹姆斯·威克瑟姆（James Wickersham）是反对阿拉斯加财团的重要人物，并成为阿拉斯加其时最重要和最持久的政治人物。[①] 阿拉斯加财团涉入阿拉斯加政治的行为还使其陷入了著名的巴林格—平肖事件（Ballinger-Pinchot Affaire）。[②] 为应对威尔逊总统的反垄断法案，1915年，阿拉斯加财团成立了肯尼科特铜业公司（Kennecott Copper Corporation），决策也从富裕的所有者转到有效率的经理人。[③] 肯尼科特铜业公司对阿拉斯加历史的影响很少，尽管存在着相同的经济力量，但却没涉足政治领域。

3. 西北沿海与北极地区的原住民发展

阿拉斯加的第三大经济区分布在西北沿海地区、北极地区以及大部分内陆河谷地区。这一地区潮湿、严寒、不易于居住，不能吸引外来人前往开拓经营，却成为阿拉斯加野生动物和原住民的家园。

阿拉斯加原住民众多，主要从事狩猎、捕捞、采集等相关活动。除了特林吉特人和海达人生活在东南部地区，还有因纽特人（Inupiat）（即爱斯基摩人，“爱斯基摩”是贬称）生活在北冰洋西北海岸，以及太平洋西部和西南部海岸；阿留特人住在遥远的阿留申群岛；阿撒巴斯卡人（Athabascans）等部族住在育空河谷地区。

① Fred A. Seaton, “Alaska's Struggle for Statehood”, *Nebraska Law Review*, Vol. 39 (1960), pp. 253-264.

② 阿拉斯加财团需要煤炭来为其机车和冶炼厂提供燃料，该集团与阿拉斯加中南部一家非法成立的煤炭公司谈判，并被内政部调查员路易斯·格拉维斯（Louis Glavis）举报给当时的土地总局局长理查德·巴林格（Richard Ballinger），但巴林格维护了阿拉斯加财团的利益。1909年，塔夫脱总统任命巴林格为内政部部长。格拉维斯认为华盛顿存在一个邪恶的联盟，并向农业部林业局局长吉福德·平肖表达他的关注，由此开启了巴林格—平肖争议。平肖要求保护国有土地，阻止煤炭开发，被塔夫脱总统解雇。他写信给西奥多·罗斯福，并详细介绍了塔夫脱如何放弃罗斯福的政策。罗斯福回到美国后，脱离了共和党，成立了自己的公牛党，从而为民主党候选人伍德罗·威尔逊在1912年总统大选中的成功做出了巨大贡献。这一事件的详情见 James Penick, Jr, *Progressive Politics and Conservation: The Ballinger-Pinchot Affair*, Chicago: University of Chicago Press, 1968.

③ Robert Alden Stearns, “The Morgan-Guggenheim Syndicate and the Development of Alask, 1906-1915”, 1968, p. 11.

到18世纪中期，原住民人口达到最高峰的75000人。[1] 从18世纪后期到19世纪中叶，随着白人的到来，所有这些民族大都经历了天花、流感、肺结核等欧洲疫病的暴发。最严重的流行病发生在19世纪30年代和60年代，造成了高死亡率和巨大的破坏。到19世纪30年代，原住民人口已经减少一半，并在随后的几十年里持续下降。

与东南地区的原住民具有固定的鲑鱼溪流作为世代产业和定居点不同，阿拉斯加其他地区的原住民由于环境恶劣、狩猎物稀少以及动物迁徙等因素，时常处于迁徙游牧状态。育空河谷的阿撒巴斯卡人直到19世纪才发展了村庄居住点，并与哈德逊公司设立的贸易公司的前哨站点进行毛皮和猎物交易。而其他的原住民依然时常迁徙，分布广泛，在这片“完全没有使用过的有用之地”上努力生存。

二战之前，阿拉斯加的经济发展一直处于外部人士的控制之中。东南部的罐头工业和内陆的矿产集团掠夺了该州大量资源，而该州当地人却并没有分享资源开发带来的利益。阿拉斯加的原住民，尤其是西北和北极地区的因纽特人，以及阿留特人还处于原始部落经济状态。更为重要的是，他们的土地权利一直没有得到解决。阿拉斯加州经济的进一步发展，原住民土地权利的最终解决，都需要等到阿拉斯加建州之后。

（二）战后的建州运动

阿拉斯加的政治规划一直异常的迟缓与落后。收购后的前17年间，阿拉斯加没有任何形式的政府组织。在这段漫长的时期内，仅颁布了两项有关阿拉斯加的立法。1884年的《组织法》（*Act of May*）建立了公民政府，却是“有史以来美国政府对任何社区实行的最不充分、最贫穷的政府体制”[2]。1912年的第二部《组织法》建立起了领土政府，没有民选官员或立法议会，妨碍了地区司法机构

---

① Robert Weeden, *Alaska Promises to Keep*, Boston: Houghton Mifflin, 1978, p. 4.

② Fred A. Seaton, “Alaska’s Struggle for Statehood”, *Nebraska Law Review*, Vol. 39, 1960, pp. 253-264.

的建立，并保留了联邦政府对鱼类和猎物资源的控制权。1916 年，国会议员威克瑟姆提出了阿拉斯加州的第一个建州法案，当时阿拉斯加的人口约为 58000 人。由于阿拉斯加人对此缺乏兴趣，法案失败了。直到第二次世界大战之前，威克瑟姆或他的任何继任者都没有再提出任何其他的建州法案。

美国对二战的准备，以及战争的爆发，才使阿拉斯加真正进入了国家舞台和公众视线。早在 1933 年，阿拉斯加国会代表戴蒙德就认识到日本对美国安全的威胁，认为阿拉斯加与夏威夷一样，是太平洋军事守备的关键，必须加以捍卫。1941 年，日本偷袭珍珠港（Pearl Harbor），并于 1942 年占领了阿留申岛链（Aleutian Chain）上的阿图和基斯卡群岛（Attu and Kiska Islands）。战争无可避免地改变了阿拉斯加，数十亿美元的国防支出迅速涌进阿拉斯加，用于高速公路的建设、阿留申群岛的占领和防守，以及整个领土的军事基地的建设。阿拉斯加的军事价值得到了巨大的肯定，“阿拉斯加是世界上最具战略意义的地方。”[①]这些战备活动给阿拉斯加带来了大量的人口，且军事人员占比最大。[②] 与此同时，军事活动还对阿拉斯加的人口分布带来巨大的影响。战前，阿拉斯加的东南部是人口最多的地区；而二战后，中南地区的安克雷奇和内陆的费尔班克斯崛起。安克雷奇从一个人口只有 3500 人的小镇，发展成为拥有 35000 人的当地最大城市；费尔班克斯的人口也增长到 20000 人。朱诺的人口增长到 9000 人。[③]

随着阿拉斯加战时繁荣和经济发展，领土政府的缺陷越来越明

---

① Fred A. Seaton, “Alaska’s Struggle for Statehood”, *Nebraska Law Review*, Vol. 39, 1960, pp. 253-264.

② George W. Rogers and Richard A. Cooley, *Alaska’s Population and Economy: Regional Growth, Development and Future Outlook*, Vol. 1, Analysis, College: Alaska Institute of Business, Economics and Government Research, University of Alaska, 1963, pp. 116-118.

③ Evangeline Atwood, *Anchorage: All - America City*, Portland, OR: Binfords & Mort, 1957, p. 35.

显：管理者无权，立法受制于罐头产业和矿产业，联邦政府掌握关键领域的决策权等。具有传奇色彩的历史人物欧内斯特·格鲁宁（Ernest Gruening）引领了阿拉斯加建州事务。他利用二战机遇，迅速扩大了自己的权力，并致力于领土政府的现代化，扩展了政府部门商业征税和管理公共事务的权力，领土政府实力进一步增强。① 另外，战时发展使阿拉斯加人口和经济活动大大增加，阿拉斯加人正在重新审视自己的政治地位，建州呼声越发强烈。

1943 年 12 月，戴蒙德提出了第二个州立法案，随后的每一年，继任的国会代表鲍勃·巴特利特（Bob Bartlett）都会提出建州法案。在 1946 年的全民投票中，支持票是 9630 票，反对票是 6822 票，这证明阿拉斯加建州已经获得当地公众支持。② 随着战后东南地区罐头产业的衰落，非本地产业迅速失去了对阿拉斯加的兴趣，反对建州的势力削弱了。③ 1955 年 11 月到 1956 年 1 月，支持建州的代表在阿拉斯加大学召开了制宪会议，是阿拉斯加建州运动的里程碑事件。④ 威廉·伊根（William Egan）是瓦尔迪兹（Valdez）的一家店主，一直关注领土立法问题。他主持了这个会议，并起草了建州法案。巴特利特指出这个法案不仅处理了建州问题，更重要的是列出了资源发展政策。而建州反对者一针见血地指出，阿拉斯加建州暗含着资金投入的紧迫性和产业开发的缓慢性之间的矛盾，这一矛盾只能靠资源解决。因此，建州可得到的联邦土地赠予的多少，以及赠予土地的分布受到了极大的关注。

1959 年 1 月 3 日，艾森豪威尔发布 3269 号总统令，接纳阿拉斯

---

① Robert David Johnson, *Ernest Gruening and the American dissenting tradition*, Cambridge, Mass.: Harvard University Press, 1998, pp. 164-165, 171-172.

② Fred A. Seaton, "Alaska's Struggle for Statehood", *Nebraska Law Review*, Vol. 39, 1960, pp. 253-264.

③ Robert Weeden, *Alaska Promises to Keep*, Boston: Houghton Mifflin, 1978, p. 13

④ Daniel Nelson, *Northern Landscapes: The Struggle for Wilderness Alaska*, Washington, D. C.: Resources for the Future Press, 2004, p. 33.

加加入美国联邦成为第 49 个州。[①] 联邦政府对阿拉斯加的土地赠予再次提高，给出了史无前例的福利方案：阿拉斯加政府可以选择 1.03 亿英亩的联邦土地，并被授予土地上矿产的所有权；另外，阿拉斯加还可以获得联邦土地上矿产资源租赁 90%的收入，是其他州的两倍。[②]新成立的政府获得了阿拉斯加近 1/3 的领土主权，且在将来的 25 年内可以任意选择最具经济价值的土地；矿产企业受到重视，石油工业重启发展势头，政府收入开始有望增加，且在华盛顿获得了两个参议员席位和一个众议院席位。

建州后，外部公司的影响变弱，州政府的地位上升。虽然国有铁路、国防建设以及林业局规划使得阿拉斯加依然依赖着联邦政府，但是阿拉斯加希望获得更多的独立发展。阿拉斯加建州，及其获得的丰厚馈赠，使其向资源开发、版图重组迈出了第一步。[③]

三　阿拉斯加环保运动的发展

环保组织对阿拉斯加建州和开发，存在着疑惑和反对。各类环保组织及其领导人，关注阿拉斯加的国家公园、野生动物、原始荒野的将来，对制宪会议的成果和建州的成功抱有悲观情绪。[④] 阿拉斯加作为美国最后的边疆，一直是环保主义者荒野梦想的最后一块净土。这里自 20 世纪初以来就实行了众多的环保举措，建立了众多的国家公园和保护区，并成立了众多的当地环保组织。

---

① Dwight David Eisenhower, "Admission of the State of Alaska into the Union", January 3, 1959, in *Code of Federal Regulations*: *1959 Supplement to Tittle 3—The President*. Washington, D. C. : U. S. Government Printing Office, 1960.

② Robert W. Swenson, "Legal Aspects of Mineral Resources Exploitation," in Paul W. Gate, ed. , *History of Public Land Law Development*, Washington, D. C. : Government Printing Office, 1968, p. 742.

③ Daniel Nelson, *Northern Landscapes*: *The Struggle for Wilderness Alaska*, Washington, D. C. : Resources for the Future Press, 2004, p. 37.

④ Ernest Gruening, *Battle for Alaska Statehood*, Fairbanks: University of Alaska Press, 1967, p. 97.

（一）二战前联邦政府对阿拉斯加的保护与开发

阿拉斯加的保护运动，是与美国全国的保护运动协调发展的，在19世纪80年代以后表现为资源保护运动。到19世纪末20世纪初的进步时代，罗斯福总统和林业局局长平肖掀起一次保护高潮，最早受到关注和保护的自然资源是森林。在阿拉斯加，资源保护运动同样表现为对森林、矿产等资源的保护和开发。

罗斯福很快就注意到了阿拉斯加东南部地区的森林资源，并于1907年建立了通加斯国家森林保护区。1909年，罗斯福将这个保护区扩展到1700万英亩，占据了大部分东南地区。1907年，罗斯福又设立了丘加什国家森林保护区（Chugach National Forest）。这个保护区在通加斯森林保护区以北，包括威廉王子湾（Prince William Sound）附近的大部分土地。同时，他还收回了阿拉斯加的一些煤矿土地，意图建立起完善的土地租赁体系后再开放开发。罗斯福对阿拉斯加财团表现出明显的厌恶态度，批评外来开发者“独吞阿拉斯加煤矿资源的开发利益”①。

在建立通加斯国家森林保护区的同时，阿拉斯加还保留了一些野生动物栖息地。1913年，为了对狩猎海洋动物进行统一管理，塔夫脱总统创建了阿留申群岛保护区（Aleutian Islands Reservation）。1941年，科奈驯鹿保护区（Kenai Moose Range）建立，成为阿拉斯加的第12个野生动物保护区。与此同时，自19世纪末以来，阿拉斯加的独特风光持续吸引着富裕的冒险家，如爱德华·哈里曼（Edward H. Harriman）、约翰·缪尔等，他们要求保护荒野，建立国家公园或保护区。到20世纪30年代，阿拉斯加建立了众多国家公园或国家纪念地。② 但是，这些保护区的保护行动只是停留在纸面

---

① Donald Worster, *Under Western Skies: Nature and History in the American West*, New York: Oxford University Press, 1992, pp. 182-183.

② 这些国家公园包括锡特卡国家保护区（Sitka National Monument）、麦金利山国家公园（Mount Mckinley National Park）、冰川湾国家保护区等，占国家公园系统的40%。

上，国会对保护区的拨款非常少，并没有做到真正的保护。[①] 进入20世纪30年代后，情况开始变化，环保主义者成功地为冰川湾国家保护区（Glacier Bay National Monument）增加了100万英亩土地。[②] 与此同时，联邦政府意识到阿拉斯加具有真正的发展潜力，开始大规模干预阿拉斯加的资源保护与开发，并确立了全面经济（well-rounded economy）开发战略。全面经济开发战略确定了两个发展产业，一是继续开发通加斯国家森林保护区，二是发展娱乐业和建立消遣设施。[③]

从20世纪初到40年代，林业局一直提议在阿拉斯加东南地区发展木材加工产业，以此来促进经济发展，平衡渔业与矿业衰落，激活社区活力和公民意识。1944年，在林业局和木材工业的劝说下，国会通过了《可持续森林管理法》（*Sustained Yield Forest Management Act*），鼓励当地和大企业签署长期合同。与林业局的想法一致，阿拉斯加的地区林务官者弗兰克·海因兹曼（B. Frank Heintzleman）也支持木浆工业和森林资源开发。[④] 然而，当内政部长哈罗德·伊克斯（Harold LeClair Ickes）将阿拉斯加原住民的土地要求问题提出后，林业局、木材加工企业和海因兹曼都陷入了困境。他们决定推迟原住民土地要求，并且开发通加斯森林保护区。1948—1955年，海因兹曼和木材产业签订了四份50年期的长合同，用来开

① George F. Williss, "Do Things Right the First Time": the National Park Service And the Alaska National Interest Lands Conservation Act of 1980. Washington, D. C.: U. S. Dept. of the Interior, National Park Service, 1985, pp. 9-20.

② George F. Williss, "Do Things Right the First Time": the National Park Service And the Alaska National Interest Lands Conservation Act of 1980. Washington, D. C.: U. S. Dept. of the Interior, National Park Service, 1985, pp. 23-26.

③ Robert Marshall, B. Frank Heintzleman, and Alaska Resources Committee, *Regional Planning, Part VII, Alaska-its Resources And Development*, Washington: National Resources Committee, 1938, p. 20.

④ Lawrence Rakestraw, *History of the United States Forest Service In Alaska*, Washington, D. C.: Dept. of Agriculture, Forest Service, Alaska Region, June 2002, p. 132.

发通加斯国家森林。[1]

发展娱乐业和建立消遣设施的开发计划，要求建立西雅图到费尔班克斯的高速公路，这令林业局的环保主义者罗伯特·马歇尔（Robert Marshall）不能接受。他认为高速公路无疑会破坏阿拉斯加内陆荒野。他进一步评论到，鉴于阿拉斯加极少的人口和产业发展，鉴于保持不开发状态的代价极低，它理所应当被保留成为永久的荒野，而不是建立公路或者发展消遣设施。他建议育空河以北的所有土地都被保留为荒野。[2]

其时，阿拉斯加人认为有些地方的确需要保留为荒野，但是大面积地保留不开发却是不能接受的。支持开发的人占了上风，马歇尔的荒野保护观念并没有引起太多的关注。而随着战后环保势力的上升，阿拉斯加的环保运动将蓬勃发展起来，马歇尔的荒野保护理念也会再次提上日程。

（二）二战后阿拉斯加的环境保护运动

二战后，全国环保运动发展到一个新的阶段。阿拉斯加的环保运动也打开了新的一页。不同于战前的资源保护与开发，战后的环保运动更多地表现为对极北荒野的关注与保护，环保主体逐渐由联邦政府过渡到阿拉斯加自身及其环保组织，全国性的环保组织也提供了巨大的帮助。阿拉斯加的环保运动蓬勃发展，成为美国环保运动的重要组成部分。

二战后，原战时女飞行员西莉亚·亨特（Celia Hunter）和弗吉尼亚·希尔·伍德（Virginia Hill Wood）创建了迪纳利夏令营（Camp Denali），致力于自然研究和休闲娱乐。迪纳利夏令营营地位于麦金利山国家公园北部边缘的奇迹湖（Wonder Lake）边。到 20

---

① Lawrence Rakestraw, *History of the United States Forest Service In Alaska*, Washington, D. C.: Dept. of Agriculture, Forest Service, Alaska Region, June 2002, pp. 127-128.

② Robert Marshall, B. Frank Heintzleman, and Alaska Resources Committee, *Regional Planning*, *Part VII*, *Alaska-its Resources And Development*, Washington: National Resources Committee, 1938, p. 213.

世纪 60 年代，迪纳利夏令营成为环保领袖和环保人士的大本营。环保人士担心“战时繁荣”对环境带来的巨大破坏，关注阿拉斯加建州运动对环保主义的影响，并越来越了解到没有开发地区的重大价值，积极要求保护阿拉斯加的荒野和景观。

20 世纪 50 年代早期开始，阿拉斯加爆发了建立北极国家野生动物保护区（Arctic National Wildlife Range，ANWR）①的运动，核心议程是保护阿拉斯加的野生动物，主要斗争对象是阿拉斯加的开发者。荒野协会（Wilderness Society）的主席奥劳斯·穆勒（Olaus Murie）是环保运动的领导者和参与者。他进行了广泛的旅行调研，利用折中方案争取支持者，发动协会成员大力宣传北极风景，并招募人员给内政部官员写信施压，稳扎稳打地推进环保运动的展开。在华盛顿，环保人士的积极运作得到了内政部长弗雷德·西顿（Fred Seaton）的支持。1959 年，内政部向国会提交了建立保护区的立法法案。这一行动立刻引起阿拉斯加矿业协会和商会等众多利益集团的反对。几个月后，阿拉斯加正式建州，阿拉斯加政治家反对保护区建设。② 听证会显示了阿拉斯加政治家与环保组织的战争已经全面展开，环保人士在会议上证实他们的准备更为充分，不反对开矿的妥协，以及阿拉斯加人的支持使得他们占据了上风。他们要求内政部部长单方面行动，尽快兑现承诺。1960 年，内政部部长回应了他们的要求，建立了北极国家野生动物保护区。

建立北极国家野生动物保护区的运动动员了阿拉斯加州的环保

---

① 北极国家野生动物保护区位于阿拉斯加的东北角，北接北冰洋，东接加拿大，是北美最原始的地区。这一地区气候严寒，人迹罕至，却是北美野生动物的天堂，尤其是北美驯鹿，世代在此繁殖和迁徙。然而，海军保护区西部建立了 4 号海军石油储备区，一直致力于开发阿拉斯加石油，政治和商业侵略性令保护运动迫在眉睫。Morgan Sherwood，*Big Game in Alaska：A History of Wildlife and People*，New Haven：Yale University Press，1981，p. 149.

② United States，Senate，Committee on Interstate and Foreign Commerce，*Hearings Before the Merchant Marine And Fisheries Subcommittee of the Committee On Interstate And Foreign Commerce*，88th Cong.，1st sess.，1957，pp. 4，10.

人士。1960 年 2 月，阿拉斯加的环保者集会，建立了阿拉斯加环境保护协会（Alaska Conservation Society，ACS）。3 月，环保协会发行了第一期新闻公告，阿拉斯加自此有了自己的环保组织。环保协会成立以来，发展迅猛，到 1960 年年底，人数增加到 400 人，主要是学术和政府科学家，大部分是野生动物保护方面的生物学家。1961 年，阿拉斯加生物学家罗伯特·韦登（Robert Weeden）成为协会新闻公告的记者（后来成为协会主席），积极运作了反对大型工程的环保运动。①

建州后，阿拉斯加开发者们开始大刀阔斧地改造阿拉斯加，积极引入大型公共工程，引起了阿拉斯加环保人士的关注。首先是核电项目战车计划（Project Chariot），规划在阿拉斯加和平开发核能源。②阿拉斯加环境保护协会中的生态学家发现，工程的生态侵害十分严重，并在新闻公告上公布了这一情况。塞拉俱乐部公告转载了这一期文章，在全国引起强烈反响。1962 年，核电项目在广泛讨伐声中被迫取消。环保协会因此声名鹊起，但也四面树敌，参议员巴特利特仇恨地称他们为"支持建立北极国家野生动物保护区的那伙下等人。"③核电项目后，环保协会将矛头指向了另一项大型工程——兰帕特大坝（Rampart Dam）。陆军工程兵团（Army Corps of Engineers）打算在育空河的兰帕特峡谷（Rampart Canyon）修造大坝。阿拉斯加政客不约而同地支持大坝建设，然而阿拉斯加环保人士坚决反对大坝建设。1962 年，韦登在新闻公告上撰写长文反对大坝建设，强调了它对当地河流的负面影响。随后，西莉亚·亨特在电视节目上再次强调了工程不合理的经济基础和潜在的生态破坏影

① Daniel Nelson, *Northern Landscapes: The Struggle for Wilderness Alaska*, Washington, D. C.: Resources for the Future Press, 2004, p. 55.

② Ken Ross, *Environmental Conflict in Alaska*, Boulder, CO: University Press of Colorado, 2000, pp. 96-109.

③ Dan O'Neill, *The Firecracker Boys: H-Bombs, Inupiat Eskimos, and the Roots of the Environmental Movement*, New York: St. Martin's Press, 1994, p. 216.

响，切中要害，影响深远。1967 年，阿拉斯加环保人士联合其他众多反对势力，包括建坝就需要被迫离开祖籍地的 1200 名阿撒巴斯卡人，再次取得环保运动的胜利，内政部长尤德尔拒绝建立兰帕特大坝。

在反对战车计划和兰帕特大坝的斗争中，阿拉斯加当地环保组织和环保势力发展了自己的力量，并适时地与原住民联合起来，一起保护阿拉斯加的自然风景。[①] 同样关注阿拉斯加荒野和自然环境的还有美国联邦相关机构。进入 20 世纪 60 年代以后，国家公园管理局一改资源保护时代的中庸作风，对阿拉斯加给予了很大的重视，声称“阿拉斯加万事俱备只欠东风”[②]。内政部长尤德尔对阿拉斯加环保事务也非常关心。他们积极运作，提交了阿拉斯加的环境报告，申请阿拉斯加环保资金，列出需要保护的多处景观，并希望通过立法来保护阿拉斯加的荒野。然而由于阿拉斯加开发势力的强烈反对，以及国会中众多势力的阻挠，约翰逊总统的态度一直摇摆，直到他任期的最后一天才签订了扩大卡特迈保护区 94000 英亩的法案。[③] 94000 英亩保护区这就是这些年来国家公园管理局一直奋斗获得的成果，不免让人失望。

战后到 20 世纪 60 年代末期，阿拉斯加环保运动过程曲折，结果也不尽如人意。但是，1960 年北极国家野生动物保护区的建立，反对大型工程建设的胜利，以及 1968 年卡特迈保护区扩大，也给了阿拉斯加荒野一定程度的保护。而 1968 年的另一件重要事件，是在阿拉斯加北坡普鲁德霍湾发现了巨大的油田，阿拉斯加开发者们奔走相告，欢欣鼓舞，石油开发成为开放这个极北冰盒子的希望。阿

---

① Daniel Nelson, *Northern Landscapes: The Struggle for Wilderness Alaska*, Washington, D. C.: Resources for the Future Press, 2004, p. 60.

② George B. Hartzog, *Battling for the National Parks*, Moyer Bell Limited, 1993, p. 205.

③ Steven C. Schulte, *Wayne Aspinall and the Shaping of the American West*, Boulder: University Press of Colorado, 2002, p. 233.

拉斯加的环境保护无疑将面临更大的挑战，却也将获得更大的发展，取得更大的成果。让我们先放下阿拉斯加的荒野保护故事，来回顾一下其能源开发的历史，以及北坡油田的发现历程。

第三节　阿拉斯加石油开发的历程

阿拉斯加及其周围的大陆架包含许多可能含有石油的沉积盆地。这些沉积盆地大体分成南北两个区域：一个区域位于阿拉斯加南部半岛及近海地带；另一个区域位于白令海陆架，以及布鲁克斯山脉以北的北极地区。[①] 阿拉斯加的石油发现最初发生在该州北部，但是最早的开发作业却发生在阿拉斯加南部地区。在阿拉斯加库克湾和阿拉斯加湾附近，最早于 19 世纪末就开始了石油开发。而阿拉斯加北部石油的开发，则要进入 20 世纪才开始。

一　南部石油的勘探与开发

阿拉斯加的石油发现最初发生在该州北部。因纽特人意识到阿拉斯加北部海岸线沿线各个地点都有石油渗漏，在易货岛附近，他们使用浸油的冻土作为燃料。[②] 但是，最早的石油开发发生在阿拉斯加南部地区。

1853 年，俄国人报道了库克湾地区的渗油现象。早在 1892 年，一位名叫爱德曼（Edelman）的探矿者就尝试在库克湾地区勘探石油。据报道，首次钻探始于 1898 年，位于库克湾西岸的伊尼斯金（Iniskin）和阿拉斯加半岛科迪亚克岛（Kodiak Island）对面的卡纳塔克（Kanatak）。在这些地区钻探的几口井很浅，大多不到 1000 英

① T. Neil Davis, *Energy/Alaska*, Fairbanks: University of Alaska Press, 1984, pp. 195-197.

② Gill Mull, "History of Arctic Slope Oil Exploration", *Alaska Geographic*, Vol. 9, No. 4, 1982b, pp. 188-199.

尺深，只开采了少量非商业性的天然气和石油。①

在1896年，阿拉斯加当地人汤姆·怀特（Tom White）在猎熊时，注意到了位于阿拉斯加海湾沿岸西端的卡塔拉（Katalla）地区有大量石油渗出。1902年，奇尔卡特石油公司（Chlkat Oil Company）对此进行了电缆钻探。第一口井毫无收获后，第二口井在336英尺深的位置钻出了冲击油，原油喷涌而出，冲上天空85英尺。但该油田实在太小，在所钻的36口井中，有18口在336—1810英尺的深度处涌出石油。1902—1933年，该油田生产了154000桶石油。②

在发现卡塔拉之后的几年里，爆发了巴林格—平肖争议，并于1909年导致所有公共土地都不能进行油气开发。后来，国会通过了1920年的《石油和天然气租赁法》（*Oil and Gas Leasing Act*），石油勘探再次成为可能。因为奇尔卡特石油公司在当地拥有私人土地，故而没有受到土地保留政策的制约。1911年，奇尔卡特石油公司在卡塔拉建造了一家小型炼油厂，部分供应了科尔多瓦（Cordova）的石油使用。然而，1933年圣诞节，该炼油厂发生火灾，从而结束了阿拉斯加湾地区的石油生产。

随着1920年《石油和天然气租赁法》的通过，在卡塔拉以东75英里的亚喀塔噶（Yakataga）地区发现了更多的石油。然而，在1923年至1926年的测试中，该地未发现可以经济开发的油田。与此同时，美国加利福尼亚州的几家标准石油公司，如联合石油公司（Associated Oil Company）和伊尼斯金钻井公司（Iniskin Drilling Company）开始合作在库克湾附近地区钻井，具体地点位于卡纳塔克和伊尼斯金。1936—1939年，他们在伊尼斯金附近的一条背斜上钻

① Mike Hershberger, "From Katalla to Kuparuk", *Alaska Geographic*, Vol. 9, No. 4, 1982, pp. 166-177.

② T. Neil Davis, *Energy/Alaska*, Fairbanks: University of Alaska Press, 1984, pp. 198-199.

了一个 8875 英尺的井，从 4700 英尺以下的深度开采了少量石油。①

第二次世界大战后，美国国力提高，能源消耗也随之大增。进入 20 世纪 50 年代以后，美国能源结构发生转变，石油代替煤炭成为最主要的能源消费种类。作为经济发展的重大助力，能源开发一直受到美国各界人士的重要关注。阿拉斯加南部蕴藏着重要的石油资源，吸引了众多的石油公司前往勘探开采，南部石油开发如火如荼地展开了。

加利福尼亚联合石油公司（Union Oil Company of California）和俄亥俄州石油公司（Ohio Oil Company）开始在库克湾地区进行更细致更深入的地质调查，其他石油公司也紧随其后。1953 年，石油公司在库克湾地区的东端、安克雷奇东北 100 英里处的尤里卡（Eureka）附近开始钻井；库克湾的西侧也陆续开始了钻探工程。到 1956 年，菲利普斯石油公司（Phillips Petroleum）和科麦琪石油工业公司（Kerr-McGee Oil Industries，Inc.）在阿拉斯加湾地区的亚喀塔噶钻了两口井，井深达 10000 英尺。到 1957 年，许多石油公司活跃于阿拉斯加南部产油区，在库克湾和阿拉斯加湾地区钻了 100 多口私人筹资的井，但收获甚微，并没有发现卡塔拉小型油田以外的可经济开采的油田。②

阿拉斯加南部第一项真正意义上的石油开发工程，是由里奇菲尔德公司（现为大西洋里奇菲尔德公司，Atlantic Richfield Company，ARCO）完成的。1957 年，大西洋里奇菲尔德公司在库克湾盆地的基奈半岛打出了第一口深层测试井，在 11000 英尺深处采油，即斯旺森河 1 号油井（Swanson River Unit No. 1）。这个油井是该公司在阿

---

① T. Neil Davis, *Energy/Alaska*, Fairbanks: University of Alaska Press, 1984, p. 201.

② T. Neil Davis, *Energy/Alaska*, Fairbanks: University of Alaska Press, 1984, p. 201.

拉斯加钻探的第一口井，是阿拉斯加现代石油工业的开始。[①] 在发现斯旺森河油气田之后的几年里，高涨的勘探活动中又发现了 7 个油田和 13 个气田。到 20 世纪 50 年代结束时，库克湾地区的大部分土地被申请租赁或申请勘探，并且勘探兴趣已经扩散到布鲁克斯山脉以南的其他陆上盆地。到 1976 年年底，库克湾地区的油田已生产了约 7.4 亿桶石油，以及 2 万亿立方英尺天然气。根据相关研究可以预计，在库克湾地区，石油工业将可以发现 79 亿桶石油，以及 14.6 万亿立方英尺天然气的潜在储量。[②]

有一些炼油厂建成以处理库克湾的石油生产，这些石油资源被用来生产各类工业用品，如氨和尿素、液化天然气、沥青和柴油等，供应日本、美国其他州以及油田当地使用等。管道从库克湾内的 14 个生产平台延伸至北基奈综合工业区的处理设施和库克湾西岸的漂流河（Drift River）码头。出口的货物是从这两个地区运出的。[③]

阿拉斯加州南部库克湾和阿拉斯加湾的石油开发，尤其是斯旺森河油田的发现，对阿拉斯加南部乃至阿拉斯加州都具有重大的意义。这一油田发现得恰逢其时，在关键时刻激发了阿拉斯加的工业发展，并展示了该地区开发自己矿产资源的能力，为 1959 年建立阿拉斯加州铺平了道路。

二　北部石油勘探与普鲁德霍湾油田的发现

阿拉斯加北部石油矿藏的发现及其石油工业的发展，与南部的发展完全不同。因为地质条件异常艰苦，阿拉斯加北部石油发现更具有传奇色彩，是一部旅行者、探险者、捕鲸商人、地质学家、投

---

① Kevin R. Eastham, "Geology and Development History of Swanson River Field, Cook Inlet, Alaska", *AAPG Special Volumes*, 2013, pp. 133-168.

② Richard W. Crick, "Potential Petroleum Reserves, Cook Inlet, Alaska: Region、1", *AAPG Special Volumes*, 1971, pp. 109-119.

③ T. Neil Davis, *Energy/Alaska*, Fairbanks: University of Alaska Press, 1984, pp. 201-203.

机者以及政府海军共同谱写的故事。

哈德逊湾公司的雇员托马斯·辛普森（Thomas Simpson）是第一位从东部到达巴罗角（Point Barrow）的白人旅行者。1836—1837年，他在巴罗角附近海岸上发现了渗油。1886年，美国海军探险队对北坡进行了一次探险，在返回时带回来科尔维尔河（Colville River）附近采集的石油样品。1914年，先锋地质学家欧内斯特·莱芬威尔（Ernest Leffingwell）和其他在该地区旅行的早期探险家，在同一地区也发现了几处石油渗漏。他对阿拉斯加坎宁河（Canning River）地区的报告引起了人们对布鲁克斯山脉以北地区的早期兴趣。①

1917年，一位名叫桑迪·史密斯（Sandy Smith）的黄金探矿者从布鲁克斯山脉到巴罗角旅行时，误打误撞地发现了石油渗漏。他向一家标准石油公司汇报了这一情况，石油公司开始关注并试图主张对北部石油的开发。然而第一次世界大战表明，美国海军将需要大量的石油产品。因此1923年2月，哈丁总统发布了一项行政命令，建立了4号海军石油储备区（Naval Petroleum Reserve No. 4，即Pet 4），包括从冰角（Icy Cape）和科尔维尔河之间的37000平方英里的无树区，由东西向的山脉布鲁克斯山脉将其与阿拉斯加的其余部分隔离开来。② 因为1909年的土地保留政令，这一保护区和其他联邦保护区得以形成；而当1920年的《石油和天然气租赁法》重新开放公共土地时，政府依然保留了一些潜在油区，以确保为美国海军持续提供石油。

两次世界大战期间，海军与美国地质调查局（United States Geological Survey）多次合作，对4号海军石油储备区进行了详细的地质勘探。勘探的结果是令人满意的。钻探在乌米阿特（Umiat）发现了

---

① Ernest Leffingwell, *The Canning River Region, Northern Alaska*, Washington, D. C.: U. S. Dept. of the Interior, Geological Survey, 1919.

② George Gryc and R. C. Jensen, *Results of Petroleum Exploration in Naval Petroleum Reserve No. 4 and Adjacent Areas, Alaska*, No. 54-107, sn., 1954, p. 1.

最大的产油区，可开采储量估计为7000万桶。在辛普森，发现了石蜡基油，油田储量预估约1200万桶。在巴罗角南部，发现了南巴罗气田，数据表明该气田包含50亿—70亿立方英尺的天然气。在古比克（Gubik）地区，发现了规模很大的气田，可采气储量约为220亿立方英尺。[①] 除了石油勘探，1953年，地质调查局还进行了一些地质和地理勘探。[②] 海军与美国地质调查局的地质与地理勘探，以及极地作业活动，为后来真正大规模的石油开发奠定了数据和经验基础。

1959年，阿拉斯加成为美国第49个州。联邦政府赠予其1.03亿英亩的土地所有权，且由州自由选择。阿拉斯加州的建立鼓励了石油公司的投资勘探。英国石油公司（British Petroleum）、辛克莱石油和天然气公司（Sinclair Oil and Gas Company）、大西洋石油公司（Trans-Atlantic Petroleum Company）、加利福尼亚联合石油公司，汉贝尔石油公司（Humble，现属美国埃克森石油公司）和里奇菲尔德石油公司在随后的几年中都很活跃。到1964年年底，众多石油公司的勘探采集了足够的地质信息，圈定两个构造：北坡的科尔维尔和普拉德霍。[③] 石油的蕴藏潜力决定了阿拉斯加州大部分土地的选择。1964年，根据地质调查，阿拉斯加州选择了4号海军石油储备区西部与北极国家野生动物保护区东部之间200公里的海岸带作为州选土地，并着手进行土地租赁竞标。从1964年到1967年，州政府相

---

① John C. Reed, *Exploration of Naval Petroleum Reserve No. 4 and Adjacent Areas, Northern Alaska, 1944 - 1953*; Part 1, *History of the Exploration*, Washington, D. C.: U. S. Dept. of the Interior, Geological Survey, 1958, pp. 170-171.

② 主要活动包括：对67000平方英里的土地进行了地震波反射勘探；对21000平方英里的地质地图进行了测绘和研究；对储备区全区37000平方英里地区进行了三镜头航拍，对约70000平方英里地区进行了垂直航拍，以及约对75000平方英里实施机载磁力计覆盖，对约26000平方英里实行重力计覆盖。具体内容见：John C. Reed, *Exploration of Naval Petroleum Reserve No. 4 and Adjacent Areas, Northern Alaska, 1944-1953*; *Part 1, History of the Exploration*, Washington, D. C.: U. S. Dept. of the Interior, Geological Survey, 1958, p. 171.

③ Specht R. N., Brown A. E., Selman C. H, et al., "Geophysical Case History, Prudhoe Bay Field", *Geophysics*, Vo. 51, No. 5, 1986, pp. 1039-1049.

继完成了三宗土地的出租交易。

英国石油公司和辛克莱公司联合取得了 1964 年租赁土地的全部面积（317.934 英亩）。[①] 然而这一年，辛克莱—英国石油公司在山麓地区钻了 7 口井，都没有什么收获。1965 年，英国石油公司获得了科尔维尔区块以东，靠近普鲁德霍湾一带的 32 块租借地；里奇菲尔德和汉贝尔石油公司获得了 69 块租借地，包括普拉德霍构造上的很多区域。[②] 1965 年，辛克莱—英国石油公司开始钻科尔维尔 1 号井，发现了有油气显示的远景储集层，可是由于没有经济价值，于 1966 年放弃了。1966 年，联合石油公司在辛克莱—英国石油公司的授权下，钻了库克帕克（Kookpuk）1 号井，也没有成功。[③] 1967 年，汉贝尔石油公司获得的 7 个关键性的普鲁德霍湾的海域租借地；英国石油公司获得了普鲁德霍湾一带的 6 块租借地。同年，里奇菲尔德公司花费 450 万美元钻了第一口山麓地带探井，即苏西区（Susie）1 号井，经测试也未成功发现石油。[④] 到 1967 年，北坡工业界已经在北坡钻了 10 口探井，但都失败了。大多数石油公司都放弃了在北坡找到商业可开发油田的希望。

1968 年 2 月，大西洋里奇菲尔德石油公司[⑤]和汉贝尔石油公司在苏西区以北 60 里的租借地区，完成了普鲁德霍湾 1 号井钻探，发现了大量的原油和天然气。接着，他们又在普湾 1 号井东南 7 英里的萨加维尼尔卡多可河区（Sagavanirktok），钻探了萨维河 1 号井，

---

① ［俄］《北海和阿拉斯加油气区》，高新祥译，石油工业出版社 1988 年版，第 77 页。

② Specht R. N.，Brown A. E.，Selman C. H，et al.，“Geophysical Case History，Prudhoe Bay Field”，*Geophysics*，Vo. 51，No. 5，1986，pp. 1039-1049.

③ Specht R. N.，Brown A. E.，Selman C. H，et al.，“Geophysical Case History，Prudhoe Bay Field”，*Geophysics*，Vo. 51，No. 5，1986，pp. 1039-1049.

④ Specht R. N.，Brown A. E.，Selman C. H，et al.，“Geophysical Case History，Prudhoe Bay Field”，*Geophysics*，Vo. 51，No. 5，1986，pp. 1039-1049.

⑤ 1966 年，大西洋炼油公司和里奇菲尔德石油公司合并为大西洋里奇菲尔德公司，1969 年又并入了辛克莱石油和天然气公司。

成功地发现了普鲁德霍湾油田，这个油田是北美的最大发现。[①]同年11月，英国石油公司开始在普鲁德霍湾钻探油井，次年3月宣布发现了石油。[②] 普鲁德霍湾油田东西长45英里，南北宽20英里。油田有三个主要贮油层，由西向东分别为库帕鲁克（Kuparuk）贮油层、普鲁德霍湾贮油层和利斯本（Lisburen）贮油层。油层的深度在5500—10000英尺。普鲁德霍湾贮油层位于油田中部，是三个贮油层中最大的一个，总储油量达100亿桶（后续计算实际是超200亿桶）；同时在油田上方的一个蓄积带还发现了约30万亿立方英尺的天然气储备。[③] 油田开发初期，大约有150口油井。租借权的主要拥有者英国石油公司，以及大西洋里奇菲尔德石油公司和汉贝尔石油公司。后期，共有11个公司参加普鲁德霍湾油田的开发，英国石油公司主要开发油田的西部，大西洋里奇菲尔德石油公司主要开发油田的东部。[④]

普鲁德霍湾油田曾经是，现在仍然是北美勘探史上的最大的石油和天然气发现。阿拉斯加州和石油公司一起展望未来，急切需要开发石油，运送出州，赚取财富，促进当地经济繁荣。在1968年10月，跨阿拉斯加管道系统（Trans-Alaska Pipeline System，TAPS）成立，这是一个由北坡的“三巨头”组成的松散的、未合并的财团。在试验了冰冻的“西北通道”[⑤]，考虑了潜艇、铁路、飞机运输的利弊之后，1969年2月，这一财团最终决定修建跨阿拉斯加管道来输

---

① 《阿拉斯加普鲁德霍湾油田生产手册》，《油田设计》1980年第Z1期。

② ［俄］《北海和阿拉斯加油气区》，高新祥译，石油工业出版社1988年版，第79页。

③ ［美］唐纳德·沃斯特：《在西部的天空下：美国西部的自然与历史》，青山译，商务印书馆2014年版，第211—212页。

④ 《阿拉斯加普鲁德霍湾油田生产手册》，《油田设计》1980年第Z1期。

⑤ 即The Northwest Passage，指地理大发现时期英国人试图找到从西北方向到达东方的航海路线。George J. Busenberg, *Oil and Wilderness in Alaska: Natural Resources, Environmental Protection, and National Policy Dynamic*, Washington, D. C.: Georgetown University Press, 2013, pp. 12-13.

出石油。跨阿拉斯加管道包括输油管道和海湾终端两部分组成。输油管道起始于阿拉斯加北坡，跨越整个阿拉斯加内陆，止于南部不冻港瓦尔迪兹；海湾终端建立油轮载油系统，最终石油将通过油轮输送到美国其他地区及世界各地（见图 1-2）。

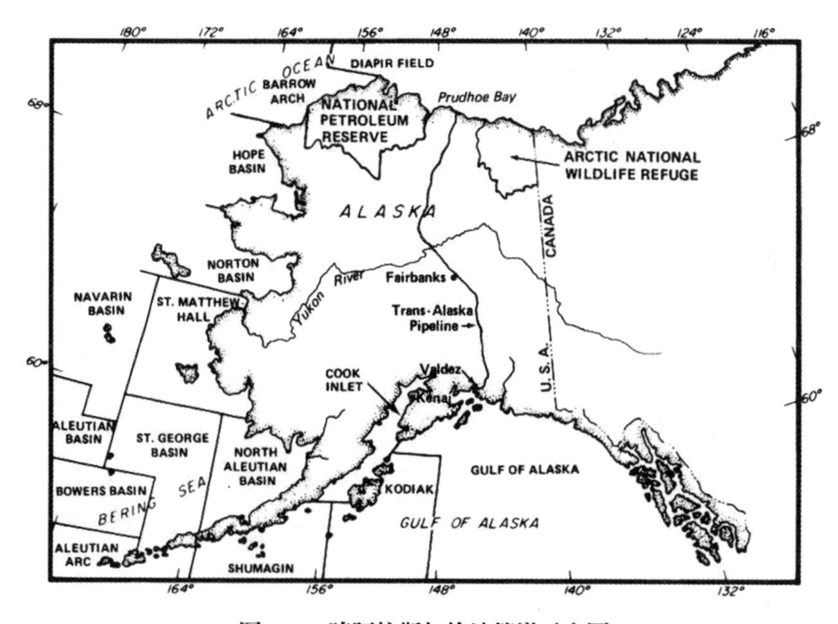

图 1-2　跨阿拉斯加输油管道示意图

资料来源：Wayne C. Thomas，Monica E. Thomas，“Public Policy and Petroleum Development：The Alaska Case”，*Arctic*，Vol. 35，No. 3，September，1982，pp. 349-357。

然而，跨阿拉斯加管道的提议，迅速在该州及全国引发了巨大的争议，成为一个涉及石油公司、原住民、环保主义者、阿州政府以及联邦政府等各派势力角逐和斗争的焦点问题。作为“环境十年”的第一个重大能源项目，北坡石油开发和管道建设在随后的四年中引发了巨大的争议，从技术问题到原住民土地权索赔，从生态保护到防范污染，并最终上升为垄断特权与市场操控。这一重大争议历时长久而复杂深刻，它的影响则更为广泛而深远。

第二章

技术问题：北坡石油开发与管道建设争议的开始

对于北坡石油开发和管道建设，人们最先关注的无疑是其施工建设的技术问题。拟定修建的管道，将经过苔原、森林、泥潭沼泽、冰封雪山、冰冻淤泥和光秃岩石，并跨越600多条小溪与河流，全程共计800英里。这期间，管道将翻越4800英尺的布鲁克斯山脉、3600英尺的阿拉斯加山脉以及2800英尺的祖加克山峦（Chugach Mountains），并将穿越无桥可通的育空河。线路的北半部分，即从利文古德（Livengood）到普鲁德霍长达400英里的范围，还没有通行任何公路。[①] 永久冻土、地震、河流穿越和其他阿拉斯加的独特自然环境，严重影响管道的施工建设和安全运营，内政部的美国地质调查局也越来越多地深入管道规划研究之中。经过一系列听证会讨论，管道建设的工程技术问题得到越来越多人的重视，地质学家关注技术难题对管道建设的干扰、环保人士注重技术缺陷对环境带来的威胁，乃至政府官员也因为技术问题而推迟对TAPS的土地授权批准。在阿拉斯加这样的苦寒之地，如果不着手解决基本技术问题，管道建设难以展开。

① 高新祥译：《北海和阿拉斯加油气区》，石油工业出版社1988年版，第88页。

第一节　阿拉斯加对北坡石油开发的最初反应

北坡石油的发现，给了阿拉斯加政府和阿拉斯加人民巨大的惊喜。他们与石油工业一起，急切想要开发石油，发展经济，增加收入，解决阿拉斯加的一系列问题。然而阿拉斯加之外的声音提醒着开发者，阿拉斯加特殊的地质条件给石油开发带来巨大的困难。永久冻土等关键技术问题如不能妥善处理，输油管道很难通过公众环保审查，也很难成功建设完成。

一　阿拉斯加州爆发的石油经济美梦

1968 年的石油发现，造成了巨大的轰动，主要是因为阿拉斯加从建州开始就非常需要资源生产来解决其经济发展和政治建设困境。建州以来，阿拉斯加的渔业、矿业发展情况不佳。虽然建立了阿拉斯加鱼类和野生猎物管理局（Alaska Department of Fish and Game），但是渔业生产依然下降了。1969 年，阿拉斯加大学经济学家研究发现，阿拉斯加矿业公司发展退步，竞争力下降。因此，虽然“阿拉斯加拥有矿产资源，但是矿业现状并没有表现出繁荣发展的景象”。[①] 东南地区的木材产业继续发展，但是繁荣只限于当地。而且，木材业的发展应该归功于林业局的规划和管理，并不算阿拉斯加州政府的功劳。雪上加霜的是，军事开支下降，核电战车项目和兰帕特大坝项目的挫败，都严重地阻碍了阿拉斯加州经济发展和政治稳定。

在阿拉斯加经济产业持续下滑之际，州政府的财政开支却急剧

---

① Arlon Tussing and GreggErickson, “Mineral Policy, the Public Lands and Economic Development: the Case for Alaska”, Fairbanks: Institute of Social, Economic and Government Research, 1969, p. 31.

加大了。建州前，阿拉斯加的公共开支一直是联邦政府维持的，阿州政客根本无须关心教育、公共健康以及其他公共服务的巨大负担。因此，建州时他们的许诺大大超过了实际可以兑现的程度。建州后，面对纷至沓来的财政支出，州政府随即出现了持续而严重的财政危机。1959 年，州政府收取了 2300 万美元税收，却支付了 3100 万美元。① 收支不平衡导致州政府危机重重。州政府设立各种各样的消费税，减少产业投资，减少环保开支，却依然不能解决问题。②

1966 年 11 月的州长选举中，共和党人沃尔特·希克尔（Walter J. Hickel）击败了现任民主党人威廉·伊根，结束了自建州以来民主党人在阿拉斯加政治中长期占据主导地位的局面。希克尔任职前是石油和天然气公司的老板，资源开发和经济发展也一直是他的竞选主题，这正中企业家要去发展石油产业、应对经济发展疲软和政治管理紊乱的焦急心理。

为了与新发现的油田建立直接的陆上联系，希克尔着手开发与油田建设配套的公路设施。就职伊始，希克尔就将北极的“开放”（open up）作为主要优先事项。他成立了北方铁路运输和公路运营委员会（Northern Operations of Rail Transportation and Highways），并主张将阿拉斯加铁路延伸至诺姆和北坡，以促进北极矿物的开采与运输。迄今为止，距离费尔班克斯以北 60 英里的利文古德，是阿拉斯加公共道路的终点，利文古德以北是无路的荒野极寒地区。对于开发北极油田，曾经只能靠航空运输石油行业所需物资，或者在短暂的夏季海洋无冰时期使用驳船运输。从 1968 年 11 月到 1969 年 3 月，赶在尤德尔冻结土地③之前，希克尔积极策划修建了利文古德以

---

① George W. Rogers, *The Future of Alaska: Economic Consequences of Statehood*, Baltimore: John Hopkins University Press, 1962, p. 102.

② Daniel Nelson, *Northern Landscapes: The Struggle for Wilderness Alaska*, Washington, D. C.: Resources for the Future Press, 2004, p. 72.

③ 1966 年，在州政府选择了其全部土地赠款的约 1/4 之后，内政部部长尤德尔对进一步的州土地实行“冻结”，以待解决原住民对土地权利的要求。

北 400 英里的陆上交通线。这条路穿过育空地区，从比特尔（Bettles）驶入约翰河（John River），又穿越了布鲁克斯山脉的山顶，并终止于普鲁德霍湾以南约 90 英里的萨格文（Sagwon）。①

这条被命名为“希克尔公路”的交通线成为希克尔一生的败笔。它不是经济上的成功举措，因为陆上线路的运输成本与空运基本相同。更重要的是，它侵害了阿拉斯加极北荒野，环保主义者将其视为一场严重的生态灾难。② 北极和亚北极地区的冬季公路建设需要特殊的方法：工作人员需要先积雪，将雪压缩并形成坚固的高架床，然后将水倒在硬化的雪上以结冰，最后才是在坚冰固结的高架床体上施工建设。③ 这一技术主要是为了避免对永久冻土带的干扰。而希克尔的公路建设，却是简单粗暴地用推土机铲去作为保护垫的植被和积雪，然后即原地敷设公路。然而，当春季永久冻土融化后，这条道路扭曲开裂，变为泥沟，成为阿拉斯加苔原上的“疤痕”。根本无用的“希克尔公路”可谓石油管道建设的前车之鉴，永久冻土的施工技术问题必须引起人们的重视。

1969 年 6 月 6 日，石油财团向内政部土地管理局申请宽为 100 英尺的管道走廊通行权（right-of-way），以及两个土地通行权，以进入和离开主干道。此外，财团还要求建立一条宽为 100 英尺的运输走廊，用以运输石油管道建设需要的材料。这条走廊在河流渡口的建筑营地宽度为 200—500 英尺。④财团希望在 6 月底之前获得批准，

---

① 关于希克尔公路的详细描述，可以参考阿拉斯加政府某官员（没有具名）的文稿“History of Walter, J. Hickel Highway”, pp. 2 - 3. 转引自 Peter A. Coates, *The Trans-Alaska Pipeline Controversy: Technology, Conservation and the Frontier*, Bethlehem: Lehigh University Press, 1991, p. 165.

② Mary Clay Berry, *The Alaska Pipeline: The Politics of Oil and Native Land Claims*, Bloomington: Indiana University Press, 1975, pp. 95-97.

③ Oscar J. Ferrians Jr., Reuben Kachadoorian, Gordon W. Greene, *Permafrost and Related Engineering Problems in Alaska*, *Permafrost and Related Engineering Problems in Alaska*, Washington, D. C.: U. S. Dept. of the Interior, Geological Survey, 1969, pp. 18-21.

④ United States, Senate, Committee on Interior and Insular Affairs, *Hearings*, *The Status of the Proposed Trans-Alaska Pipeline*. 91st Cong., 1st sess., 1969, part 2, p. 103.

9月就开始施工。它已经与三家日本钢铁公司签署了购买800英里长的48英寸管道的合同。[①] 财团主席理查德·杜兰尼（Richard G. Dulaney）提交了有关管道铺设的最新研究摘要，并保证“良好的管道设计将提供……对自然环境最小干扰的工程设施”。对于跨阿拉斯加管道项目而言，“良好的管道设计”是指与得克萨斯州和俄克拉荷马州铺设管道相同的掩埋处理方式。希克尔回复称，他希望可以“尽快”颁发必要的许可证，但同时暗示项目当前提供的有关道路、建筑工地以及管道的信息还不充足。在这个时候，希克尔已经表现出对施工建设的技术问题的担忧；而随后石油财团一直没有很好地对待技术问题，故而他心中的疑虑一直没有消除，对石油管道的行政运作和批准也万分小心。[②]

1968年11月，尼克松总统选择希克尔州长担任内政部部长。在国家地质勘探局就冻土问题质疑管道建设的同时，希克尔积极寻求管道建设的配套公路建设。1969年8月，众议院和参议院内务委员会批准了希克尔要求修改尤德尔的土地冻结的申请，以保证从利文古德到育空河的53英里高速公路的建设。这条高速公路将与管道路线的无路区域的第一段相平行，没有这条公路的修建，管道建设需要的工人、设备和材料，就无法向北移动。根据与阿拉斯加州达成的协议，石油财团于当年夏天建造了这条公路，该公路将符合州二级公路标准，并在项目完成后移交给阿拉斯加州。

另外，在1969年夏季，石油公司疯狂运作，收集信息，为在普鲁德霍湾附近的450000英亩土地上进行竞争性招标做准备。1969年9月，阿拉斯加州对州土地的出租拍卖盛况空前。与之前的三笔土地交易所得的1200万美元形成了鲜明对比，阿拉斯加州从这次拍卖中净赚了9亿美元，足以支付当前州预算在四年半时间内的所有支

---

① Mary Clay Berry, *The Alaska Pipeline*: *The Politics of Oil and Native Land Claims*, Bloomington: Indiana University Press, 1975, pp. 104-105.

② United States, Senate, Committee on Interior and Insular Affairs, *Hearings*, *The Status of the Proposed Trans-Alaska Pipeline*, 91st Cong., 1st sess., 1969, part 2, p. 88.

出。阿拉斯加州政府非常满意，对石油开发将给该州带来的繁荣前景翘首以盼。《时代》杂志将这一次拍卖誉为“史上最贵拍卖”，对其进行了长篇报道。编辑称，与特纳（Frederick Jackson Turner）在19世纪末宣告的边疆消失的说法背道而驰，阿拉斯加的大部分地区“像150年前的大平原和落基山脉一样原始”。文章报告称“阿拉斯加已经在北方招手，并指出了她丰富的自然资源，询问在这个新时代国家将如何开发她”①。

在那个夏天，人们习惯将北坡石油开发与克朗代克淘金热相比较，赞美边疆开发的勇气和热情。但是，环保主义者认为这两者的差异非常明显，没有任何相似之处。国家公园管理局对北极石油开发的开创性品质、边疆意象和浪漫情怀做出了这样清醒的思考：“新的石油浪潮不同于1898年的淘金热。淘金热是艰苦而辛劳的生活，是一个混乱而又自由的社会的产物。而新的石油浪潮是大财团的巨业，在这些公司中，石油工人和工程师都是小小的齿轮。”② 环保主义者更没有想到的是，翻天覆地的施工建设还不是边疆的最大威胁，没有了解极北地区的地质条件就贸然施工，才是对荒野的更大伤害。

二 美国地质调查局提出的冻土地质问题

阿拉斯加严酷的气候和地质条件，无疑将给工程建设带来巨大的困难。1969年4月，时任内政部副部长的拉塞尔·特雷恩（Russell E. Train）成立北坡特别工作小组（North Slope Task Force），负责管理北坡石油的勘探和开发，以及正确使用公共土地、保护环境和保障阿拉斯加原住民的权利等事项。5月，尼克松总统将其扩大为跨部门的阿拉斯加石油开发联邦北坡特别工作小组，包括内政部副部长特雷恩、他的科学顾问同时也是美国地质调查局负责人威

① “Richest Auction in History”, *Time*, Vol. 94, No. 19, September. 1969, p. 54.

② “Alaskan Prospect”, *National Parks Magazine*, Vol. 43, September. 1969, p. 2.

廉·佩科拉（William T. Pecora）、土地管理局（Bureau of Land Management，BLM）、鱼类和野生动物管理局（United States Fish and Wildlife Service，USFWS）、联邦水污染控制管理局（Federal Water Pollution Control Administration，FWPCA）、印第安事务管理局（Bureau of Indian Affairs，BIA），以及商业渔业局（Bureau of Commercial Fisheries）等部门的负责人；此外还包括特设工业保护委员会（Conservation-Industry Committee）主席、荒野协会执行副董事，以及石油财团的主席。① 1969 年晚些时候，成立了门洛帕克（Menlo Park）工作组，总部设在美国地质调查局的阿拉斯加分部管辖下的门洛帕克地区，专门负责审查拟建管道的技术问题。

对于阿拉斯加的气候和自然环境带来的工程问题，联邦政府给予了特别的关注。4 月，费尔班克斯土地管理局资源副总监罗伯特·克鲁姆（Robert C. Krumm）警告 TAPS 负责人“在错误的时间、错误的地点建设输油管，可能会破坏一个广大区域的全面生态环境。”② 5 月，北坡工作小组负责人佩科拉和他的助手马克斯·布鲁尔（Max C. Brewer）对拟议的管道线路进行调查分析，探究管道是否可以在永久冻土条件下被掩埋。布鲁尔是巴罗角海军北极研究实验室主任，他发现“管道可以被埋在布鲁克斯山脉以北的概率极小”。③ 7 月 18 日，特别工作小组对阿拉斯加石油开发发布了第一套管理规定。这一规定用于管理石油管道的建设和运营，要求恢复受干扰地区的植被，保护河床和鱼类产卵区，禁止

① United States, Senate, Committee on Interior and Insular Affairs, *Hearings*, *The Status of the Proposed Trans-Alaska Pipeline*, 91st Cong., 1st sess., 1969, part 3, p. 99.

② 见 United States, Senate, Committee on Interior and Insular Affairs, *Hearings*, *Trans-Alaska Pipeline*, *Draft Environmental Impact Statement*, 92d Cong., 1st sess., 1971. 备忘录。

③ Department of the Interior, “Pipeline Study Group Field Trip Report”, 20 June 1969, *Alaska Conservation Society Papers*, *University of Alaska*, *Archives*, *Fairbanks*, 转引自 Peter A. Coates, *The Trans-Alaska Pipeline Controversy*: *Technology*, *Conservation and the Frontier*, Bethlehem: Lehigh University Press, 1991, p. 177.

使用有害农药，并确保该地区野生动物可以穿越管道走廊进行自由迁徙。[①]

1969 年 8 月，就北坡特别工作小组发布的有关 TAPS 的环境规定，内政部副部长特雷恩召开公众听证会。在这次听证会上，联邦地质学家们认为岩土工程问题、地震问题、水文问题都是石油管道建设需要详尽调查和研究的问题，但他们一致认为永久冻土问题是 TAPS 需要解决的最重大问题。[②]

永久冻土是指岩石或土壤连续两年保持在 0℃ 以下的温度状态。[③] 永久冻土是一种温度条件，而不是一种实体物质。阿拉斯加 80%的地区都是永久冻土地区。整个北坡地区和大部分西部地区是连续性（continuous）永久冻土。连续性永久冻土向南延伸，并渐渐变成断断续续直至小块分散的不连续性（discontinuous）永久冻土，最后完全消失在最南方。永久冻土的厚度和温度在山区变化很大；在低地地区，这些特征则更加均匀。

永久冻土地区的土壤分为三层：表层土、季节性冰冻活动层以及永冻层。永久冻土温度的变化主要受季节性气候变化、地表热源，以及距海洋远近影响。只考虑影响最大的气候变化的话，活动层在短暂的夏季会融化，在冬季又会完全回冻。而永冻层的温度一直保持在 0℃ 以下，即使在最炎热的季节，永冻层仍处于冰冻状态。而若考虑到地表热源，装载热油的管道对永久冻土的影响则不能忽视。

地质学家根据含冰量，以及土壤颗粒大小和质地，将永久冻土

① Peter A. Coates, *The Trans-Alaska Pipeline Controversy: Technology, Conservation and the Frontier*, Bethlehem: Lehigh University Press, 1991, p. 178.

② "Hickel Schedules Hearing on Alaska Pipeline Plans", *New York Times*, Aug 13, 1969.

③ Oscar J. Ferrians Jr., Reuben Kachadoorian, Gordon W. Greene, *Permafrost and Related Engineering Problems in Alaska*, Washington, D. C.: U. S. Dept. of the Interior, Geological Survey, 1969, p. 4.

分为两类:“解冻不稳定型”(thaw-unstable)与“解冻稳定型”(thaw-stable)。一方面,富含冰的永久冻土可能在冷冻时非常坚硬,但在解冻时就像稀泥一样柔软。富含冰的永久冻土融化时,含有大量水分的土壤易于流动,形成不稳定状态,难以支撑地表设施。另一方面,富含基岩和适于排水的粗粒沉积物(如砂粒和砾石)的永久冻土,基本上是不含冰的,融化时依然是稳定的状态。

永久冻土的另一个重要特性是它的温度,即保持0℃以下的程度。在连续性永久冻土区域,冻土通常保持在-1℃以下,并且可能低至-12℃。在这种情况下,可以施加大量的热量而不会使永久冻土融化。这一类冻土称为“冷永久冻土”(cold permafrost)。但是,在不连续性永久冻土区域中,大部分冻土的温度刚好在-1℃左右,并且在某些位置,仅增加半度就会融化。这种类型称为“暖永久冻土”(warm permafrost)。

永久冻土解冻时,由于地面上存在大量水分,因此在冷冻过程中发生了冰分凝(ice segregation)过程,从而导致更多的工程问题。在冰分凝过程中,水分会积聚在透镜状的地块以及地层、地脉和其他物质中。在活动层冻结的地方也会发生冰分凝。随着冰的形成,它将地面向上推——这一过程被称为“起伏”(heaving)。“起伏”也会发生在永久冻土带之外。管道埋藏施工过程中,如果不用合适的技术来抵抗这种“起伏”运动,那么埋藏的管道结构在冻土冻结过程中将被推向表层地面,而在活动层再次融化时通常又不会返回其原来的位置。这种净向上运动被称为“冻账”(jacking)。

在1969年秋天开始的听证会上,TAPS提出了传统的管道埋藏施工计划,而这正是特别工作小组的地质工程师们万分担心的地方。地质专家提出了两个方向的问题:一是管土作用问题,二是管热作用问题。在管土作用问题方面,除了上文提出的“冻账”现象,负责监督阿拉斯加调查的地质调查局的官员亨利·库尔特(Henry W. Coulter)还关注“融沉”问题。融沉是指在-16℃以下的斜坡上,融化的含水饱和沉积物在重力控制下，会进行向下的物理移动。由于石油管道的许多部分都在这样的斜坡上，因此“融沉”作用可能会使它们扭曲和折断。[①] 在管热作用方面，门洛帕克工作小组的亚瑟·拉肯布鲁克（Arthur H. Lachenbruch）的研究表明“在典型的多年冻土介质中，管热会引发冻土的大面积融化”，而管道随后将会“漂浮”在地面上。

在随后进行的管道环境影响报告草案的听证会上，拉肯布鲁克进一步阐释了管热作用的危害。拉肯布鲁克的报告引用热传导理论，描述了含有热油的管道会引起永久冻土的“球状”解冻效应（“bulb” thaw effect）。他估计，在典型的永久冻土条件下，管道在埋入地表以下6英尺处时，直径为48英寸的管道将在几年的时间里解冻其周围20—30英尺的圆柱形区域。他警告说，经过20年的管道运行，阿拉斯加北部的连续冻土区的融化区域可能会扩大到35—40英尺，在南部的不连续冻土区的融化区域将扩大到50英尺。他解释说，永久冻土的这种溶解会产生大量的泥浆，导致管道工程的严重坍塌，随即带来管道的破裂。[②] 舆论讨论称，北坡石油开发与管道建设不是第一个面临永久冻土问题的工程项目，但石油财团似乎没有意识到要吸取从前的技术经验。

永久冻土问题是管道建设最核心的技术问题，这一问题在管道建设前期受到了各方关注。政府和舆论的重点已转移到影响管道完整性的基本技术问题上，尽早制定完善的技术施工方法是一切的起点。此外，从长远来看，技术难题的解决，能够保证管道投入使用时的完整性和安全性，因此也被视为保护环境的最佳手段。

---

① Peter A. Coates, *The Trans-Alaska Pipeline Controversy: Technology, Conservation and the Frontier*, Bethlehem: Lehigh University Press, 1991, p. 183.

② Arthur H. Lachenbruch, *Some Estimates of the Thermal Effects of a Heated Pipeline in Permafrost*, Washington, D. C.: U. S. Dept. of the Interior, Geological Survey, 1970, pp. 3-8.

第二节　石油开发的技术争议

北坡石油开发与管道建设的技术问题引发了全国各界人士的关注，环保组织、联邦政府、社会公众，甚至是支持石油开发的组织和个人，都要求石油开发者完善技术缺陷，谨慎施工与开发。与此相对的是，阿拉斯加州和石油集团等焦急的开发者，对技术异议者表达了强烈的不满。他们敏感地反对外来人插手阿拉斯加自己的经济发展事务，逃避面对技术问题，积极追求北坡石油开发与管道建设的尽快展开。

一　反对者对技术缺陷的关注

特雷恩的公众听证会提出了永久冻土问题，并指出 TAPS 的不当施工将带来巨大的工程安全和环境污染问题。随后，跨阿拉斯加管道项目的技术缺陷问题一直是环保组织、联邦政府、社会公众乃至管道建设支持者广泛关注的焦点。在随后针对管道建设召开的政府报告会、听证会、媒体发言等多处环节，这一问题一再被提出和辩论。

9 月 15 日，北坡特别工作小组向总统提交了有关管道建设的初步报告，列出了许多尚未解决的问题。首先，美国的输油管从未遇到过阿拉斯加这样的地形和气候，以及它们所带来的各种问题。在北坡，冬季温度有时会降到-62℃（有风寒因素），但降水很少，在某些方面像沙漠一样；而在瓦尔迪兹以南，温度要温和得多，且降雪量很大。其次，工作组最主要的担心是热油管道埋入永久冻土后的影响，永久冻土的冻账和融沉作用可能导致管道的破裂和漏油，并对苔原环境造成巨大的危害。① 再次，填埋所需砾石的来源是另一

① Oscar J. Ferrians Jr.，Reuben Kachadoorian，Gordon W. Greene，*Permafrost and Related Engineering Problems in Alaska*，*Permafrost and Related Engineering Problems in Alaska*，Washington，D. C.：U. S. Dept. of the Interior，Geological Survey，1969.

个需要慎重考虑的因素。因为工程施工需要数百万立方码的砾石来隔离埋入永久冻土的管道，即将永久冻土置于砾石工作垫下；砾石还用于铺设运输路基。而这些砾石大都来源于当地山脉和河流，因此要注意大量的砾石挖掘对当地环境的影响。① 最后，该报告还提到了地震危险。拟议路线的2/3穿越主要地震带，这是一个巨大的地质隐患。② 此外，报告还提请人们注意垃圾处置问题、陆上和海上泄漏造成的水污染，以及人为和机械入侵对育空以北的野生动植物活动，特别是驯鹿迁徙的潜在破坏等。报告也提到了通行权问题，因为1920年《矿物租赁法》（*Mineral Leasing Act*）第28条规定，矿业开发通行权最大宽度为50英尺，而石油财团申请的管道通行权宽度远大于此，故而这一问题还有待国会解决。

在秋天开始的参议院听证会上，人们关注项目对环境的影响，焦点在于项目的技术操作。原住民土地权索赔构成管道建设的另一个重要约束因素，但在此时却没有构成项目进行的主要障碍。然而，尤德尔为保障原住民权利的“土地冻结”再一次阻挡了石油的开发运作。1969年10月，石油财团许诺在管道施工中雇用原住民承包商，原住民随即放弃了对通行权土地的权利要求。接下来，希克尔开始要求参议院内务委员会批准再次修改“土地冻结”，以适应跨阿拉斯加管道的通行权请求。③ 参议院内务委员会主席亨利·杰克逊（Henry Jackson）决定在答应希克尔的要求之前，先举行公开听证会。

1969年9月至12月，关于拟建管道的公开听证会在阿拉斯加和

① Joseph M. Childers, *Channel Erosion Surveys Along Proposed TAPS Route*, Anchorage, Alaska, July 1971. Washington, D. C.: U. S. Dept. of the Interior, Geological Survey, 1972.

② Robert A. Page, David M. Boore, William B. Joyner, and Henry W. Coulter, *Ground Motion Values for Use in the Seismic Design of the Trans-Alaska Pipeline System*, Washington, D. C.: U. S. Dept. of the Interior, Geological Survey, 1972.

③ United States, Senate, Committee on Interior and Insular Affairs, *Hearings*, *The Status of the Proposed Trans-Alaska Pipeline*, 91st Cong., 1st sess., 1969, part 2, p. 114.

华盛顿特区举行。首先，委员会受到环保组织越来越大的压力。在全国环保形势高涨的时期，对阿拉斯加的保护一呼百应，美国的知名环保组织几乎都加入进来。这些环保组织和个人包括艾萨克·沃尔顿联盟负责人约瑟夫·彭福（Joseph Penfold）、国家奥杜邦协会执行副主席查尔斯·卡里森（Charles Callison）；美国林业协会（American Forestry Association）常务副理事威廉·托威尔（William E. Towell）；荒野协会执行董事斯图尔特·布兰德伯格（Stewart Brandborg），塞拉俱乐部的埃德加·韦伯恩；全国野生动物联合会主席托马斯·金博尔（Thomas Kimball），以及野生动物协会（Wildlife Society）的弗雷德·埃文登（Fred Evenden）等。他们认为在阿拉斯加，公共土地基本还实行着19世纪"先到先得"的原则，因此尤德尔的"土地冻结"无疑是阻止批发出售阿拉斯加公共土地的唯一保障。与此同时，他们还写信给参议院，声称石油开发将使阿拉斯加荒野面临巨大的危机。①

当年秋天，环保组织加强对阿拉斯加的保护宣传。自从建立北极国家野生动物保护区运动以来，环保主义者提起阿拉斯加，时常表达的一种观点便是"阿拉斯加是美国最后一个未开发的边疆"。美国保护主义者普遍认为，布鲁克斯山脉是北美的最后一个伟大的荒野，并特别担心该项目对布鲁克斯山脉的影响。一位在北坡有着丰富研究经验的动物学家汤姆·凯德（Tom J. Cade），代表荒野协会在听证会上作证，他感叹道："二十年前我所知的荒野，现在在阿拉斯加北部已经不复存在了。"他痛心地认为，"除了布鲁克斯山脉的某些山寨……在科尔维尔河以东一百平方英里的土地上，包括北极国家野生动物保护区在内，人类活动的某些不可弥补的迹象正在不断出现。"②

环保组织和环保主义者宣扬对阿拉斯加开发要保持极其谨慎的

---

① United States, Senate, Committee on Interior and Insular Affairs, *Hearings*, *The Status of the Proposed Trans-Alaska Pipeline*, 91st Cong., 1st sess., 1969, part 2, p. 111.

② United States, Senate, Committee on Interior and Insular Affairs, *Hearings*, *The Status of the Proposed Trans-Alaska Pipeline*, 91st Cong., 1st sess., 1969, part 2, p. 228.

态度。他们疾呼“不要重复我们在下 48 州犯下的错误”,[①] 并指责跨阿拉斯加管道的技术问题。他们赞同联邦官员的观点，认为目前石油财团对北极生态学的理解严重不足，在北极地区施工的技术方式也同样具有严重缺陷。战后协助勘探 4 号海军石油储备区的约翰·里德（John C. Reed）警告说，跨阿拉斯加管道的项目规划表现出他们尚未吸取北极石油开发史的经验和教训，并提出建筑运输车辆的履带将会严重伤及苔原。[②] 考虑到圣巴巴拉最近发生的灾难，阿拉斯加自然保护协会的罗伯特·韦登提倡立即暂停进一步的石油开发和管道运输计划，进一步研究所涉及的环境问题，并制定土地使用长期的“总体规划”，约束私营部门并保护阿拉斯加土地的公共（尤其是荒野）价值。[③]

其次，跨阿拉斯加管道的提案使北极荒野保护成为联邦公共政策讨论的紧迫课题。10 月，北坡特别工作小组负责人特雷恩回复石油财团的土地申请时，提出了大量关于管道铺设的技术问题，并强调“在获得土地通行权之前，必须先（对技术问题）给出满意的答复”[④]。内务委员会成员盖洛德·尼尔森（Gaylord Nelson）参议员是国会支持环境保护主义事业的先锋，将北坡石油开发视为国家新生生态良知的重要试验场。尼尔森的同事梅特卡夫参议员意识到，一旦委员会同意了希克尔的要求，便放弃了对该项目任何进一步的控制。[⑤]

---

① United States, Senate, Committee on Interior and Insular Affairs, *Hearings*, *The Status of the Proposed Trans-Alaska Pipeline*, 91st Cong., 1st sess., 1969, part 2, p. 195.

② United States, Senate, Committee on Interior and Insular Affairs, *Hearings*, *The Status of the Proposed Trans-Alaska Pipeline*, 91st Cong., 1st sess., 1969, part 2, p. 173.

③ United States, Senate, Committee on Interior and Insular Affairs, *Hearings*, *The Status of the Proposed Trans-Alaska Pipeline*, 91st Cong., 1st sess., 1969, part 2, p. 177.

④ United States, Senate, Committee on Interior and Insular Affairs, *Hearings*, *The Status of the Proposed Trans-Alaska Pipeline*, 91st Cong., 1st sess., 1969, part 2, p. 83.

⑤ United States, Senate, Committee on Interior and Insular Affairs, *Hearings*, *The Status of the Proposed Trans-Alaska Pipeline*, 91st Cong., 1st sess., 1969, part 2, pp. 125, 127.

联邦管理者讨论的最终落脚点，也是石油财团需要解决的最紧迫问题，还是管道建设的技术问题。10月23日，杰克逊参议员向希克尔提出了一系列问题，这些问题反映了最近听证会的主要批评语气。问题涵盖了项目的方方面面，但主要集中在原住民土地权索赔和永久冻土问题上，尤其是在瓦尔迪兹沿海山脉以北的铜河盆地。铜河盆地是一个不连续性永久冻土带，可能因为冻土的冻账和融沉作用导致管道工程受损。他们还强调了希克尔未能披露北坡特别工作小组的报告（即9月15日的报告）内容，以及土地管理局对于资金、人员配备和规定执行的有效监督的问题。[①] 杰克逊表示，在批准修改之前，需要令人满意的答案。

最后，即使是支持石油开发和管道建设的人士也为技术问题所困扰。一方面，希克尔回复参议院的提问时回答说，土地权授予许可与公正解决原住民的土地要求之间没有冲突，没有任何原住民村庄或协会对该项目有“不利反应”。另一方面，他则承认工程方面的问题，特别是永久冻土方面的问题仍然很大。然后，他将漏油的危险确定为该项目的主要公共风险。北坡特别工作小组曾指出，拟建管道每英里将输送50万加仑的石油，是圣巴巴拉海峡溢油事故的两倍。[②] 1969年年底，希克尔通知参议院内务委员会，他的部门在石油财团解决永久冻土等技术问题之前不会批准该项目。后期，即使参众两院同意希克尔修改冻结条件，给予跨阿拉斯加管道建设通行权，但是他却没有立即签发许可证。这里面重要的一个原因就是，他对项目目前的技术可行性表示严重怀疑，项目的技术问题一直困扰内政部部长，使其存在

---

① United States, Senate, Committee on Interior and Insular Affairs, *Hearings*, *The Status of the Proposed Trans - Alaska Pipeline*, 91st Cong., 1st sess., 1969, part 3, pp. 285, 294.

② Department of the Interior, "Pipeline Study Group Field Trip Report", 20 June 1969, *Alaska Conservation Society Papers*, *University of Alaska*, *Archives*, *Fairbanks*, 转引自 Peter A. Coates, *The Trans-Alaska Pipeline Controversy*: *Technology*, *Conservation and the Frontier*, Bethlehem: Lehigh University Press, 1991, p. 187.

与环保组织同样的疑惑和不安。另外，自从他担任内政部部长以来，征服边疆的言论和情感明显地从他的讲话中消失了。或许是为了政治道路而警惕反对党，或许是出于真心而关注当时美国的环境问题，希克尔也认同美国急需制定保护政策。①

当时全国的环境保护氛围的确越来越浓厚。当年 12 月，杰克逊曾向希克尔指出，他参与发起的《国家环境政策法》已经定稿，准备提交最后表决。杰克逊认为，政府不应该在环境问题和危机发生后再做出反应，而是应该建立机构和程序来预见、预防它们的发生。在实施《国家环境政策法》之后，有关机构开展任何工程项目必须考虑环境因素，并准备环境影响报告。但是，《国家环境政策法》并未表明，有关机构仅仅确定并描述了工程项目或提案中预期的环境影响，是否就足够获得授权资格。该法案没有提供标准来决定什么是必须纠正的环境影响，或者如果一个机构发现了不可接受的环境影响，是否应该停止一个项目。显然，一个项目是否符合《国家环境政策法》的要求还是要留给司法机构来决定。

杰克逊建议希克尔密切注意《国家环境政策法》对跨阿拉斯加管道项目的影响，因为该法案第 102（2）（C）条要求，任何由联邦资助或涉及联邦土地的项目必须提供详细公开的环境影响报告。而现阶段石油财团给出的管线铺设方案，显示了他们在永久冻土环境下进行工程建设的准备不足，这样带来的环境影响无疑将是巨大的，也必然难以被环保组织、联邦政府、公众舆论所接受。

二　开发者对技术问题的轻视

阿拉斯加州和石油集团等焦急的开发者，对环保主义者、联邦政府相关机构，甚至曾是他们州长的希克尔都表达了强烈的不满。他们对由外来人决定阿拉斯加的开发之道愤愤不平，忽视或弱化石

---

① J. Brooks Flippen, *Nixon and the Environment*, Albuquerque: University of New Mexico Press Publication, 2000, pp. 23-24.

油开发的技术难度，依然积极追求北坡石油开发和管道建设。

在1969年夏天那次轰动一时的土地出售前几周，第20届阿拉斯加科学大会在费尔班克斯举行，公众日益关注北坡的石油活动。一千多名科学家、学者、政治家、保护主义者和工业界代表聚集一堂，以“北方的变化——石油，环境和人民”为主题，专门讨论了石油开发将在环境、政治、经济和社会上给阿拉斯加带来的变化。阿拉斯加开发者对这些人讨论阿拉斯加的利益和未来非常不满，参议员泰德·史蒂文斯（Ted Stevens）嘲笑他们为“外部专家”。他在会议结束时突然爆发了，愤怒地说：“我竟然到这里来，听别人告诉我如何发展我的州!”在这些评论过程中，阿拉斯加开发者再次将当地描述为“冰盒子”（源自核电项目和大坝项目拥护者的定义），并没有值得保护的生态资源；史蒂文斯还做出不恰当的，后来被广泛报道的“北坡上没有活体生物”的发言。[①] 这暗示着北坡地区没有任何生态价值，被破坏也无须付出任何代价，而这无可避免地加剧了他嘲笑的“温柔”的保护主义者的警惕性。

秋天开始的管道建设听证会上，联邦地质学家强调了永久冻土的地质特征，及其对管道铺设的危害，并驳斥了石油财团的管道铺设方案。9月初，内政部根据听证会发布了第一套石油开发与管道建设的管理规定，要求石油公司对管道发生的任何泄漏事件承担绝对的清理责任。[②] 对于这个史无前例的建筑限制要求，阿拉斯加的开发者再一次敏感地认为，外来者即使已经实施了众多困扰阿拉斯加发展的法规，但他们还想要继续加强这种控制和阻碍。这一次，“冰盒子”的形象被再一次提了出来，但是却是用来形容外来人的错误

① Senator Ted Stevens Project, Project Jukebox, Oral History Program, University of Alaska Fairbanks, Fairbanks, Alaska.

② 内政部同时规划了保护考古文物的方案，并号召在管道建设的雇工问题上，阿拉斯加原住民应获得平等权利。United States, Senate, Committee on Interior and Insular Affairs, *Hearings*, *The Status of the Proposed Trans-Alaska Pipeline*, 91st Cong., 1st sess., 1969, part 1, pp. 39-77.

印象——“认为阿拉斯加只是一大块儿冰”，无视其蕴藏的可以用来发展该州的地质资源。[1] 因此，他们阻碍冰冷的荒野被开发，只想将其保护为美国的边疆景观。

一方面，对联邦地质学家提出的严重的永久冻土问题，石油行业仍然固执己见地不予理会；另一方面，他们也开始回应公众关注的其他不严重问题，以表现自己对工程环境影响的关切。1969 年夏天，大西洋里奇菲尔德公司聘请了加拿大野鸭联盟（Ducks Unlimited）的前副总裁安格斯·加文（Angus Gavin）研究北坡的生态。此后不久，公司与阿拉斯加大学签署了进行植被恢复实验的合同。石油工业主要致力于恢复植被以控制管道侵蚀。拉科夫·科克斯（Ralph F. Cox）是公司普鲁德霍湾地区的经理，他声称新草比本地植物更硬，生长更快，并且将为草食动物提供更丰富、更好的饲料。[2] 然而，这种避重就轻的态度，无疑使得最重要的技术问题一直没有得到很好的解决。

在日本管道的第一部分开始到达瓦尔迪兹的时候，希克尔的通行权申请却遭遇听证会的挫折，阿拉斯加的支持者变得越来越不耐烦。参议员迈克·格雷维尔（Mike Gravel）避免强调跨阿拉斯加管道的新颖性及其所构成的环境威胁，而是将其与早期的海恩斯管道（Haines Pipeline）[3] 进行了比较。格雷维尔指出这一早期管道并没有造成公民抗议的情况，而联邦政府对跨阿拉斯加管道却给予了严格审查，环保主义者对这一提议也是不断反对，这是不公平的。[4] 阿拉

① Peter A. Coates, *The Trans-Alaska Pipeline Controversy: Technology, Conservation and the Frontier*, Bethlehem: Lehigh University Press, 1991, p. 183.

② United States, Senate, Committee on Interior and Insular Affairs, *Hearings*, *The Status of the Proposed Trans-Alaska Pipeline*, 91st Cong., 1st sess., 1969, part 1, p. 206.

③ 海恩斯管道建于 1954 年，是将石油产品从阿拉斯加海恩斯港口运输到内陆的军事设施。该管线一直使用到 1980 年。

④ United States, Senate, Committee on Interior and Insular Affairs, *Hearings*, *The Status of the Proposed Trans-Alaska Pipeline*, 91st Cong., 1st sess., 1969, part 2, pp. 138-139.

斯加开发者认为，持续的拖延是无情的联邦政府和环保主义者任意干预阿拉斯加事务的结果，对阿拉斯加州的未来至关重要的一项决议又一次取决于华盛顿和外来人。

在表达了对环保主义者和联邦政府等外来者的愤慨后，开发者对曾是州长的希克尔也日益不满起来。阿拉斯加人对希克尔加入联邦权力机构寄予热望，希望他会促成联邦对阿拉斯加经济发展态度的大逆转。然而，希克尔随后的行动却令阿拉斯加人大为不满。在竞选内政部部长时，他就对建立北极国家野生动物保护区提供了助力。[①] 在任命听证会上，希克尔还承诺，在寻求修改“土地冻结”之前会先咨询参议院内务委员会。接任希克尔成为州长的米勒对这一承诺反感至极，将其视为立法部门凌驾于行政机关权力之上的“非法”之举。开发者甚至称“阿拉斯加人民被背叛了”[②]。对于希克尔要求参议院内务委员会批准再次修改“土地冻结”的行动，阿拉斯加人依然表示不满。希克尔希望随着跨阿拉斯加管道施工方案的日益改进，对管道项目分批授予许可；而避免作为整体项目贸然推进，增加项目通过的难度。然而，阿拉斯加人却认为希克尔的动作太小太少，根本不想接受这种零敲碎打的行动，这将令他们的管道建设遥遥无期。

希克尔最终还是再次获准修改《土地冻结法》，并给阿拉斯加人争取到了管道建设通行权。12 月 16 日，众议院内务委员会以 15 票对 7 票，对希克尔修改“土地冻结”的行动投了赞成票。国家土地局开始将拟议的道路和管道路线上的 500 万英亩土地重新划归为运输走廊。因为《矿物租赁法》的相关规定和北坡特别工作小组的反对意见，石油财团于 12 月重新提交了其土地申请，寻求最大 54 英尺的合法通行权，用于管道铺设；临时特殊土地使用许可权

---

① Daniel Nelson, *Northern Landscapes: The Struggle for Wilderness Alaska*, Washington, D. C.: Resources for the Future Press, 2004, p. 65.

② *Fairbanks Daily News-Miner*, October 24, 1960.

（Special Land Use Permits）46 英尺，用于额外的通道和建筑空间使用；临时特殊土地使用许可权 200 英尺，用于辅助公路建设（包括河流渡口设施的 500 英尺土地通行权）。1970 年 1 月 7 日，希克尔签署了 4760 号土地令，授予从育空到普鲁德霍湾 390 英里道路的使用许可。石油财团和州政府随即马不停蹄地开始运作。1 月中旬，石油财团花费 43.3 万美元，重修希克尔公路的利文古德到比特尔路段；3 月初，阿拉斯加州州议会又拨款 25 万美元，重新开通比特尔和萨格文之间的道路。他们都渴望石油管道可以在春季开始建造，并开始向承包商发出意向书。承包商希望在春季融化之前将设备北移至施工位置，因为融化将使得育空地区的冰桥无法使用。阿拉斯加的特殊气候条件，也令施工建设面临更多紧迫性。[①]

然而，联邦政府并不认可阿拉斯加的紧急行动，以及州政府的积极干预活动。1970 年 2 月初，现任北坡特别工作小组负责人佩科拉在朱诺向州参议院发表了讲话。佩科拉对阿拉斯加似乎是“当务之急”的不耐烦情绪表示不满，并警告说当年管道不可能开始施工，因为“我们仍处于寻找答案的阶段”[②]，毕竟原住民土地权索赔还没有解决，技术隐患依然存在，环保组织和环保人士也还没有得到安抚。

---

① Peter A. Coates, *The Trans-Alaska Pipeline Controversy: Technology, Conservation and the Frontier*, Bethlehem: Lehigh University Press, 1991, pp. 188-189.

② “TAPS Start May Await Next Year”, *Fairbanks Daily News-Miner*, Feb 3, 1970.

第三章

土著权利：北坡石油开发与管道建设争议的新问题

进入 1970 年以后，TAPS 面临新的挑战——阿拉斯加原住民(Native)[①] 的土地权索赔问题。自 1867 年美国从俄罗斯购买了阿拉斯加后，原住民的土地权问题就出现了，且一直没有得到很好的解决。阿拉斯加建州，以及州选土地的操作，使得原住民的土地权索赔更为紧迫。1966 年，在州政府选择了其全部土地赠予的约 1/4 之后，内政部部长斯图尔特·尤德尔对州土地实行“冻结”，以待解决原住民的土地权问题。而当“土地冻结”还不足以解决原住民土地问题时，北坡石油的发现与开发进一步推进了形势的发展。石油工业打算建立管道运输石油，需要申请 800 英里的通行权；然而，原住民却声称自己拥有大部分管道走廊土地的所有权。因此，原住民

---

① 阿拉斯加的“原住民”概念有多种解释。一般认为首字母大写的“Native”一词，表示因纽特人、阿留特人、阿撒巴斯卡人，特林吉特人，海达人和钦西安人等印第安原住民；而首字母小写的“native”意为“本地人”，是指在阿拉斯加生活了一代或更多时间的所有人口。而也有法律手册规定，“原住民”的概念仅指阿拉斯加西北沿海和北极地区的因纽特人、阿留特人，而不包括阿撒巴斯卡人，特林吉特人，海达人和钦西安人（见 Felix S. *Cohen's Handbook of Federal Indian Law*, Nell J. Newton ed., LexisNexis, 2005.）。在这篇文章里，“原住民”表示因纽特人、阿留特人、阿撒巴斯卡人，特林吉特人，海达人和钦西安人等印第安原住民。

土地权问题的解决，是开发北坡石油的必需条件。突然间，石油工业和相关利益集团开始迫切关注原住民土地权问题。经历了100年的延迟，国会终于开始着手解决这一问题了。

第一节 阿拉斯加原住民的土地权遗留问题

跨阿拉斯加管道项目的新问题由来已久，自《割让条约》（*Treaty of Cession*）开始，阿拉斯加原住民土地权索赔纠纷就一直存在，是阿拉斯加法律历史中浓墨重彩的一部分。总体而言，在近百年的时间内，国会对阿拉斯加原住民土地权问题一直保持既不否认也不承认，拥有唯一解决权却总是悬而不决的态度和行为。建州、土地冻结、石油开发都令这一问题复杂化，但同时也推动了问题的解决。让我们先来回顾一下一百年间阿拉斯加原住民争取土地权的斗争历史吧。

一 从《割让条约》到阿拉斯加建州

印第安人（或原住民）权利的概念起源于西班牙对美洲的征服。西班牙帝国统治者，也是新发现土地的主权拥有者，对待原住民的态度是：印第安人“有权保留自己的土地而不受干扰，而且只有主权者才能谈判移交印第安人的权利”[①]。在具有里程碑意义的约翰逊诉麦金托案（Johnson v. M' Intosh）中，美国法院采纳并完善了有关印第安人土地权的这一原则。在此案中，首席大法官约翰·马歇尔（John Marshall）重申了“发现”（discovery）原则，即“发现给予发现者专有的所有权，仅让步于印第安人的居住权”。也就是说，印

① W. C. ARNOLD，“Native Land Claims in Alaska”，1967（unpublished manuscript，on file with the University of New Mexico School of Law Library），转引自John R. Boyce，Mats A. Nilsson，“Interest Group Competition and the Alaska Native Land Claims Settlement Act”，*National Resources Journal*，Vol. 39，No. 4，Fall 1999，pp. 755-798。

第安人对土地只有居住权，但没有所有权，且他们只能向联邦政府转让其居住权。[①]

1867 年，美国签署《割让条约》，从俄国购买了阿拉斯加。《割让条约》第 3 条规定："未开化的部落要遵守美国可能不时针对该国原住民部落采取的法律和法规。"[②] 从本质上讲，美国与阿拉斯加的土地和人民的关系，只是俄国原先的做法和关系的继续。这条法规的主要含义是，一般联邦法律适用于原住民，而国会在随后的行动中也没有提出其他建议。

1884 年，国会通过了《组织法》，迈出了治理阿拉斯加的第一步。关于阿拉斯加原住民，《组织法》第 8 条宣布：

> 不得骚扰该地区的印第安人或其他人实际上已在使用或占领的土地，或现在由他们拥有的土地，但这些人获得这些土地所有权的条件保留给国会未来的立法。[③]

《组织法》第 8 条，为阿拉斯加原住民土地索赔提供了基础。在当时，国会承认阿拉斯加原住民的居住权，但没有否认也没有承认任何其他权利，并明确了国会立法是阿拉斯加原住民土地问题的唯一解决途径。

美国国会保留着承认或拒绝原住民土地权的权利后，却一直没有相关的动作。而联邦政府却在阿拉斯加进行了四项几乎无效的立法尝试，以承认印第安人土地权：1906 年的《原住民土地分配法》(Native Allotment Act)，1926 年的《原住民乡镇土地法》(*Native Townsite Act*)，1934 年的《印第安人重组法》(*Indian Reorganization Act*) 的修正案，以及 1946 年的《印第安人索赔委员会法》(*Indian*

---

① Johnson v. M' Intosh, 21 U.S. (8 Wheat.) 543 (1823).

② Article III, Treaty of Cession, 15 Stat. 539.

③ Sec. 8, Act of May 17, 1884, 23 Stat. 26.

Claims Commission Act）。[①] 1906 年的《原住民土地分配法》[②]，授予了原住民成年人 160 英亩的公共领域“限制性地权”（restricted title）。所有权的限制意味着出售或租赁土地需要获得内政部部长的批准。在 1930 年附加了“连续使用和占用（这些原住民的土地）五年”的条件后，土地授予大大减少了，到 1962 年仅授予了 100 项。[③] 1926 年《原住民乡镇土地法》[④]，允许原住民选择在整个村庄获得限制性地权，或在其所居住的地段上收取简单费用地权（fee simple title）。如果是简单费用地权，则可以将该村庄的空地出售给非原住民。根据该法案，土地管理局授予了原住民限制性地权，却又将空地出售给了非原住民。原住民及其村庄管理者——印第安事务局抗议这些出售，但相关调查迟迟没有进行。[⑤]

承认印第安人土地权的主要途径是建立保护区。在阿拉斯加由成文法律建立的保护区只有两个：1891 年的梅特拉卡德拉（Metlakatla）[⑥] 和 1957 年的库卢坎（Klukwan）。在 1919 年之前，行政命令创建了约 150 个保护区；1919—1933 年，行政命令又创建了五个“公共目的保留地”（public purpose reserves）。根据 1934 年《印第安人重组法》[⑦]，阿拉斯加创建了 7 处保留地（总计 150 万英亩）。到 1950 年，另外 80 个村庄申请保留地权，要求获得 1 亿英亩土地，但

---

① William L. Hensley, “What Rights to Land Have the Alaska Natives? The Primary Issue”, 1966, With a new May 2001 introduction by the author, http://www.alaskool.org/projects/ancsa/WLH/WLH66_1.htm. 2020 年 6 月 20 日。

② Act of May 17, 1906, 34 Stat. 197.

③ W. W. Keeler, et al., *Report to the Secretary of the Interior by the Task Force on Alaska Native Affaires*, Washington, D. C.: U. S. Dept. of the Interior, 1962, pp. 59-60.

④ Act of May 25, 1926, 44 Stat. 629.

⑤ W. W. Keeler, et al., *Report to the Secretary of the Interior by the Task Force on Alaska Native Affaires*, Washington, D. C.: U. S. Dept. of the Interior, 1962, p. 61.

⑥ 1887 年，钦西安人（Tsimshian）从不列颠哥伦比亚省来到阿拉斯加。格罗弗·克利夫兰总统（Grover Cleveland）和后来的美国国会批准他们居住在安妮特岛（Annette Island），并建立梅特拉卡特拉镇。

⑦ Act of May 1, 1936, 49 Stat. 1250. [codified at 25 US. C. § 473a (1994)].

政府未采取任何行动。①

1946年，国会成立了印第安人索赔委员会（Indian Claims Commission），给予全国的印第安索赔人提供起诉美国政府的资格，并规定所有诉讼都应在1951年之前提交给委员会。12个阿拉斯加村庄向委员会提出了索赔。尽管所有这些索赔都是及时提出的，但到1962年都没有得到回应。② 蒂—希顿印第安人③诉美国案（Tee-Hit-Ton Indians v. United States）进一步加剧了阿拉斯加原住民的土地要求。蒂—希顿印第安人要求因开发汤加斯国家森林而获得赔偿。然而法院认为，《组织法》并未授予他们“在他们占领的阿拉斯加土地上的任何永久权利”，并且由于他们的权利未被承认，因此不予赔偿。④

在建州之初，阿拉斯加原住民土地权的法律地位，取决于联邦政府的行动。除非他们在《组织法》之后获得了法定承认，否则阿拉斯加原住民拥有“无法识别的”权利，因此他们不能要求任何损失赔偿。阿拉斯加原住民土地权问题依然悬而未决。

二　从阿拉斯加建州到发现石油

建州后，由于新州声称其有权根据《阿拉斯加建州法》获得土地赠予，解决原住民土地权利要求的压力急剧增加，阿拉斯加原住民的抗议促使联邦政府暂停将公共土地转让给阿拉斯加州。最重要的是，阿拉斯加州和联邦政府为北坡石油开发而建设输油管道的努力，遭到了原住民的阻碍，这是促使大家关注原住民土地权赔偿问题的关键。

---

① W. C. ARNOLD, Native Land Claims in Alaska, 1967, p. 58，转引自 John R. Boyce, Mats A. Nilsson, “Interest Group Competition and the Alaska Native Land Claims Settlement Act”, *National Resources Journal*, Vol. 39, No. 4, Fall 1999, pp. 755-798。

② W. W. Keeler, et al., *Report to the Secretary of the Interior by the Task Force on Alaska Native Affaires*, Washington, D. C.: U. S. Dept. of the Interior, 1962, p. 65.

③ 蒂—希顿人是特林吉特人的一个分支。

④ Tee-Hit-Ton Indians v. United States, 348 U. S. 272 (1955).

1958年，《阿拉斯加建州法》签订，为新成立的阿拉斯加州提供了从“闲置，未使用和未保留的土地”中选择超过1.03亿英亩的土地的权利。此外，该法也规定了禁止阿拉斯加政府夺取原住民土地：

> 作为与美国的契约，该州及其人民确实同意并声明，他们永远放弃对印第安人、爱斯基摩人或阿留特人（以下简称“原住民”）的任何土地或其他财产（包括捕鱼业）的所有权利和所有权，同时放弃由联邦政府以信托方式替这些原住民持有的权利……①

尽管该法规定州选土地不可以侵犯原住民的土地权，但是阿拉斯加州迅速采取行动，征用了原住民村庄明确使用和占用的土地。1961年，原住民第一次提出抗议。当时该州提议在原住民村落明托（Alaska Native Village of Minto）附近的土地上建立一个休闲区，这些土地对原住民的狩猎和捕鱼活动至关重要。明托村领导人向内政部提出了对于州选土地的抗议，这实际上阻止了土地向州的转让。②

随着州选行动的传闻在各个村庄之间蔓延，原住民开始组织区域协会以捍卫共同的利益。1962年，《苔原周刊》（*Tundra Times*）杂志创立，以代表原住民的声音。原住民村庄不断向内政部提出行政抗议，反对州选土地。1964年，来自全州的印第安人领导人在费尔班克斯举行会议，动员他们的联合武装力量。③ 1966年10月，许

---

① Sec. 4, Alaska Statehood Act, *Pub. L.* No. 85-508, 72 Stat. 339（1958）.

② Donald Craig Mitchell, *Sold American*: *The Story of American Natives and Their Land*, *1867-1959*, Hanover, New Hampshire: Dartmouth College/University Press of New England, 1997, pp. 379-380.

③ “Native Groups to Meet: Leaders to Gather Together to Talk”, *Tundra Times*, June 8, 1964, p. 1, http://www.alaskool.org/projects/ancsa/ARTICLES/tundra_times/TT6_Leaders_Meet.htm. 2020年6月20日。

多原住民团体共同组成了阿拉斯加原住民联合会（Alaska Federation of Natives，AFN）。联合会通过了一项决议，敦促内政部从州选土地中保留所有有争议的土地。该决议还要求国会授予美国索偿法院（United States Court of Claims）对原住民土地权的管辖权。[①] 1966 年，原住民抗议扩大到不仅包括州选土地，还包括在北坡土地上进行的重要的石油和天然气租赁销售。[②]

原住民的土地权索赔活动得到了内政部部长尤德尔的支持。1966 年 12 月，尤德尔要求暂停对北坡土地的租赁。此后不久，他宣布对阿拉斯加所有联邦土地的处置进行临时“冻结”，以待国会采取行动解决原住民土地权索赔问题。尤德尔的土地冻结有效地阻止了州选土地对阿州经济发展构成的严重威胁。1967 年 2 月，阿拉斯加州在其新的共和党州长希克尔的指示下，向联邦地方法院提起诉讼，但遭到法院的驳回。面对国会对原住民土地权索赔的拖延，以及希克尔州长要求尽快完成州选土地的倡议，1969 年 1 月，尤德尔在他任期的最后日子里发布第 4582 号公共土地令，正式确定了“土地冻结”，并将冻结持续到 1970 年年底。[③]

1967 年，阿拉斯加原住民联合会召开第二次大会，阿拉斯加州州长代表出席了会议，并提议原住民社区和州政府的合作。阿拉斯

---

① “Native Leaders Set Down Policies”, *Tundra Times*, October 28, 1966, p. 2, http://www.alaskool.org/projects/ancsa/ARTICLES/tundra_times/TT11_Policies_Set_Down.htm. 2020 年 6 月 20 日。

② “Arctic Native Brotherhood Makes 38000 Square Mile Claim”, *Tundra Times*, December 23, 1966, p. 3, http://www.alaskool.org/projects/ancsa/ARTICLES/tundra_times/TT13_38000_Mile_Claim.htm. 2020 年 6 月 20 日。

③ 第 4582 号公共土地命令指出：在遵守现有权利的前提下，符合下文规定的阿拉斯加所有未保留，或在本命令到期前将变为未保留的公共土地，将从所有形式的公共赠予和处置土地法（金属矿物的土地除外）中保留，包括阿拉斯加州根据《阿拉斯加州建州法》（72 Stat 339）进行选择的土地，以及根据 1920 年 2 月 25 日的《矿物租赁法》（41 Stat 437；30 USC 181 等）（经修订）进行租赁的土地。保留土地将在内政部部长的管辖权下，用于确定和保护阿留特人，爱斯基摩人和阿拉斯加印第安人的权利。此命令保留的土地保持到 1970 年 12 月 31 日晚间 12 点。

加原住民土地索赔工作组（Alaska Native Claims Task Force）组建起来，由州政府代表威利·亨斯利（Willie Hensley）主持，由原住民领导人、州政府领导人和内政部代表组成。1967 年，联合会的第一个法案 S. 2690 只是提出要由索偿法院审理原住民土地权索赔。1968 年，工作组提出了安置方案 S. 2906，其中包括 4000 万英亩的土地、一定数量的金钱，并继续使用传统土地进行狩猎、捕鱼和集会活动。内政部强烈反对工作组的法案，指出："向原住民提供的 4000 万英亩的土地，远远大于他们村庄扩张所需土地的要求。这么大规模的土地授予，显然是允许原住民选择土地作投资用途。" 1968 年 4 月，内政部提出法案 S. 3586，给予原住民总计约 1000 万英亩土地，且由内政部托管，以及 1.8 亿美元的现金结算。①

然而，阿拉斯加北坡挖掘出了巨大的油田，这一轰动人心的发现打断了刚刚开始的原住民土地权索赔进程。内政部部长希克尔两次要求修改尤德尔的"土地冻结"，在安抚原住民的同时，为北坡石油开发与管道建设谋求通行权。毫无疑问，石油开发盖过了一切，不管是原住民土地索赔，还是尤德尔的"土地冻结"。原住民的土地权索赔将面临更大的困难，也面临更大的机遇。历史证明，购买、建州、"土地冻结"都不曾解决的原住民土地权问题，当面对北坡石油开发与管道建设的紧迫性时，终于开始步入正式解决之道。

第二节　阿拉斯加原住民土地权索赔争议

1971 年的《阿拉斯加原住民土地赔偿安置法》解决了大约 55000 名阿拉斯加原住民的土地权问题，从而促进了北坡油田的开

---

① United States, Senate, Committee on Interior and Insular Affairs, *Alaska Native Land Claims: Hearings on S. 2906, A Bill to Authorize the Secretary of the Interior to Grant Certain Lands to Alaska Natives, Settle Alaska Native Land Claims, and for other Purposes and S. 1964, S. 2690, and S. 2020 Related Bills*, 90th Cong., 2ed sess., 1968.

发，并奠定了美国历史上最大的环境保护的基础。该法为原住民提供了4000万英亩的土地，以及9.625亿美元的土地权清除赔偿，同时还保留了8000万英亩的土地，以供日后建设国家公园、野生动植物保护区和荒野地区，且这些保留优先于阿拉斯加州和原住民的土地选择。[①]

一 原住民的土地权索赔运动

1970年1月1日，国家环境政策法生效，跨阿拉斯加管道将面临更为严格的环境审查。[②] 1970年1月，希克尔批准了从育空河到普鲁德霍湾的390英里的公路建设，并于1970年3月发布了8页的环境影响报告，声称工程建设不会引发环境危险。这就相当于批准了北坡石油开发与管道建设项目。然而，1970年1月，一些原先签署了放弃土地权的原住民村庄因石油财团违反合同而对其提起诉讼，因为他们并未雇用原住民承包商。1970年3月9日，五个村庄的原住民向联邦地方法院提起诉讼，试图禁止希克尔部长在不向原住民承包商提供任何工作的情况下，颁发进一步的工程许可证。斯蒂芬斯村（Stephens Village）要求保护拟建管道的土地中的19.8英里，法院接受他们的诉讼，并授予管道建设临时禁令，并敦促双方达成庭外和解。[③]

原住民的土地索赔运动还得到了环保组织和环保人士的配合。环保组织将原住民土地权索赔与自己的环保诉求结合在一起，对石油财团发起攻击。1970年3月26日，“地球之友”、荒野协会和环境保护基金会这三个环保组织对内政部提起诉讼，指控其授予石油

---

① Alaska Native Claims Settlement Act, *Pub. L.* No. 92-203, 85 Stat. 688, (1971) [codified at 43 U.S.C. § 1610 (1994)].

② National Environmental Policy Act of 1969, 42 U.S.C. § § 4321-4370 (1994).

③ Mary Clay Berry, *The Alaska Pipeline: The Politics of Oil and Native Land Claims*, Bloomington: Indiana University Press, 1975, pp. 117-118.

财团的通行权许可违反了 1920 年《矿物租赁法》的通行权宽度[①]；也违反了《国家环境政策法》要求，没有提供合理的环境影响报告。1970 年 4 月 14 日，美国哥伦比亚特区地方法院的乔治·哈特（George Hart）法官裁定，由于道路是管道工程的“不可分割的一部分”，因此必须根据《国家环境政策法》准备一份涵盖全工程的环境影响报告。同时，法院发布了对整个项目的初步禁令。[②]北坡石油开发与管道建设现在处于暂停状态，等待着众多法律纠纷的解决。

1970 年 8 月，阿列斯卡管道服务公司（Alyeska Pipeline Service Company）成立，终结了管道开发集团松散无力的组织结构。面对阻碍管道建设的技术问题、土地问题以及已经提上日程的荒野保护问题，阿列斯卡首先着手解决的是原住民土地权索赔问题。阿列斯卡的主席声称，原住民土地权赔偿安置法案是阿拉斯加管道建设的前提，石油工业开始敦促国会积极解决这一问题。阿州人也倾向于解决原住民土地权问题，在 1970 年的选举中，他们选出了支持原住民土地权索赔的威廉·伊根作为州长。同时，有同样想法的民主党人尼克·贝吉奇（Nick Begich）当选为国会众议员。阿拉斯加原住民的土地权索赔问题终于提上日程。

聚集到华盛顿的原住民土地权赔偿解决方案有很多个版本。其中最慷慨的是阿拉斯加原住民联合会提出的：它要求 4000 万英亩的土地赠予、5 亿美元的现金补偿以及 2%的矿产租赁使用费。与之相对应的是阿拉斯加州及其商会提出的最为吝啬的解决方案：1000 万英亩的土地赠予、联邦政府支付的公平合适的现金补偿以及州支付的 5 亿美元现金补偿，但是没有矿产租赁费的赠予。在阿拉斯加原住民联合会和阿拉斯加州这两个极端要求之间，还有几个折中方案，但是大都偏向阿拉斯加州的解决方案。[③]

---

① 《矿产租赁法》第 28 条规定，涉及矿业开发的管道占地每侧不得超出 50 英尺。

② Wilderness Society v. Hickel，325 F. Supp. 422，D. D. C. 1970.

③ Craig W. Allin，*The Politics of Wilderness Preservation*，Westport，Conn.：Greenwood Press，1982，pp. 211-212.

早在1969年8月，众议院内务委员会就在华盛顿特区举行了关于原住民土地权赔偿的H. 10193和H. 13142法案的听证会。1969年10月，它继续在阿拉斯加举行了关于H. 10193，H. 13142和H. 14212法案的听证会。美国国会议员詹姆斯·海莉（James A. Haley）主持听证会，几个环保组织出面作证。塞拉俱乐部认为，原住民土地的赠予应该发给村庄而不是个人，并且应由内政部部长以信托方式托管，以防止土地被卖予非原住民。全国野生动物联合会要求，每个村庄的土地赠予不得超过50000英亩，或总面积不得超过250万英亩。他们主张只授予原住民狩猎、捕鱼和诱捕等生存权（即非商业权）。①

当海莉的听证会在阿拉斯加州举行时，阿拉斯加州进行了著名的1969年石油租赁交易。在这个交易中，该州获得9亿美元的竞标奖金，引起世人的关注，被时代周刊誉为“史上最贵拍卖”。② 紧随其后的，是由爱德华·肯尼迪（Edward M. Kennedy）主持的参议院印第安教育小组委员会（Senate Indian Education Subcommittee）对阿拉斯加热热闹闹的高调访问。因此，海莉的听证会根本没有引起相关人士的重视，这令这位国会议员极为愤怒。当参议院通过S. 1830法案，公众开始瞩目众议院举动时，海莉拒绝与游说者会面，且拒绝决定其委员会对法案进行表决的日程表。③

与众议院的推迟不同，参议院内务委员会主席杰克逊要求阿拉斯加联邦土地发展规划委员会（Federal Field Committee for Development Planning in Alaska）尽快准备一份研究报告，提供阿拉

---

① United States, House of Representatives, Subcommittee on Indian Affairs of the Committee on Interior and Insular Affairs, *Alaska Natives Claims*: *Hearings on H. R. 13142*, *H. R. 10193*, *and H. R. 14212*, *Bills to Provide for the Settlement of Certain Land Claims of Alaska Natives*, *and for Other Purposes*, 91st Cong., 1st sess., 1969.

② “Richest Action in History”, *Times*, Vol. 94, No. 19, September, 1969, p. 54.

③ Mary Clay Berry, *The Alaska Pipeline*: *The Politics of Oil and Native Land Claims*, Bloomington: Indiana University Press, 1975, pp. 83-84.

斯加土地规划的必要信息，并起草解决草案。1970 年 6 月，参议院内务委员会提交了解决法案 S. 1830，法案规定：12 年内向阿拉斯加原住民支付 1000 万英亩土地和 5 亿美元现金，以及 2%的矿产租赁使用费；但是矿产租赁使用费不是永久的，其总额不能超过 5 亿美元——这远远达不到阿拉斯加原住民联合会的需求。参议员弗雷德·哈里斯（Fred Harris）努力到最后一刻，将土地所有权规定增加到了原住民要求的 4000 万英亩。然而他的土地修正案以 71 票对 13 票被否决。原住民公平地实现土地占有和定居的希望非常渺茫，阿拉斯加原住民联合会的法律顾问、前司法部部长拉姆西·克拉克（Ramsey Clark）建议原住民接受参议院的法案。①

但是，原住民拒绝放弃，他们抓住了主动权，积极游说以解决土地问题。阿拉斯加原住民联合会副主席约翰·伯布里奇（John Borbridge）表示，土地规定的不足无疑将对阿拉斯加原住民的未来产生重大影响，“在这个开明的时代，赔偿的不足是对本就享有土地的原住民的冒犯，他们对土地的依赖和使用是持续至未来的事情，而不是过去的事情。”② 1970 年 9 月，印第安人赢得了首次立法胜利，当时众议院内务委员会在非公开会议上同意一项条款，该条款将授予印第安人 4000 万英亩的土地所有权。③ 但是，委员会未能报告一项法案，因此该问题留给下一届国会审议。这种延误使原住民有机会发起一场更为强大的土地权索赔运动，以在众议院内务委员会上取得胜利为基础，推翻不利的参议院法案，并说服尼克松政府支持原住民的立场。

---

① Richard S. Jones, “Alaska Native Claims Settlement Act of 1971: History and Analysis Together with Subsequent Amendments,” Report No. 81-127 GOV., June, 1981.

② “Claims Fill Disappointing: Strong General Note of Dissatisfaction on Latest Claims Bill” By Susan Taylor, Staff Writer, *Tundra Times*, May 20, 1970, p. 1, http://www.alaskool.org/projects/ancsa/ARTICLES/tundra_times/TT21_Bill_Disappoints.htm. 2020 年 6 月 20 日。

③ Richard S. Jones, “Alaska Native Claims Settlement Act of 1971: History and Analysis Together with Subsequent Amendments,” Report No. 81-127 GOV., June, 1981.

1970年11月，罗杰斯·莫顿（Rogers Morton）接替希克尔成为内政部部长。1971年2月，莫顿在与国会的第一次会晤中表示，他认为原住民的土地定量应比所考虑的两个法案中的任何一个都要小得多，并且任何其他土地保留，包括石油开发用地或原住民土地权索赔，都要在内政部完成对整个州的土地使用规划后才可以进行。莫顿还表示，内政部已确定要撤出“某些地区”作为国家公园或荒野地区。事实证明，内政部政策的这些重大变化预示了即将发生的环境保护的保留争议。但是，4月提出的内政部法案 S. 1571 并未反映出莫顿的激进建议。该法案向原住民授予4000万英亩土地，在每个村庄附近保留25个乡镇，可以在5年间进行土地选择。①

1971年2月，弗雷德·哈里斯（Fred Harris）参议员和爱德华·肯尼迪（Edward M. Kennedy）参议员提出了由原住民发起的立法，将土地赔偿增加到6000万英亩。该法案由23位众议院议员陪同发起，包括阿拉斯加众议员贝吉奇。到3月底，原住民在参议院获得了足够的选票，但也引起了阿拉斯加州政府的强烈反对。② 1971年4月，尼克松总统会见了阿拉斯加原住民联合会主席唐·赖特（Don Wright），并公开宣布自己支持土地索赔立法，给予原住民4000万英亩土地，从而确保了原住民在参议院的胜利。③

众议院和参议院内务委员会在1971年的整个春季和夏季都在努力，以制定他们审议过的最复杂的法律之一。1971年9月28日，众议院内务委员会通过口头投票提交了解决法案 H. 10367。它提供了

① “The Nixon Claims Bill Introduced”, *Anchorage Daily News*, April 7, 1971, p. 1, http: //www. alaskool. org/projects/ancsa/ARTICLES/ADN/NixonBill _ Introduced. htm. 2020年6月20日。

② “Natives Grab the Ball”, *Fairbanks Daily News-Miner*, April 7, 1971, http: //www. alaskool. org/projects/ancsa/ARTICLES/News-Miner/Natives_ Grab_ Ball. htm. 2020年6月20日。

③ “Don Wright Meets President: Nixon Sends Lands Bill Proposal to Congress” *Tundra Times*, April 7, 1971, p. 1, http: //www. alaskool. org/projects/ancsa/ARTICLES/tundra _ times/TT25_ DWright_ Meets_ Pres. htm. 2020年6月20日。

4000 万英亩的土地，并提供了 9.25 亿美元的现金赔偿，其中 5 亿美元来自州。委员会拒绝了国会议员莫里斯·尤德尔（Morris Udall）和约翰·塞勒（John Saylor）提出的具有环保倾向的修正案，该修正案要求给予内政部部长权利，从阿拉斯加的州选方案和管道建设方案中保留公共土地，将其用于国家公园系统的建设。委员会的报告指出，尚未就土地利用规划问题举行听证会，并且委员会裁定该修正案与法案内容无关，故而拒绝了该法案。ANF 也竭力反对这一修正案，认为是对他们获得理想中土地的一种威胁。[①] 但是委员会确实也考虑了环保主义者的要求，通过了国会议员约翰·基尔（John Kyl）的修正案，授权内政部部长防止采矿和矿物租赁下的私人保留，要求继续冻结土地，直到制定出全面土地使用规划方案。但是基尔的修正案并不妨碍州选土地和原住民土地权索赔。[②]

1971 年 10 月 21 日，参议院内务委员会一致报告了解决法案 S. 35，该法案的土地授予部分包含两个方案。方案 A 授予原住民 4000 万英亩的土地，但将授予权限制在与其村庄相邻的土地上。方案 B 授予原住民 2000 万英亩的村庄相邻土地，外加 1000 万英亩该州其他任何地方的可经济开发的土地。S. 35 建议了 10 亿美元的金钱赔偿，还允许内政部部长保留管线走廊的土地［第 24 条的（b）（3）节］，以及可能将其纳入国家公园或野生动物保护区系统的土地［第 24 条的（c）（4）节］。报告解释说：“在阿拉斯加，仍然有机会腾出一部分公共土地，供今世与后代免费享用。”[③]

这样一来，众议院和参议院的内务委员会提交了类似的法案。在这两份法案中，原住民土地授予最多为 4000 万英亩，现金赔偿约

---

① Daniel Nelson, *Northern Landscapes: The Struggle for Wilderness Alaska*, Washington, D.C.: Resources for the Future Press, 2004, p. 105.

② Mary Clay Berry, *The Alaska Pipeline: The Politics of Oil and Native Land Claims*, Bloomington: Indiana University Press, 1975, p. 185.

③ United States, Senate, Committee on Interior and Insular Affairs, *Hearings*, *Alaska Native Land Claims: on S. 35 and S. 835...* 92st Cong., 1st sess., 1971.

为10亿美元。在众议院，内务委员会明确拒绝了尤德尔—塞勒修正案；而在参议院，相关法案却包含保护区保留等内容。因此，两院在土地和现金赔偿方面接近达成协议，但在环保保留方面却未达成一致。

二 环保组织的土地保留运动

在参众两院激烈辩论原住民的土地和现金赔偿时，阿拉斯加的保护问题并没有得到太多的关切。虽然参议院法案的第24条的（c）（4）节规定，内政部部长可以选择他认为需要保护的土地，推荐给国会立法保留，但是选地时间只有3年，立法时间只有2年；然而，国会在2年内解决如此复杂的问题显然是不可能的。另外，第24条的（c）（4）节规定内政部部长选地不能妨碍州选土地，这无疑是对荒野保护最大的威胁。[①] 一旦原住民土地权赔偿法案颁发，土地冻结就将结束。那么阿拉斯加的土地将面临完全不同的局面，即从全面冻结转而成为全面开发。保护主义者对由此可能出现的转变有两点担心：首先，阿拉斯加的土地所有权将成为联邦、原住民、州政府和私人控制的无秩序的大杂烩，并阻碍建立国家公园或者国家保护区；其次，管道建设势在必行，必然会破坏荒野。最终，环保主义者决定，原住民土地索赔法案必须附加严格的土地使用规划条款，并且还应该保留一定的土地给当代和下一代的美国人民。[②] 到这个时候，环保主义者已经由原住民土地权索赔的联盟者，变成了对立面。

在尤德尔—塞勒提案在众议院审议失败后，环保主义者转向众议院决议和白宫。1971年9月30日，在众议院内务委员会报告H. 10367法案的两天后，11个环境组织和美国国家步枪协会（National Rifle Association of America）向尼克松总统致信，指出众议

① United States, Senate, Committee on Interior and Insular Affairs, *Hearings*, *Alaska Native Land Claims*: *on S. 35 and S. 835*. 92st Cong., 1st sess., 1971.

② Craig W. Allin, *The Politics of Wilderness Preservation*, Westport, Conn.: Greenwood Press, 1982, p. 214.

院内务委员会已对“投机者和剥削者”的游说做出了回应，后者将利用原住民土地权索赔法案来“对美国最后的边疆进行无节制的开发”[①]。1971 年 10 月 19 日，关于 H. 10367 的众议院辩论决议开始，首先着手解决的就是尤德尔—塞勒修正案。该修正案指示内政部部长保留 1.26 亿英亩的土地，其中已经指定了 7600 万英亩，其他的 5000 万英亩由内政部长自行决定。土地保留将优先于除原住民村庄土地选择之外的所有土地选择，即优先于 2200 万英亩的州土地选择和原住民其他土地选择。修正案的反对者辩称，该修正案与辩论的法案无关。在早些时候，塞勒就反对修正案与原住民土地权索赔无关的说法。塞勒认为原住民土地权索赔不只是解决原住民土地权的方案，还是一个打开阿拉斯加的法案，“它是一系列行动的第一步，这些行动将严重影响阿拉斯加乃至美国将来的经济、社会和政治发展。”[②] 虽然环保人士积极运作，但是众议院还是拒绝了尤德尔—塞勒修正案。众议院于 1971 年 10 月 20 日以 334 票对 63 票的投票通过了 H. 10367。

在众议院失败后，环保组织和环保人士又转向参议院。国家公园管理局和环保组织的领导人积极游说与该项目相关的参议员，特别锁定了来自内华达州的参议员艾伦·百博（Alan Bible）。百博是参议院公园与休闲小组委员会主席，认同环境保护理念。1971 年夏天，国家公园管理局局长乔治·哈佐格（George Hartzog）邀请百博进行一次阿拉斯加之旅，让特别关注阿拉斯加保护的塞拉俱乐部主席埃德加·韦伯恩陪同。他们坐着私人飞机欣赏了阿拉斯加的美景，百博被荒野景观吸引，也看到了苔原疤痕——希克尔公路对环境的

---

① United States, Congressional Serial Set. DOC 12932 - 4, 92st Cong., 1st sess., 1971. 11 个环境组织包括阿拉斯加行动委员会、自然资源公民委员会、野生动物保护联盟，环境行动，“地球之友”，全国野生动物联盟，塞拉俱乐部，鳟鱼联盟，荒野协会，野生动物管理研究所和人口零增长协会。

② United States, Congressional Serial Set. DOC 12932 - 4, 92st Cong., 1st sess., 1971.

破坏，保护人士趁机向百博推荐了阿拉斯加若干处特别需要保护的地区。[①] 到秋季时，韦伯恩又去华盛顿游说他的老朋友——参议院内政部部长杰克逊，要求他在给原住民那么大面积的土地权赔偿的时候，也要“给剩下的美国人一些补偿”。韦伯恩提出了保留 1.5 亿英亩作为国家公园或保护区，杰克逊则还价到 8000 万英亩，并答应让参议员百博提起对《阿拉斯加原住民土地赔偿安置法》的修正案。[②]

1971 年 11 月 1 日，参议院法案进入辩论决议环节，环保主义者的游说效果显著。参议员百博提出，全国大多数环保组织对该法案保留的部分公共土地提出了保护请求。他提出了一项“理由正当且毫无争议”修正案，对立法进行了重大的修改。百博的修正案要求修改土地选择的先后顺序，内政部部长推荐土地保留的行动，应该优先于州选土地和原住民土地赔偿。如果推荐保留的土地与州选或者原住民赔偿土地冲突，则允许州和原住民选择其他土地；如果国会没能在 5 年内完成土地保留，则那些土地就失去保留性质，允许州和原住民选择。百博的修正案顺利通过了，这是国会第一次接受内政部部长的土地保留优于州选和原住民赔偿。然后，参议院以 76 票对 5 票投票通过了 H. 10367（H. 10367 代替 S. 35）。[③]

在原住民和环保主义者的共同施压下，两院给出了两个相近但是还有些许差异的法案版本。众议院版本授予原住民 4000 万英亩的土地，在村庄附近选择 1800 万英亩，并在州选后选择剩余的 2200 万英亩；同时不允许联邦政府进行土地保留和选择石油管道用地。参议院的版本给出两个选择，要么将 4000 万英亩限制在村庄附近的

---

① Edgar Wayburn, *Your Land and Mine*: *The Evolution of a Conservationist*, Sierra Club Books, San Francisco, 2004, pp. 228-231.

② Edgar Wayburn, “Sierra Club Statesman Leader of the Parks and Wilderness Movement: Gaining Protection for Alaska, the Redwoods, and Golden Gate Parklands,” an oral history conducted 1976-1981 by Ann Lage and Susan Schrepfer, Regional Oral History Office, The Bancroft Library, University of California, 1985, pp. 408-409.

③ United States, Congressional Serial Set. DOC 12932-4, 92st Cong., 1st sess., 1971.

土地上，要么将2000万英亩限制在村庄附近的土地上，再加上1000万英亩的其他地方，且所有的选择都优于州选；同时还允许联邦政府在州和原住民土地选择前，优先进行土地保留（期限五年）和选择管道用地。

12月13日，众议院与参议院联合会议召开。会议委员会的成员包括参议员杰克逊、格雷夫、史蒂文斯和百博，以及众议员阿斯皮纳尔、海莉、塞勒、尤德尔、基尔、梅德斯（Meeds）和贝吉奇，他们分别代表了不同的利益集团。经过各方代表的争辩、抱怨、争吵，乃至威胁，会议作出了最终决议。关于原住民土地权赔偿问题，会议委员会允许原住民选择4000万英亩的土地，但只能将选择范围限制在每个村庄周围的25个乡镇；关于环保问题，会议委员会允许内政部部长从州保留最多8000万英亩的土地，包括已经被指定为可用于国家公园或野生动植物保护区的7600万英亩土地。会议委员会还通过了一项条款，允许内政部部长在原住民选地和州选地之前先将土地保留，用于石油管道建设。1971年12月14日，会议委员会的法案发表。

在参政两院通过之后，法案被送至尼克松总统签名。1971年12月18日，尼克松总统正式签署了《阿拉斯加原住民土地赔偿安置法》，原住民土地权索赔问题终于得到了初步的解决。①

第三节　《阿拉斯加原住民土地赔偿安置法》的通过

在推迟了100年之后，《阿拉斯加原住民土地赔偿安置法》（以

① Richard Nixon, "Statement about an Alaska Natives' Claims Bill", April 6, 1971, in *Public Papers of the Presidents of the United States: Richard Nixon, 1971*, Washington, D. C.: U. S. Government Printing Office, 1972.

下简称《安置法》）终于解决了原住民土地权索赔问题。该法案令阿拉斯加原住民得到了一定的土地和金钱赔偿，但是同时消灭了原住民部落自治权利，并未解决原住民狩猎、捕鱼和采集等生存权利问题。在解决原住民土地权索赔问题的同时，阿拉斯加荒野保护和土地保留问题逐渐浮现出来。与反对石油管道建设同步，环保组织充分行动起来，在《安置法》中加入了环保条款，并奠定了美国历史上最大的环境保护的基础。

一　《安置法》的内容及缺陷

根据《安置法》，原住民获得了总计超过 4000 万英亩的土地所有权，该土地分为 220 个原住民村庄和 12 个地区公司；原住民还将获得 4.625 亿美元赔偿，由美国财政部拨款，在 11 年内完成支付，以及另外来自阿拉斯加特定土地的矿产收入，共计 5 亿美元。

土地赔偿方面：原住民将获得总计超过 4000 万英亩的土地，分配给约 220 个村庄公司、12 个地区公司以及部分原住民个人。首先，原住民村庄将仅获得每个村庄周围 25 个乡镇地区内的地表土地财产，约 1850 万英亩，按人口比例在所有村庄中分配；村庄将再获得阿拉斯加其他地区 350 万英亩的地表土地财产，由村庄公司根据公平原则分配给各个村庄：原住民村庄公司将获得总计 2200 万英亩土地。其次，12 个地区公司将获得 2200 万英亩的地下土地财产，并获得在村庄周围的 25 个乡镇地区选定的 1600 万英亩的土地。这些土地将根据每个地区的总面积（而不是人口），在 12 个地区公司中分配。最后，有大约 400 万英亩的地标土地财产分配给部分原住民个人，这些土地的地下财产分配给地区公司。[①]

金钱赔偿方面：在 11 年内，美国财政部将支付 4.625 亿美元给

① Robert D. Arnold, et al., *Alaska Native Land Claims*, Unit 5 The Alaska Native Claims Settlement Act: An Introduction, Chapter 21 Land and Money, 1978, http://www.alaskool.org/projects/ancsa/landclaims/LandClaims_Unit5_Ch21.htm. 2020 年 6 月 21 日。

原住民；另外，原住民还将从阿拉斯加矿产土地租赁中，再获得最高不超过 5 亿美元的赔偿。这些矿产土地包括此后的州选土地，或者除 4 号海军石油储备区以外的阿拉斯加其他土地，均由阿拉斯加州负责支付。①

组织形式方面：每个原住民村庄将被组织为营利性或非营利性公司，以取得对授予村庄土地的地表土地所有权，并接收和管理一部分金钱赔偿；另将组建 12 个地区公司，以取得对授予村庄土地的地下土地所有权，并对在地区公司之间分配的额外土地拥有全权；非阿拉斯加永久居民的原住民可以根据需要组建第 13 家地区公司，按比例获得一定现金赔偿，但不会获得土地赔偿，也不会分享其他地区公司的矿产收入。②

土地规划和保护方面：首先，建立了联邦—州土地使用规划联合委员会，规划委员会没有监管或执行职能，只具有重要的咨询职责。其次，规定内政部部长有权保留他认为合适的土地，纳入四大国家保护系统③，并在授予原住民的土地上保留适当的公共出入和娱乐场所用地，以确保保护更大的公共利益。最后，所有有效的现有权利均受到保护，4 号海军石油储备区和野生动植物保护区的地下产业不可选择，但是地区公司可以选择这些地区以外等量土地的地下产业作为补偿，国家森林保护区中的选地份额也相应地受到

---

① Robert D. Arnold, et al., *Alaska Native Land Claims*, Unit 5 The Alaska Native Claims Settlement Act: An Introduction, Chapter 21 Land and Money, 1978, http://www.alaskool.org/projects/ancsa/landclaims/LandClaims_Unit5_Ch21.htm. 2020 年 6 月 21 日。

② Robert D. Arnold, et al., *Alaska Native Land Claims*, Unit 5 The Alaska Native Claims Settlement Act: An Introduction, Chapter 23 Alaska Native Corporations, 1978, http://www.alaskool.org/projects/ancsa/landclaims/LandClaims_Unit5_Ch23.htm. 2020 年 6 月 21 日。

③ 四大国家保护系统是指国家公园、国家森林、国家保护区，以及野生和风景秀丽的河流。

限制。①

根据《安置法》，原住民收到的土地数量和金钱赔偿被认为是有利的，但它也有非常大的缺陷：即没有提供原住民自治权，继而不能完全保护原住民的狩猎、捕鱼和采集等生存权利。在 1967 年提出的，解决原住民土地权要求的第一批法案中，没有提及公司模式。这些法案提出将通过“部落、团体、村庄、社区、协会或爱斯基摩人、印第安人和阿留特人的其他可识别团体”解决索赔。但是，从 1968 年的原住民土地索赔工作组法案开始，提议了商业公司作为进行和解的手段，此后便被完全接受。② 尽管在《安置法》的筹备过程中从未讨论过对部落权力的消除，但事实证明这是该法案的一个重大缺陷。

造成这种情况出现的原因有三个。首先，大部分原住民村庄在偏远地区，并相对较少有非原住民人生存，故而没有考虑到土地索赔后的自治权问题。正如 1968 年原住民土地权赔偿工作组主席亨斯利所解释的：

> 我们的重点是土地。土地是我们的未来，是我们的生存。在我所在的地区，我们想要的只是控制我们的空间，这样我们就可以在其中生活、狩猎和捕鱼，并以自己的步伐进入 20 世纪。我们的重点是土地而不是结构。管理土地的工具不是我们的重点……我们谁也没有想到会失去部落结构。我们从未想到部落管理不再继续。③

---

① Richard S. Jones, “Alaska Native Claims Settlement Act of 1971: History and Analysis Together with Subsequent Amendments,” Report No. 81-127 GOV., June, 1981.

② Robert D. Arnold, et al., *Alaska Native Land Claims*, Unit 5 The Alaska Native Claims Settlement Act: An Introduction, Chapter 22 The Corporation as Vehicle, 1978, http://www.alaskool.org/projects/ancsa/landclaims/LandClaims_ Unit5_ Ch22.htm. 2020 年 6 月 21 日。

③ Thomas R. Berger, *Village Journey: The Report of the Alaska Native Review Commission*, Hill & Wang, 1985, pp. 238-239.

其次，联邦政策倾向于取消原住民的保护区和部落自治制度。参议员杰克逊是《安置法》发展的关键人物，他“反感印第安人的一般保护区，特别是阿拉斯加的保护区”①。最后，阿拉斯加原住民联合会也倾向于用公司形式进行结算。1971 年，联合会在国会通过《安置法》之前举行了最后一次会议，主题是“在白人社会中，我们需要白人的工具”②。

最后，法院判决对原住民部落自治管理的打击也很大。《安置法》没有提及阿拉斯加原住民部落行使的自治权力是否继续保留的问题，因此许多人认为这些权力将继续存在，在联邦法律中通常是这样的。但是，最高法院在阿拉斯加诉韦尼蒂村（Alaska v. Native Village of Venetie）一案中裁定，根据《安置法》移交给原住民公司的土地不是自治保护区，因此判决其不是受部落管辖的领土，这个判决对阿拉斯加的部落权力存续造成了重大打击。③

《安置法》也没有在赔偿土地上保护原住民狩猎、捕鱼和采集权的规定，而它们对原住民维持生计至关重要。尽管先前的法律版本提供了一些保护，但是当参议院和众议院无法就保护方式达成一致时，所有保护措施都被撤销了，会议报告只表达了一种信念，即内政部部长的“现有撤出土地权力的实行”可以“保护原住民的生存需求和要求……会议委员会希望内政部部长和州双方采取必要的行动来保护原住民的生存需求。”④很明显，州和联邦机构几乎没有为原住民的狩猎和捕鱼权做出任何规定。

---

① Felix S. *Cohen's Handbook of Federal Indian Law*, Nell J. Newton ed., LexisNexis, 2005, p. 238.

② Robert D. Arnold, et al., *Alaska Native Land Claims*, Unit 5 The Alaska Native Claims Settlement Act: An Introduction, Chapter 22 The Corporation as Vehicle, 1978, http://www.alaskool.org/projects/ancsa/landclaims/LandClaims_ Unit5_ Ch22. htm. 2020 年 6 月 21 日。

③ Alaska v. Native Village of Venetie Trible Government, 522 U. S. at 520 (1998).

④ Alaska Native Claims Settlement Act, Pub. L. No. 92-203, 85 Stat. 688, (1971) [codified at 43 U. S. C. § 1610 (1994)].

综上所述，《安置法》更类似一项财产权解决方案，根本没有明确提及自治权问题。[①] 尽管它解决了原住民的土地权索赔要求，但任何时候都没有明确考虑部落主权的问题；事实证明，恢复原住民狩猎、捕鱼和采集权的法律规定也严重不足，只能靠后期法律再来弥补这种缺陷，并逐步恢复这两个领域的原住民权利，以实现公正与公平的要求。

二　《安置法》的环保条款

在北坡石油开发与管道建设争议中，环保组织一开始联合原住民反对石油管道建设的土地应用，进而反对石油开发；而在运动的后期，环保组织的环保倾向逐渐与原住民的利益诉求相悖，担心原住民土地权赔偿会将更多的公共土地变为私有，而不能加以保护。经过一系列游说和运动，环保组织成功地在《安置法》中包含了一定的环保条款，为阿拉斯加的荒野保护奠定了基础。

参议院法案的第 24 条成为了《安置法》的第 17 条，对它的解释将决定阿拉斯加环境保护的未来。第 17 条的（d）（1）节终止了尤德尔的土地冻结，取而代之的是 90 天的立法冻结。在这段时间内，内政部部长可以对其认为有保护价值的土地实行保留。这种土地保留不包括原住民村庄周围的土地，但是可以包括阿拉斯加州其他地区的州选土地和原住民赔偿土地。[②]

第 17 条的（d）（2）节的 A 段规定，内政部部长可以保留 8000 英亩土地，用来增加国家公园、森林、野生动物保护区以及风景秀丽的河流系统。在内政部部长保留的土地范围内，阿拉斯加州和原住民都不能再进行选地。B 段规定，内政部部长需要在 9 个月内完成土地保留，并规定没有来得及保留的土地可以允许阿拉斯加州和

---

① Robert Anderson, "Alaska Native Rights, Statehood, and Unfinished Business", *Tulsa Law Review*, Vol. 43, No. 17, 2013, pp. 17-41.

② Richard S. Jones, "Alaska Native Claims Settlement Act of 1971: History and Analysis Together with Subsequent Amendments," Report No. 81-127 GOV., June, 1981.

原住民进行选择。这一条规定确切地表明，内政部部长的土地保留优先于州选和原住民赔偿。C段规定内政部部长向国会推荐需要保留的土地，并保证保留但没有推荐的土地依然允许州选或其他用途。D段规定，国会需要在5年内处理内政部部长的推荐，并保证保留但没有推荐的土地在2年后重新成为可选地。最后一段称，阿拉斯加州和原住民可以选择任意土地，但是国会一旦决定将这块土地保留为环境保护用地，那么阿拉斯加州和原住民则要放弃这一选择，再选择其他土地来代替。①

阿拉斯加州的开发势力警醒地解读道，《安置法》第17条的意图是给予内政部部长多于8000英亩的可选保留地。因为（d）（2）节的语言表述明确了不高于8000英亩的土地保留，但是（d）（1）节的语言却不明确，似乎意味着可以保留更多的土地。

对阿拉斯加参议员史蒂文斯而言，这个结果真是匪夷所思：

> 在联合会议上，有三个来自阿拉斯加的国会议员，主持会议的是科罗拉多州的众议院内务委员会主席阿斯皮纳尔先生，并且他是反对尤德尔—塞勒提案的。如何能让人相信，在这些人参加的会议上，竟然会通过这样一个法律？②

史蒂文斯对联合会议的深层蕴意的质疑是敏锐的，很难相信会议会通过一个没有明确保留限制的（d）（1）节。一些环保主义者也发现了这一疏漏，敦促内政部长尽快根据（d）（1）节选择5000英亩土地，根据（d）（2）节选择8000英亩土地。然而，阿拉斯加州的动作更快。他们迅速行动起来，选择了剩余未选之地。他们声称，《安置法》赋予他们可以立即选地的权利，根据（d）（1）节实

① Richard S. Jones, "Alaska Native Claims Settlement Act of 1971: History and Analysis Together with Subsequent Amendments," Report No. 81-127 GOV., June, 1981.

② United States, Congressional Serial Set. DOC 12979-2, 93st Cong., 2ed sess., 1972.

行的土地冻结，也没有阻止州选土地。他们的说辞显然有待商榷，因为（d）（2）节的B段明确规定“内政部部长……没有来得及保留的土地可以允许阿拉斯加州和原住民进行选择”，因此州选土地是有限制的，且要在内政部部长保留土地之后进行。然而，阿拉斯加州的敏感意识和迅速行动，无疑让他们占得了先机。

1971年《安置法》的通过，是自1867年以来阿拉斯加原住民历史上最重要的事件。从阿拉斯加州和石油公司的角度来讲，该法无疑也是一个巨大的成功。它明确解决了原住民对阿拉斯加土地所有权的要求，以及过去基于所有权被侵害而提出的所有要求；而原住民要求的解决，为北坡石油开发与管道建设铺平了道路。同时，该法还规定内政部部长要为石油管道建设保留土地，且阿拉斯加州和原住民土地选择都要让位于此。

当原住民土地权利赔偿不再是石油管道建设的阻碍时，环保组织和环保人士却将继续与开发活动战斗。通过《安置法》第17条（d）节，他们可以对适于填充国家保护系统的土地进行优先保留。接下来的任务，就是在此基础上继续保护“最后的边疆”阿拉斯加，继续反对北坡石油开发与管道建设。他们的力量是强大而有组织的，他们的抗议是合理而不容置疑的，而他们的策略也是适应形势而逐渐改善和发展的。

第四章

环境保护：北坡石油开发与管道建设争议的深入

阿拉斯加的野生动植物和荒野环境，自20世纪以来就受到环保主义者的广泛关注。当北坡发现石油，以及修建石油管道提上日程后，环保主义者对阿拉斯加环境的关注持续上升，环保争议贯穿石油开发和管道建设争议的始终。在这一过程中，环保组织注重在不同阶段联合不同的利益同盟者。最开始，他们与国家地质勘探局的地质学家站在一起，质疑石油管道的技术缺陷，环境问题表现为技术问题；随后，他们又与原住民一起，对内政部规划提起诉讼，通过土地问题阻止项目的进行，并为国家公园、国家森林等保护系统保留了大面积土地。当技术问题和土地问题得到一定程度的解决后，环保组织的抗议依然没有结束，他们坚持保护驯鹿和北美荒野，并联合新的同盟——阿拉斯加渔业集团，一起反对石油开发与管道建设。最后，面对强大的石油开发势力，环保主义者适当地调整环保策略——提出了加拿大替代线路。在这场波澜壮阔的环保运动中，全国性的环保组织和阿拉斯加当地的环保组织，不断完善自身结构，坚定自己的环保宗旨和信念，游说和联合各方同盟，根据形势变化不断调整环保策略，坚持斗争，不懈奋战，使北坡石油开发和管道建设成为环境价值纳入重大开发项目的先例。

第一节　阿拉斯加的环境保护势力

20世纪60年代以来，阿拉斯加的荒野日益进入环保主义者视线，越来越多的环保组织开始重视阿拉斯加的环境保护运动。而阿拉斯加当地的环保组织具有“只关注阿拉斯加”的缺陷，缺乏全国性环保组织的广阔视野。因此，全国性的环保组织开始融入阿拉斯加当地组织，先是各自着手建立阿拉斯加分部，随后发展成立了阿拉斯加环保联盟，共同保护阿拉斯加珍贵的荒野环境。

一　环境保护组织的建立

1960年，阿拉斯加成立了自己的环保组织——阿拉斯加环境保护协会，为阿拉斯加环境保护事业提供有组织、有系统的指导和运作。20世纪60年代，环保协会无疑是阿拉斯加当地最重要的环保组织，领导阿拉斯加人反对战车计划、兰帕特大坝等大型项目，取得了卓越的环保成绩。随着它及其附属机构在阿拉斯加东南部的扩散，它也涉入了与林业局的环保战斗中。然而进入20世纪70年代以来，面对北坡石油开发带来的严峻环境危害，它却逐渐失去了自己的领导地位。

阿拉斯加环境保护协会的问题既源于心理情感，也源于组织结构。一方面，环保协会一直有意识或无意识地秉持着“只关注阿拉斯加”（Alaska-only Focus）的处事原则和行事模式，缺乏全国意识是它一直被人诟病的地方。[1] 这可能是因为阿拉斯加独特的地理位置和气候条件，使其和下48州的疏离感很强。不管是州开发者还是州保护者，他们都信仰州权，认为阿拉斯加是独一无二的。他们都讨

---

① Daniel Nelson, *Northern Landscapes: The Struggle for Wilderness Alaska*, Washington, D.C.: Resources for the Future Press, 2004, p. 78.

厌“外来人”，尤其讨厌被“外来人”指示着行动。而遗憾的是，阿拉斯加大部分，也可能是全部的勘探和开发都是“外来人”做的。对北坡石油而言，它更是由来自全世界各地的跨国公司进行开发的。因此，“只关注阿拉斯加”的环保协会在这一争议中基本上就没有什么建树了。

另一方面，阿拉斯加当地保护组织的领导人和成员，还会受到来自阿拉斯加当地势力的压力。他们有的任职于当地的政府，有的任职于当地的大学，态度强硬地提倡环保，会令他们的职业和生活受到威胁。① 因此，环保协会的成员在关键时刻总是犹豫不决，比如在希克尔公路问题上，他们私下里对希克尔州长非常不满，公共场合却表现得非常谨慎。环保协会主席罗伯特·韦登解释说，州政府给土地管理局施加压力，土地管理局又告诫他不要攻击公路建设。他私人向希克尔提出了抗议，但是并没有得到什么回复。② 总而言之，环保协会总是在关键时刻游移不定，并缺乏开阔的环保视野。面对石油管道斗争时，更显得力不从心。

与此同时，随着美国经济发展以及中产阶级团体的兴起，阿拉斯加也像美国其他州一样，出现了一批新的年轻环保主义者。他们大都经过大学教育，虽然不是科学家，但是也有一定的专业技能，并注重较高的生活品质。在阿拉斯加，他们不再任职于矿业、林业等传统行业，而是成为律师、医生、老师或者政府官员。这些年轻人也想发展阿拉斯加经济，但是对开发者的资源兴州计划没有兴趣，而认为旅游业是一个可以得到丰厚回报的不错选择。因此，他们也

① Edgar Wayburn, "Sierra Club Statesman Leader of the Parks and Wilderness Movement: Gaining Protection for Alaska, the Redwoods, and Golden Gate Parklands", an oral history conducted 1976-1981 by Ann Lage and Susan Schrepfer, Regional Oral History Office, *The Bancroft Library*, University of California, 1985, pp. 390-391.

② Daniel Nelson, *Northern Landscapes: The Struggle for Wilderness Alaska*, Washington, D. C.: Resources for the Future Press, 2004, p. 78.

注重阿拉斯加的环境保护，成为阿拉斯加环保主义的新鲜血液。[①]

阿拉斯加环保主义者的另一个显著特征是女性会员很多，并且在环保事业中发挥重要的作用。如西莉亚·亨特和弗吉尼亚·希尔·伍德建立了迪纳利夏令营，夏令营成为环保组织和环保人士的大本营；同时，她们俩还是环保协会里具有重要影响力的成员。在反对兰帕特大坝的运动中，西莉亚·亨特出马发表了工程建设危害生态环境的重要讲话，并最终挫败了大坝建设。在北极国家野生动物保护区的保护事业中，女性环保主义者布丽娜·凯塞尔（Brina Kessel）[②] 和玛格丽特·穆里（Margaret Murie）[③] 发挥了重要的作用。在阿拉斯加的环保主义者中，大概有1/3是女性，环保协会领导层的比例也是如此。[④]

新一代的环保主义者更倾向于将自己的环保活动融入国家环保行动之中。塞拉俱乐部、荒野协会和“地球之友”等全国性的环保组织，纷纷在阿拉斯加招募自己的会员。阿拉斯加的环保主义者也希望通过全国性的环保组织，在全国性或者国际性的保护运动中发声，借以增强阿拉斯加在华盛顿的影响力。1966年，朱诺成立了施特勒协会（Steller Society）。它们的最初目标是反对阿拉斯加的公路建设，防止公路建设干扰野生动物保护区的建立。在保护阿拉斯加湿地的斗争中，他们取得了一定的成功，并将注意

---

① Daniel Nelson, *Northern Landscapes: The Struggle for Wilderness Alaska*, Washington, D. C.: Resources for the Future Press, 2004, p. 79.

② 布丽娜·凯塞尔是阿拉斯加鸟类学家，阿拉斯加大学教授。她是一位真正的科学先驱，在阿拉斯加鸟类学领域做出了巨大的突破。布丽娜后来成为杰出的保护主义的生物学家，她与玛格丽特·穆里一起在布鲁克斯山脉工作，致力于北极国家野生动物保护区的保护事业。

③ 玛格丽特·穆里是美国博物学家、自然保护主义者和作家，是荒野协会主席奥劳斯·穆勒的妻子。她在建立北极国家野生动物保护区的运动中做出了杰出的贡献，并因此赢得了“保护运动的祖母”的美誉。

④ Daniel Nelson, *Northern Landscapes: The Struggle for Wilderness Alaska*, Washington, D. C.: Resources for the Future Press, 2004, p. 79.

力转向林业局的木材厂项目上。这个组织与当地的科学家和野生动物专家广泛联系，按道理应该成为阿拉斯加环境保护协会的朱诺分部；然而他们却选择成为塞拉俱乐部的朱诺分部，以追求全国性目标和政治影响力。

1967 年夏天，塞拉俱乐部主席韦伯恩和他的妻子佩吉·韦伯恩一起去阿拉斯加旅行，被阿拉斯加的景观深深折服，终其一生为保护这“最后的边疆”而奋斗。韦伯恩返回旧金山后，参加了塞拉俱乐部的董事会会议，并坚持要求将阿拉斯加列入俱乐部保护名单中。此后多年，他反复去阿拉斯加旅行，一直关注阿拉斯加保护问题，并为此做出了杰出的贡献。塞拉俱乐部的执行董事迈克尔·麦克洛斯基回忆说：“在整个保护过程中，他都是俱乐部不断前进的体现，以使保护活动保持高潮。他总是很能花钱，总是给我们的游说者打电话；总是向我们的董事会发出呼吁，要求提供更多的环保资金；总是向我们的编辑发出呼吁，要求在杂志上刊登更多文章，发布更多新闻通讯，投放更多的广告。从很多方面来说，他都是不满意的。他从不认为我们（为阿拉斯加）做得足够或花费足够。”① 他的妻子则写作了俱乐部出版的《阿拉斯加指南》。②

在韦伯恩的影响下，塞拉俱乐部在阿拉斯加迅速发展自己的势力。1967 年的旅行中，韦伯恩就鼓励安克雷奇的一小伙环保主义者，建立塞拉俱乐部的阿拉斯加分部。1968 年 9 月，分部正式成立，大部分会员都是来自安克雷奇。与此同时，阿拉斯加鱼类和野生猎物管理局的里奇·戈登（Rich Gordon）是韦伯恩在朱诺的得力干将。他主要负责塞拉俱乐部的朱诺小组，也在施特勒协会中发挥重要作用。到 1968 年年底，朱诺小组已经着手处理地区保护事务。戈登·

---

① Michael McCloskey, “Sierra Club Executive Director: The Evolving Club and the Environmental Movement, 1961 - 1981”, an oral history conducted in 1981 by Susan R. Schrepfer, *Sierra Club History Series*, Regional Oral History Office, *The Bancroft Library*, University of California, Berkeley, 1983, p. 193.

② Peggy Wayburn, *Adventuring in Alaska*, San Francisco: Sierra Club Books, 1982.

赖特（Gordon B. Wright）是塞拉俱乐部成员，并从威斯康星州迁居到费尔班克斯，后来成为阿拉斯加大学音乐系主任。1969 年，韦伯恩要求他建立塞拉俱乐部的费尔班克斯小组，他积极地响应。几个月后，他汇报："我们已经有 50 名成员了。虽然我们还没有取得什么成就，但是我已经让当地知道塞拉俱乐部的存在了。"①

美国的环境保护运动，通常要求建立和动员全国范围内的环境组织，来克服当地的思维惯性，并提高对当地开发势力的对抗能力。② 在阿拉斯加环保领域，这一特征表现得非常明显。阿拉斯加环境保护跨越了地方环保组织的局限，向着更开阔的视野，更专业的形式，以及更合作的方式发展。

二 环境保护组织的发展

随着全国环境保护运动的日益高涨，阿拉斯加的环保组织也处于遍地开花的状态。此时的阿拉斯加面对的最大问题是，领土面积的广大以及各地区环保关注点的不同，令环保组织之间非常缺乏联合性。阿拉斯加环境保护协会和塞拉俱乐部准备解决这一问题，并做了多种尝试：任命全职的阿拉斯加环保代表、建立阿拉斯加当地的环保联盟，以及成立地区性环保中心。他们跟进北坡石油开发与管道建设争议议程，发出了自己的抗议呼声。

在阿拉斯加东南部，塞拉俱乐部和其他环保组织的对手单一、目标明确，即与林业局抗争，保护东南部的通加斯国家森林保护区，重点是保护奇加戈—雅科比岛（Chichagof-Yakobi Island）和金钟岛

---

① Edgar Wayburn, "Sierra Club Statesman Leader of the Parks and Wilderness Movement: Gaining Protection for Alaska, the Redwoods, and Golden Gate Parklands", an oral history conducted 1976-1981 by Ann Lage and Susan Schrepfer, *Regional Oral History Office*, *The Bancroft Library*, University of California, 1985, pp. 390-391.

② Peter A. Coates, *The Trans-Alaska Pipeline Controversy: Technology, Conservation and the Frontier*, Bethlehem: Lehigh University Press, 1991, p. 217.

（Admiralty Island）的荒野。[①] 但是，对于北方的石油管道，事情就复杂得多了。反对战车计划和兰帕特大坝等大型项目的经验表明，娴熟的游说和频繁的沟通非常重要。重要的决议需要同时在华盛顿和阿拉斯加做出，环保主义者必须通力合作，并动员公众和舆论的力量。为了促进合作，环保主义者决定任命一位全职的阿拉斯加环保代表，在华盛顿游说立法机关，协调当地团体活动，并代表阿拉斯加州环保组织发言。而由荒野协会、塞拉俱乐部和阿拉斯加环境保护协会的代表组成的领导小组，会为其提供指导，并为其支付薪水（后者只是挂名而没有付薪）。[②]

被华盛顿州林业局副局长约翰·霍尔（John Hall）爽约后，环保主义者幸运地找到了环保协会前主席罗伯特·韦登来担任环保代表。韦登是个能干的公共演说家，给这项工作打开了局面，并总结了一定的方式方法。韦登在阿拉斯加鱼类与野生动物保护组织工作了十二年，非常了解阿拉斯加州的生态环境，给这项工作带来了睿智的学术视角。他的措辞很严谨，声称将“帮助环保主义者了解全面的和确切的现实情况，在此基础上再考虑环保”，并声称他不建议“把阿拉斯加原封不动地保留为一片荒野”，同意开发，但是却希望在彻底研究石油管道走廊的地质、生态等情况后，再进行开发。他偏于科学研究和合理规划，与工业发展的激进形成鲜明对比，更代表了阿拉斯加州人民的心声，并影响了一部分阿拉斯加立法者。[③]

---

① 阿拉斯加 20 世纪 70 年代的两大环保课题分别是：阿拉斯加的东南部森林保护，以及北极野生动物和荒野保护。关于阿拉斯加的东南部森林保护可见 Kathie Durbin，*Tongass*：*Pulp Politics and the Fight for the Alaska Rain Forest*，Coravallis：Oregon State University Press，1999。

② Edgar Wayburn，“Sierra Club Statesman Leader of the Parks and Wilderness Movement：Gaining Protection for Alaska，the Redwoods，and Golden Gate Parklands”，an oral history conducted 1976–1981 by Ann Lage and Susan Schrepfer，*Regional Oral History Office*，*The Bancroft Library*，University of California，1985，p. 383.

③ Daniel Nelson，*Northern Landscapes*：*The Struggle for Wilderness Alaska*，Washington，D. C.：Resources for the Future Press，2004，pp. 91–92.

韦登一直工作到1971年的夏天，他的学术风范更适合做研究，而不是当说客。接替他的是一位曾在阿拉斯加大学工作过的年轻人杰克·黑森（Jack Hession）。他与韦登完全不同，他是政治学出身，虽然没有生物学、地质学或者林学等方面的专业知识，但是却在游说和处理公共关系方面非常出众。黑森在华盛顿工作生活，不受阿拉斯加当局的压力和影响；同时，他还是一个彻头彻尾的环保主义者以及激进的游说者——绝对是令石油开发者最恼火的对象。约翰·麦克菲曾经在他的书里，对黑森给出了生动的描述："如果黑森因为飞机失事而坠落布鲁克斯山脉喂了熊，那么整个阿拉斯加将一片欢呼。"① 韦伯恩对他的工作非常满意，黑森后来成为塞拉俱乐部两个高级环保区的环保代表之一。

任命全职的阿拉斯加环保代表后，塞拉俱乐部和环保协会还着手建立阿拉斯加当地的环保联盟。1969年，阿拉斯加荒野理事会（Alaska Wildness Council）成立。这一组织将协调当地环保团体的活动，为各组织提供技术支持，并致力于荒野保护立法的游说工作。西莉亚·亨特出任主席，主要活动人士是塞拉俱乐部的里奇·戈登。理事会的最初活动是邀请相关人士介绍阿拉斯加的公园、保护区以及其他公共土地，使更多的外来环保组织和个人了解阿拉斯加的荒野情况。1969年，理事会列出了一份阿拉斯加荒野保护名单，包括北极之门保护区（Gates of the Arctic）、奇加戈—雅科比岛，基斯通峡谷（Keystone Canyon）以及基奈麋鹿山脉（Kenai Moose Range）等。1970年，理事会提出了阿拉斯加东南部计划，将金钟岛、奇加戈—雅科比岛等作为荒野立法的主要对象。②

理事会的活动引起林业局的关注，它号召双方面谈解决争端，却把会议地址定在费尔班克斯。而理事会的精英大都居住在阿拉斯

① John McPhee, *Coming into the Country*, New York: Farrar, Straus and Giroux, 1977, p. 80.

② Daniel Nelson, *Northern Landscapes: The Struggle for Wilderness Alaska*, Washington, D.C.: Resources for the Future Press, 2004, pp. 94-95.

加东南部，因为距离和旅行费用等问题，并不能参加林业局召开的会议，这样一来他们就中了林业局分而治之的圈套。会议之后，理事会对自己的职权进行了调整，认为他们应该提供专业支持，而不是代替当地环保组织去组织环保运动，而且 1969 年和 1970 年的报告都透露出一种中央决策之感。联盟的权责随即陷入了争论之中，却一直都没有得到澄清和明确，因此理事会陷入了困境。到 1971 年，环保协会撤回了对它的支持，理事会逐渐在环保主义者的视线中消失了。

阿拉斯加荒野理事会的失败，令阿拉斯加环保主义者思考如何克服阿拉斯加的广阔性，以及如何保证环保组织的联系与合作，由此产生的建议是建立地区性环保中心，负责地区性事务。从 1970 年开始，阿拉斯加一共成立了三个地区组织。理事会的通加斯提议诞生了东南部阿拉斯加环保理事会（Southeast Alaska Conversation Council），包括塞拉俱乐部的朱诺分会和锡特卡保护协会（Sitka Conservation Society）。这些土生土长的环保组织在当地影响很大，并得到塞拉俱乐部等全国性组织的支持。费尔班克斯环保中心（Fairbanks Environmental Center）代表荒野价值的坚定捍卫者，致力于对矿业和石油业的斗争，取得了一定的成绩。安克雷奇环保中心（Anchorage Environmental Center）制定了雄心勃勃的计划，意图让更多的阿拉斯加人对保护事业感兴趣，以期可以影响阿拉斯加州政府和当地政府；但现实却是它的主要职责和活动，依然只是处理安克雷奇当地环保运动。①

在阿拉斯加州的环保组织蓬勃发展之时，阿拉斯加环保者密切关注着北坡石油与管道建设的发展情况。在 1970 年夏季，虽然存在着“土地冻结”和法庭禁止，但是石油公司依然在管道沿线上积极

① Edgar Wayburn, “Sierra Club Statesman Leader of the Parks and Wilderness Movement: Gaining Protection for Alaska, the Redwoods, and Golden Gate Parklands”, an oral history conducted 1976-1981 by Ann Lage and Susan Schrepfer, *Regional Oral History Office*, *The Bancroft Library*, University of California, 1985, pp. 412-413.

施工。韦登建议韦伯恩或者布兰德伯格来阿拉斯加调查，他写信称："这里正在发生一些'有趣'的事情。"费尔班克斯的报纸也证实阿拉斯加开发势力不听华盛顿的要求，继续推进管道建设。[①]

韦伯恩后来回忆，在他1970年夏天的阿拉斯加之旅中，也发现了石油公司的建筑营地"八个营地精准地排列在他们其后选择的线路上"。这也就意味着石油公司在获得批准前，就摆出了自己的线路。韦伯恩就此询问同行的阿拉斯加土地管理局的北部负责人鲍勃·克鲁姆（Bob Krumm）："他们还没有获得通行权，还没有获得法庭许可，你为什么给他许可证?"克鲁姆说："别人要求我这么做。"韦伯恩认为，内政部里的某些人默许了这么做，因此管道营地建设起来了，所有事情都准备好了，就等着辅助道路修建到这里了，或者等着管道被铺设于此了。[②]

7月，塞拉俱乐部的执行董事麦克洛斯基做了进一步的调查，发现了石油公司更多的开发建设行为。他报告说线路调查研究已经结束，辅助道路和管道铺设的初期工作正在快速进行中，土地冻结和法庭禁止根本不管用。在瓦尔迪兹，"土方设备现在正在那里工作"；在费尔班克斯，"建筑工人削掉了山顶，用以准备施工基地的砾石"；在建筑营地，"通往砾石坑或施工基地的主干道已经铺设了数英里"；育空河以北，"管道线路和辅助道路已经完成清理了……"。[③]

毫无疑问，阿拉斯加的开发势力非常强大。石油公司肯定自己会获得道路通行权，因为他们有强大的资源，会得到州政府和联邦政府的支持。阿拉斯加州渴望通过石油产业促进该州的进一步开放

---

① "Oil and Resource Review", *Fairbanks Daily News-Miner*, April 7, 1970.

② Edgar Wayburn, "Sierra Club Statesman Leader of the Parks and Wilderness Movement: Gaining Protection for Alaska, the Redwoods, and Golden Gate Parklands", an oral history conducted 1976-1981 by Ann Lage and Susan Schrepfer, *Regional Oral History Office*, *The Bancroft Library*, University of California, 1985, p. 395.

③ Daniel Nelson, *Northern Landscapes: The Struggle for Wilderness Alaska*, Washington, D. C.: Resources for the Future Press, 2004, p. 108.

与发展，同时缓解州政府的预算困难。与做阿拉斯加州长时相比，希克尔成为内政部部长后，已经有了一定的环保倾向。然而，他支持石油开发的心意是不可能改变的，他一直认为管道是必不可少的。[①] 环保组织的敌人无疑是巨大的，正如塞拉俱乐部主席韦伯恩回忆“我们环保主义者是在和世界范围内的最强大的开发者战斗”[②]。

北坡石油开发与管道建设争议，让阿拉斯加的环境保护事业更为复杂，要求更激进的活动、更多组织的参加，并更强调全国性环保组织的参与和领导。在接下来的石油管道争议中，全国性的环保组织和阿拉斯加当地组织还将建立更大的联盟，提高自己与强大的石油工业对抗的能力。

第二节 环境影响报告草案与环境保护争议

随着技术问题的初步解决，内政部决定进一步推进北坡石油开发与管道建设，并提交了跨阿拉斯加管道的环境影响报告草案（以下简称“草案”）。草案在全国范围内引发了热议，官方层面和私人层面的反对声音都很普遍。最大的反对声音来自阿拉斯加的环保主义者，他们联合其他利益团体，对草案的内容提出了严重的抗议。

一 草案的内容

1971 年初，阿列斯卡终于提交管道设计方案。1 月，内政部据此迅速地提交了跨阿拉斯加管道的环境影响报告草案，承认会有一

① “The Alaskan Pipeline Is Essential”, *New York Times*, March 24, 1971.

② Edgar Wayburn, “Sierra Club Statesman Leader of the Parks and Wilderness Movement: Gaining Protection for Alaska, the Redwoods, and Golden Gate Parklands”, an oral history conducted 1976-1981 by Ann Lage and Susan Schrepfer, *Regional Oral History Office*, *The Bancroft Library*, University of California, 1985, p. 413.

些石油泄漏，但否认重大的生态破坏；承认会对北极荒野造成一定的损害，但是认为这是对当地环境破坏最小的方案。

首先，草案对生态破坏的认识不足。它辩称，大多数环境干扰都是暂时的，驯鹿是“适应性的”，不太可能受到管道建设的限制。然而，草案起草者不得不承认的是，运输走廊的建设将把北极一分为二，大大改变北极的生态环境和荒野景观，“人们清楚地认识到，任何规定都不能改变石油开发带给该地区的根本变化……对于那些特别珍视连绵荒野的人来说，整个项目都是不利的……因为阿拉斯加北部的原始特征将永远失去了”①。

其次，草案对替代能源和替代线路的研究十分不足。草案主要谈了增加煤炭产量、焦油页岩的开采以及核电的开发，这对满足能源需求显然远远不够。在石油领域内，它简单地谈到可以在下 48 州的油田增加产量以及增加进口等。对其他管道路线和其他运输方式的讨论也是粗略的，有两页专门介绍了通过麦肯齐山谷的加拿大路线，但是作者认为，这只是“改变生态问题发生的地点，而不是解决生态问题”。他们拒绝加拿大线路的原因还包括，与外国政府谈判的复杂性，其时间将是跨阿拉斯加线路的两倍；而且最重要的是，石油管道建设将被拖延两到四年。②

最后，草案提及了石油财团选择管道运输之前已考虑过的其他运输方式。1969 年夏天，汉贝尔石油公司进行了一项耗资 5000 万美元的实验，即用超级油轮曼哈顿号（S. S. Manhattan）沿“西北通道”进行了为期三个月的历史性航行，以检测是否能通过该通道将石油运往费城。曼哈顿号重 115000 吨，是美国舰队中最大的商船旗

① *Draft Environmental Impact Statement for the Trans-Alaska Pipeline Section 102* (2) *C. of the National Environmental Policy Act of 1969*, Washington, D. C.: U. S. Dept. of the Interior, January 1971, p. 142.

② *Draft Environmental Impact Statement for the Trans-Alaska Pipeline Section 102* (2) *C. of the National Environmental Policy Act of 1969*, Washington, D. C.: U. S. Dept. of the Interior, January 1971, pp. 152-154.

舰。为了适应从费城到普鲁德霍湾 10000 英里的往返航程，工人们将曼哈顿号分解成多个部分，并分发给各个造船厂，造船厂对其进行重新组装和加固，并将之改造为破冰船——这是为了通过“西北通道”所必需的改造。曼哈顿号被重新焊接成为一艘独一无二的商用船，但即使经过了改造和强化，它依然需要在加拿大和美国破冰船的护航下，才能通过“西北通道”。因为“西北通道”的严寒气候和凶险航线，通常会将商船困在冰川之中，这时就需要护航船将陷入困境的商船从浮冰上解救出来。试行证明，在最终到达普鲁德霍湾之前，曼哈顿号就遭受了相当大的破坏。当返回东海岸之时，它只能象征性地搭载一桶石油出发。由此看来，曼哈顿计划无疑是不可行的。[1]

石油财团还考虑过其他模式，却没有像曼哈顿油轮那么认真地实施，并很快就因为太昂贵、太危险、太耗时而被驳回。这其中包括利用波音巨型喷气式加油机空运石油，以及建造 170000 吨、900 英尺长的核动力潜艇，使其在浮冰下航行运输石油等。草案解释道，通过潜艇将石油运到太平洋的主要缺点是白令海太浅，无法为需要 85 英尺水深的船体提供足够的空间。草案还认为，波弗特海的水深也不足，无法使潜艇向西潜行至格陵兰岛或纽芬兰的终端。同时，任何形式的海上运输，都将不得不面对在普鲁德霍湾附近的浅水区建造油轮装卸站的问题，而这一问题几乎不能解决，负责 4 号海军石油储备区勘探的人在 20 世纪 20 年代和 40 年代就注意到这一点了。在普鲁德霍湾海岸线的 20 英里范围内，没有区域能为超级油轮（如曼哈顿号需要至少 90 英尺水深）提供足够的水深。此外，草案还强调，要建造一个足够坚固的装卸站，可以承受不断变化的冰川

---

① Tom Brown, *Oil on Ice*: *Alaskan Wilderness at the Crossroads. San Francisco*: *Sierra Club*, 1971, pp. 86-94. 关于这次测试的详情可见：Ross Allen Coen, *Breaking Ice for Arctic Oil*: *The Epic Voyage of the SS Manhattan Through the Northwest Passage*, Fairbanks: University of Alaska Press, 2012。

的袭击，是相当困难甚至不可行的。①

另一个运输方案为开发者所偏爱，即用阿拉斯加铁路运输石油。但是草案引用统计数据显示，1968 年，美国 76%的原油通过管道运输，23%的原油通过船舶和驳船运输，以及仅 1%的原油通过铁路油罐车运输。因此草案起草者认为铁路运输远远不及管道。他们认为，铁路建设将需要更多的砾石，而火车将对野生生物构成持续性的危害。他们声称，与管道输送相同数量的石油所需的火车数量，将使该条铁路“成为世界上最繁忙的线路”②。

综合以上分析，草案得出结论，管道运输是迄今为止最便宜最安全的方法，也是生态上最可靠的方法。建设跨阿拉斯加管道运输石油，将是最有利的经济举措，并且可以使国家（尤其是西海岸）迅速满足至关重要的石油供给；与此同时，这还是将环境破坏降到最小的方法。在曼哈顿的西北航行还在进行中时，石油财团主席杜拉尼就宣布：“无论曼哈顿的成败如何，都必须建造跨阿拉斯加管道”③。

二　草案涉及的生态威胁争议

在跨阿拉斯加管道的环境影响报告草案发布后的几天，莫顿代替希克尔成为内政部部长。然而，莫顿的任命依然没有推进项目的快速批准。莫顿对影响报告草案持谨慎批评的态度，特别指出它未能解决工程问题。不过，莫顿重申了内政部对管道的基本支持，他认为管道是最有效、最无害的方法。然而，一个月后，在参议院拨

---

① *Draft Environmental Impact Statement for the Trans-Alaska Pipeline Section 102* (2) *C. of the National Environmental Policy Act of 1969*, Washington, D. C.: U. S. Dept. of the Interior, January 1971, pp. 160-162.

② *Draft Environmental Impact Statement for the Trans-Alaska Pipeline Section 102* (2) *C. of the National Environmental Policy Act of 1969*, Washington, D. C.: U. S. Dept. of the Interior, January 1971, p. 163.

③ United States, Senate, Committee on Interior and Insular Affairs, *Hearings*, *The Status of the Proposed Trans-Alaska Pipeline*, 91st Cong., 1st sess., 1969.

款小组委员会关于内政部资金的听证会上，莫顿表示离批准石油开发和管道建设还有很长的路要走。①

根据《国家环境政策法》要求，北坡石油开发与管道建设议案建立了一个由三人组成的环境质量委员会，要求将草案分发给公众征求意见。因此，1971 年 2 月，参议院内务委员会分别在华盛顿和安克雷奇举行了公开听证会。公众对听证会的关注度出乎意料的高，绝大多数证人都是批评者，各方势力对草案内容进行了全面谴责。地质专家继续严厉批判了跨阿拉斯加管道建设不重视技术问题，不吸取以往相似工程建设的教训。② 而更令人印象深刻的是环保主义者，他们利用这次听证会，清晰地表达了反对管道建设的观点。他们的反对主要出于两个目的：一是保护北美生态，二是保护北美荒野。

首先，石油管道建设成为“生态时代”的热门话题。20 世纪 40 年代，生态保护思想先驱奥尔多·利奥波德（Aldo Leopold）阐述了“土地伦理”的概念，提倡人与万物的平等。而生态保护思想在这一基础上继续向前发展，表现出新的生态观——生态中心主义。生态中心主义提倡“生态权利”和“生态平均主义”，要求将人类从地球的主导地位上撤下来，强调动植物同样值得尊重和保护。③ 而在辽阔的阿拉斯加北部大陆，环保主义者认为北美驯鹿是这里的主人。

---

① “Morton's Words Fall Heavily Among Alaskans”, *Fairbanks Daily News-Miner*, February 23, 1971.

② 地质专家批评跨阿拉斯加管道建设没有吸取以往相似项目的经验教训，比如斯坦福大学生物学教授伊拉·威金斯（Ira L. Wiggins），从 1949 年到 1956 年一直兼任巴罗角海军北极研究实验室的科学总监，并密切参与战后美国海军对 4 号海军石油储备区的探索。威金斯批评称，在草案中没有发现管道项目对储备区开发的早期经验和环境教训的吸取和改进。详见 United States, Senate, Committee on Interior and Insular Affairs, *Hearings*, *Trans-Alaska Pipeline*, *Draft Environmental Impact Statement*, Vol. 11, exhibit 180, 92d Cong., 1st sess., 1971, pp. 48-53。

③ 生态中心主义的提倡者，常被称为“深度生态学家”（deep ecologists），对深度生态学的详细解释，可见 Arne Naess, “The Shallow and the Deep, Long Range Ecology Movement”, *Inquiry*, Vol. 16, (1973), pp. 95-100。

环保主义者认为，分布在阿拉斯加北部的北美驯鹿是北极生态健康的试金石。他们通常将这些牧群描述为“遍布北美大陆的大型游牧生物的最后幸存者”①。

驯鹿栖息于寒带、亚寒带的森林和冻土地带，处于野生或半野生状态，多群栖。阿拉斯加的驯鹿分布于阿拉斯加州 18 个地区，共 24 个种群，较大的种群包括北极核心种群（Central Arctic Herd）、箭猪种群（Porcupine Caribou Herd）、北极西部种群（Western Arctic Herd）等。驯鹿天生胆小，对人为干扰极为敏感和警惕，尤其是处于哺乳期的母鹿以及刚出生的幼鹿。有驯鹿观察家称，汽车从雪地上行驶后留下的痕迹，都会令驯鹿异常警觉。② 为了适应恶劣的自然环境和寻找食物，驯鹿在每年的暮春和初秋进行迁徙。研究表明，驯鹿周而复始的迁徙运动使它们季节性地返回到传统栖息的区域，并且存在数据证明驯鹿在迁徙期间会使用传统路线。③

鉴于驯鹿的如上生态特性，环保主义者很容易质疑石油开发与管道铺设将严重干扰驯鹿迁徙。反对者进一步指出，阿拉斯加北部夏季短暂，天气的不可预测性极大；而驯鹿需要在蚊子和其他昆虫变得过多之前，及时到达南部沿海地区产崽。这种在广寒地带的漫长跋涉无疑将令驯鹿种群筋疲力尽，经不起其他干扰和伤害。保护主义者认为，北极的极端条件不允许有丝毫差池，对驯鹿迁徙活动的任何程度的干扰，结果可能都是灾难性的。④

---

① John P. Milton, “The Web of Wildness”, *Living Wilderness*, Vol. 35, 1972, p. 16. 转引自 Peter A. Coates, *The Trans-Alaska Pipeline Controversy*, *Technology*, *Conservation and the Frontier*, Bethlehem: Lehigh University Press, 1991, p. 207。

② ［苏］斯多布尼科夫：《北极冻土带》，清河译，时代出版社 1955 年版，第 42 页。

③ Victor Van Ballenberghe, *Final Report on The Effects of The Trans-Alaska Pipeline on Moose Movements*, Alaska Department of Fish and Game, Joint State-Federal Fish and Wildlife Advisory Team, Special Report No. 23, Anchorage, Alaska, 1978.

④ David R. Klein, “Arctic Grazing Systems and Industrial Development: Can We Minimize Conflicts?” *Polar RGS*, Vol. 19, No. 1, 2000, pp. 91-98.

同时，驯鹿在整个极地分布中表现出广泛的适应性差异，与驯鹿的种群数量及其繁衍历史、活动地区的植被分布，甚至依赖驯鹿维持生计的原住民文化都息息相关。从这个角度考虑，原住民的生活也将受到管道建设的负面影响。北极坡原住民协会（Arctic Slope Native Association）主席埃本·霍普森（Eben Hopson）指出，阿拉斯加北部的原住民对北极种群和箭猪种群的依赖，就像大平原的原住民依赖北美野牛一样。① 原住民以及尊重原住民文化的白人担心，管道建设将影响、改变甚至毁灭他们千百年来的生活方式。

除了对驯鹿迁徙路线的严重影响之外，环保主义者还担心管道铺设以及辅助公路的建设，会改善阿拉斯加腹地的交通条件，从而会增加狩猎压力，尤其是违法的狩猎行为。1973 年夏天，“地球之友”发布了一张有争议的海报，上面展示了六只驯鹿的尸体，其中包括一只小鹿，挂在叉车上。这张照片是三年前在国有机场（此机场是为北坡油田服务的）的跑道上拍摄的，海报标题起得非常巧妙并且触动人心：“有多种方法可以使驯鹿穿越阿拉斯加管道。”“地球之友”声称驯鹿是由下班的石油工人开枪射杀的，而这违反了油田的狩猎禁令。阿列斯卡公共事务发言人约翰·拉特曼（John Ratterman）反驳说，它们是由维也纳航空公司（Wien Air）的员工合法开枪射杀的。②

其次，保护北美驯鹿的言行，很容易就上升为保护北美荒野的意识。在 1971 年的听证会上，环保主义者习惯性地联想到西部开发历史对北美野牛种群带来的伤害。横贯大陆的铁路修建，曾经分隔了野牛种群，而猎人和旅客的射杀也带来野牛种群的严重衰落。他们预言，管道工程将以同样的方式扰乱古老的北美驯鹿迁徙过程，

---

① United States, Senate, Committee on Interior and Insular Affairs, *Hearings*, *Trans-Alaska Pipeline*, *Draft Environmental Impact Statement*, Vol. 3, exhibit 56, 92d Cong., 1st sess., 1971.

② “Alaska in All Misleading Now”, *Fairbanks Daily News-Miner*, July 9, 1973.

并带来同样的灾难性后果。[①] 1973 年，南加利福尼亚州的管道反对者引用了北方羚羊的案例。他们称 1876 年完工的南太平洋铁路（Southern Pacific Railroad）切断了羚羊的迁徙路线，而羚羊因为拒绝越过铁路而被迫改变原始生活状态。1882—1885 年，因为饥饿等原因，北方羚羊种群的数量减少了一半。[②] 通过这样的历史回溯，管道的反对者们有理由担心，驯鹿会再次重蹈北方羚羊的覆辙，阿拉斯加会再次重蹈西部大平原开发的覆辙。

在这个意义上，环保主义者扩大了驯鹿保护的概念，将驯鹿与荒野联系在一起，反对资源开发对驯鹿的影响，就是反对资源开发对荒野的破坏。管道支持者强调项目是适度而无害的，占地面积比例很小。但环保者认为比例数据等都是无关紧要的，重要的是工程项目与极北印象格格不入。具体影响和破坏都是可以量化的，但是“石油管道造成的精神、情感、心理、哲学和象征上的伤害是无法衡量的。”[③] 而且管道在阿拉斯加极可能永久留存，对物理环境构成长期威胁，并成为心理情感的永久伤疤。

对于环保主义者的反对，管道的支持者做出了针锋相对的抗议。费尔班克斯市长朱利安·赖斯（Julian G. Rice）否认反对者的批评，对环保主义者的生态论调不屑一顾，认为那是反人类的，是放弃理性的，是否认人类改善其物质条件的奋斗的，“只是想限制阿拉斯加的发展，让它一直停留在一个原始边疆社会的水平上”[④]；支持者认

---

① United States, Senate, Committee on Interior and Insular Affairs, *Hearings, Trans - Alaska Pipeline, Draft Environmental Impact Statement*, Vol. 4, 92d Cong., 1st sess., 1971, p. 1170.

② Richard J. Orsi, *Sunset Limited: The Southern Pacific Railroad and the Development of the American West, 1850-1930*, University of California Press, 2005, pp. 349-376.

③ Peter A. Coates, *The Trans-Alaska Pipeline Controversy, Technology, Conservation and the Frontier*, Bethlehem: Lehigh University Press, 1991, p. 202.

④ United States, Senate, Committee on Interior and Insular Affairs, *Hearings, Trans - Alaska Pipeline, Draft Environmental Impact Statement*, Vol. 1, 92d Cong., 1st sess., 1971, pp. 5-9.

为反对管道建设的都是保留主义者，并呼吁“保护是合理的，保留是背叛的”[1]。他们争辩说，反对者离荒野很远，才会认为荒野是浪漫和美好的；而切身生活于“冰盒子”的阿拉斯加人却认为它是残酷的、可怖的、危及生命的。阿拉斯加矿工协会（Alaska Miners Association）的主席欧内斯特·沃尔夫（Ernest Wolff）对荒野的态度，就好像第一批欧洲人面对新大陆。他回忆起一个友人的悲惨经历：“1957年，他在去荒野小屋的途中被冻住了，活活冻死了。这才是真实的荒野！”[2] 他们认为，北极不比其他风景秀丽之处，只有冰和寒冷；管道走廊是荒凉、贫瘠，充满敌意的土地，因此并没有值得保护的价值。[3] 而石油开发和管道建设则是一项利及千秋万代的功业，它将打开阿拉斯加北部广阔土地，发展当地经济，为下一代带来一个全新的州。[4]

反对者利用西部开发历史作为证据，而支持者则利用阿拉斯加州历史来反驳。不同于西部开发带来的野生动物和环境的伤害，支持者引用了成功开发阿拉斯加州的例子。他们向反对者传播阿拉斯加历史中最令人鼓舞和光辉的一面，突出阿拉斯加民众的不屈不挠，并淡化石油管道建设的新颖性及其环境危害。阿列斯卡公司的签约摄影师是土生土长的阿拉斯加白人，他列举早期阿州的水利工程戴维森沟渠（Davidson Ditch），弱化它与现代石油开发的差异，试图打

---

① United States, Senate, Committee on Interior and Insular Affairs, *Hearings*, *Trans-Alaska Pipeline*, *Draft Environmental Impact Statement*, Vol. 3, 92d Cong., 1st sess., 1971, p. 687.

② United States, Senate, Committee on Interior and Insular Affairs, *Hearings*, *Trans-Alaska Pipeline*, *Draft Environmental Impact Statement*, Vol. 3, 92d Cong., 1st sess., 1971, p. 756.

③ United States, Senate, Committee on Interior and Insular Affairs, *Hearings*, *Trans-Alaska Pipeline*, *Draft Environmental Impact Statement*, Vol. 1, 92d Cong., 1st sess., 1971, pp. 3-4.

④ United States, Senate, Committee on Interior and Insular Affairs, *Hearings*, *Trans-Alaska Pipeline*, *Draft Environmental Impact Statement*, Vol. 9, exhibit 91, 92d Cong., 1st sess., 1971,

消反对者的疑虑。根据他个人观察，驯鹿可以跨过沟渠，因此认为它们也可以跨越石油管道。[①] 而阿拉斯加的内陆采矿史和交通发展史，也被用来反驳阿拉斯加生态脆弱的观念。在长达 50 年的时间里，矿业财团一直对内陆地区实行汽船交通开发，并大量砍伐育空河沿岸的森林。而随着矿业开采的衰败，树木又重新生长，育空地区的荒野得到了恢复。[②] 支持者认为，阿拉斯加的生态环境具有坚韧的自我修复性，不会被石油开发和管道建设完全破坏或改变。

有一些支持者抗议称，阿拉斯加高速公路（Alaska Highway）和卡诺尔项目（Cano Project）是战时的联邦举措，并没有引起什么争议；因此，管道线路招引的广泛反对是不合理的。[③] 赖斯认为，对石油管道的强烈批评是因为当时的环保气氛。这一项目不幸撞在枪口上，成为 20 世纪 70 年代环保焦虑的突出代表。[④] 曾经是帕兰特大坝的主要支持者，现在是阿拉斯加经济发展部专员的艾琳·瑞安（Irene Ryan）在听证会中提交了有关此主题的一篇社论，题目是《217000：800》。这篇文章将美国大陆上现已存在的数千英里的石油管道，与阿拉斯加 800 英里的管道进行了比较，并抱怨说："我们没有听说在下 48 州，管道会因杀害野生动物或阻止动物迁徙而被指责。"然而，我们很容易就可以看出管道支持者说法中的前后矛盾之处。他们没有指出其他州的输油管道都在地下，也没有说明它们与

---

① United States, Senate, Committee on Interior and Insular Affairs, *Hearings, Trans - Alaska Pipeline, Draft Environmental Impact Statement*, Vol. 2, 92d Cong., 1st sess., 1971, pp. 676-677.

② United States, Senate, Committee on Interior and Insular Affairs, *Hearings, Trans - Alaska Pipeline, Draft Environmental Impact Statement*, Vol. 1, 92d Cong., 1st sess., 1971, p. 41.

③ United States, Senate, Committee on Interior and Insular Affairs, *Hearings, Trans - Alaska Pipeline, Draft Environmental Impact Statement*, Vol. 3, 92d Cong., 1st sess., 1971, p. 676.

④ United States, Senate, Committee on Interior and Insular Affairs, *Hearings, Trans - Alaska Pipeline, Draft Environmental Impact Statement*, Vol. 1, 92d Cong., 1st sess., 1971, p. 10.

阿拉斯加在气候、地形或生态方面的巨大差别。在这里，开发者不注重阿拉斯加州与其他州在地理和生态上完全不同的现实，而他们以往却是总习惯利用阿拉斯加的“冰盒子”的意象的，并强调他们是唯一了解阿拉斯加的独特之处，并有资格对此发表评论的美国人，进而声讨“外来人”为他们做出决定。因此，这种简单的类比与他们通常强调阿拉斯加的环境独特性是相矛盾的。这篇社论忽视了在管道辩论中大多数历史类比不具有合理性，以及在生态上不同的地区之间进行合法比较的困难。①

尽管管道支持者在听证会等场合，为管道建设提供了丰富的辩解和陈述，但是对草案的反对声音依然非常大。除了环保组织和环保主义者，众多联邦部门也发表了批判的言论。《国家环境政策法》的颁布，要求内政部部长与更多涉及环境保护的机构磋商，吸收意见，再发布最终报告。国家环境保护局的意见是，管道设计数据不足，海运部分的讨论不足，对替代方案缺乏公正性的评估。国家公园管理局认为，草案缺乏对管道建设影响生物资源情况的分析。美国运输部管道安全办公室（Department of Transportation's Office of Pipeline Safety）对草案不满，希望获得石油工业如何检测漏油的技术方法报告。陆军工程兵团是另一个强大的反对势力。他们批评称，草案没有提供工程设计数据，且违背了《国家环境政策法》的要求，没有对环境影响作出切实充分的分析，没有考虑备选方案，或放弃修建的方案。国防部的反对意见认为，草案中没有呈现出管道建设对永久冻土的危害、石油泄漏的风险，以及对渔业的影响等，即对生态威胁和污染风险的考量都不全面；并建议更明确地讨论替代线路。商务部环境事务部副部长则关注石油管道建设可能带来威廉王子湾的石油泄漏问题，以及压载水可能带来沿岸水污染，这将对阿拉斯加渔业发展产生较大的影响。卫生教育福利部（Department of

---

① Peter A. Coates, *The Trans-Alaska Pipeline Controversy: Technology, Conservation and the Frontier*, Bethlehem: Lehigh University Press, 1991, p. 216.

Health, Education, and Welfare）表示，管道建设可能会对阿拉斯加人带来负面影响，尤其是原住民，以及居住在费尔班克斯和瓦尔迪兹的当地人。[①]

这种广泛的不满，支持了环保主义者反对石油开发和管道建设的理论和信念。他们在生态和荒野的基础上更进一步，以这一项目为依据，批评美国文化存在的长期弊端，即专注于利润丰厚、污染严重的经济增长，以及科技失控和技术官僚主义，而这一切都是造成荒野危机的罪魁祸首。[②] 另外，管道支持者面对如此多的非议，变得更为激进和愤怒。他们认为环保主义者的反对只是一个幌子，内政部的推迟有悖于美国文化的高效传统，反对这一计划是共产主义的蓄意破坏，是自由企业制度与极权主义概念的意识形态较量。[③] 这两者的较量不断升级，而环保主义者又找到了新的同盟者，这次是来自阿拉斯加内部的反对势力——反对海上石油运输系统的渔业联盟。

三　草案涉及的环境污染争议

在 1971 年 2 月举行的听证会之后，管道建设争议日益升级，阿拉斯加荒野保护形势严峻。在这种形势下，环保组织和环保人士决定成立阿拉斯加公共利益联盟（Alaska Public Interest Coalition，简称 APIC)，以协调和加强针对管道建设的环保运动。

阿拉斯加公共利益联盟是一个伞形组织，其成员可以根据历史、规模、环保目标和参与程度等不同标准进行划分。主要包括如下环

---

① Peter A. Coates, *The Trans-Alaska Pipeline Controversy: Technology, Conservation and the Frontier*, Bethlehem: Lehigh University Press, 1991, pp. 205-206.

② United States, Senate, Committee on Interior and Insular Affairs, *Hearings, Trans-Alaska Pipeline, Draft Environmental Impact Statement*, Vol. 3, 92d Cong., 1st sess., 1971, p. 783.

③ United States, Senate, Committee on Interior and Insular Affairs, *Hearings, Trans-Alaska Pipeline, Draft Environmental Impact Statement*, Vol. 6, exhibit 47, 92d Cong., 1st sess., 1971.

保组织：塞拉俱乐部、荒野协会、美国国家奥杜邦协会、国家公园和自然保护协会，以及国家野生动物联盟。还有几个较老的地区性团体，即艾萨克·沃顿联盟、西部户外俱乐部联合会以及华盛顿特区的野生动物联盟（主要关注野生动植物保护）。年轻的环保主义者代表包括环境保护基金会以及“地球之友”。联盟成员中新成立的组织是科罗拉多州丹佛的鳟鱼联盟，他们是鳟鱼栖息地的保护组织。联盟中唯一的阿拉斯加成员是科尔多瓦渔业联盟（Cordova District Fisheries Union，CDFU），该联盟于1971年3月对管道建设提起了第三次诉讼。

科尔多瓦渔业联盟对威廉王子湾东北角的瓦尔迪兹管道码头，以及油轮停泊的位置提出了异议。科尔多瓦距离瓦尔迪兹40英里，渔业和鱼类加工业占总就业人数的50%，还有许多人受雇于渔业相关服务。20世纪初，科尔多瓦和瓦尔迪兹曾经是竞争对手，为成为铜河（Copper River）和西北铁路的终点站而角逐。最终科尔多瓦获胜，并成为肯尼科特矿场的产品铜向南运输的港口。然而到20世纪30年代末，矿石已经耗尽，科尔多瓦一度衰落，最终改为发展渔业，并得以再次崛起。[①]

科尔多瓦依靠鱼类的生态循环发展了渔业文化，尤其依赖的是大马哈鱼。虽然渔业是一个全年工作的行业，但是捕鱼季限定于渔产丰富的3月到9月。每年2月初，科尔多瓦社区就从漫长冬季中苏醒过来，并庆祝“科尔多瓦冰融节”（Cordova Iceworm Festival），在积极乐观的氛围中开始一年的工作，并以此希翼一个丰收的捕鱼季。渔业收获从3月第一批到来的鲱鱼开始，5—6月是红色大马哈鱼，7—8月是粉色大马哈鱼，8—9月是银色大马哈鱼。再加工工业配合渔业展开，将鱼类收获转变为可用商品和消费品，并一直延续

---

① Christopher L. Dyer，James R. McGoodwin，edit，*Folk Management in the World's Fisheries：Lessons for Modern Fisheries Management*，University Press of Colorado，1991，pp. 211-212.

到秋季和冬季。冬季是总结和准备的季节，人们在休息的同时为下一个收获季构思和完善捕猎计划。[①] 渔业文化让更多现代的科尔多瓦人更为重视可再生资源——鱼类及其生存环境的重要性。鉴于曾经经历的工业开发的创痛，他们反对通过他们的地区运输石油等不可再生资源，更警惕石油管道终端对海洋水质和水产品的潜在和实际污染。

终端污染问题主要表现在两个方面，一是潜在的油轮漏油，将污染生态环境和海洋生物；二是实际的压载水排放，将污染海湾水环境和水产品。首先，在跨阿拉斯加管道系统中使用油轮对环境造成了重大威胁，甚至超出了管道本身带来的威胁。由于航行错误、危险天气、船舶操控问题甚至海上火灾爆炸等因素，或这些因素的综合作用，油轮很可能会与其他船只碰撞，也可能在海岸线或海底岩石上搁浅，导致大量石油不受控制地释放到水中，给生态环境带来巨大的危害。阿列斯卡公司对海上漏油危险没有给予足够的重视，跨阿拉斯加管道系统的终端设备将运行多年，却几乎没有建设防范石油运输危害的保障措施。[②]

其次，即使不发生漏油事故，换水操作依然对海湾水环境极其水产品构成巨大的污染。所谓的换水操作即是，油轮为了保证自身平衡，将会选择性地把海洋水泵入或者泵出装载油罐。当油轮满载原油，它会吃水很深，并且非常稳定；但是当原油被泵出时，油轮会浮出水面很高的位置，导致油轮不稳，这时候就需要将一些空罐加载海水，令油轮降低上浮高度以保证其稳定性。这些压载水会一直置放到油罐需要再次装载原油时再被泵出。这些被泵出的压载水无疑会混合一些原油，成为污染废水，却往往被直接排放到海湾里，

---

① Christopher L. Dyer, James R. McGoodwin, edit, *Folk Management in the World's Fisheries: Lessons for Modern Fisheries Management*, University Press of Colorado, 1991, pp. 213-214.

② George J. Busenberg, "Managing the Hazard of Marine Oil Pollution in Alaska," *Review of Policy Research*, Vol. 25, No. 3, July, 2008, pp. 203-218.

造成严重的水污染问题。[1]

早在宣布管道建议之前，科尔多瓦渔业联盟已向州政府警告威廉王子湾的污染威胁。环境影响报告草案承认油轮运输对环境的危害大于管道运输，但只有两页纸的内容描述海洋污染的危害。这无疑激发了渔民的抗议活动。1971 年 2 月，渔民们支持州参议员杰伊·哈蒙德（Jay Hammond）和鲍勃·帕尔默（Bob Palmer）提出的决议，要求从长期经济效应的角度入手，比较加拿大线路与石油管道规划。[2] 在参议院内政委员针对草案召开听证会时，国防部和商务部也同时指出石油管道对海湾地区的污染问题，以及对渔业生产的影响。国家环境保护局对草案的反对最受关注，环保局局长威廉·鲁克尔斯豪斯（William D. Ruckelshaus）尤其关注海洋污染公害，并批评对跨加拿大替代线路缺乏公正的研究和评估。[3] 但是，因为环保主义者的抗议，跨阿拉斯加管道建设的支持者忽视了渔业联盟的担忧，认为他们只是"阿拉斯加人的一个微小而闹腾的群体"，只是代表了阿拉斯加渔业的"有限部分"。[4]

1971 年 4 月，渔民对内政部部长和农业部部长提起诉讼。他们的申诉声称，该输油管道将"对其成员赖以生存的海洋环境造成严重损害……（海洋环境）对他们的生计和经济福祉至关重要"[5]。诉

---

① Ronald B. Mitchell, *Intentional Oil Pollution at Sea Environmental Policy and Treaty Compliance*, Cambridge, Mass MIT Press, 1994.

② "Interior Urged to Consider Oil Pipeline Across Canada: Study Urged of Pipeline in Canada", *The Washington Post*, Mar 15, 1971.

③ "Ruckelshaus Asks a Delay on Alaska Pipeline Permit", *New York Times*, Mar 15, 1971.

④ United States, Senate, Committee on Interior and Insular Affairs, *Hearings*, *Trans-Alaska Pipeline*, *Draft Environmental Impact Statement*, Vol. 7, exhibit 56, 92d Cong., 1st sess., 1971.

⑤ Richard Corrigan, "Environment report: Fishing Town Joins Legal Fight to Stop Trans-Alaska Pipeline Project," *National Journal*, Vol. 3, No. 3, July 1971, p. 1400. 转引自 Peter A. Coates, *The Trans-Alaska Pipeline Controversy*: *Technology*, *Conservation and the Frontier*, Bethlehem: Lehigh University Press, 1991, p. 222。

讼指控内政部未能履行《国家环境政策法》规定的应该履行的义务；同时指控农业部对楚加奇国家森林（Chugach National Forest）内的802英亩土地发放特别使用许可证，是非法授权，因为“工业用途”的法定限额为80英亩。

渔业联盟的诉讼得到了本地市议会、众多海湾罐头厂，以及其他协会或渔民的支持。支持它的团体有铜河和威廉王子湾罐头厂的工人联盟、科尔多瓦鲑鱼和螃蟹加工厂、荷马的北太平洋渔业协会（North Pacific Fisheries Association）、苏厄德商会（Seward Chamber of Commerce）、圣埃利亚斯海洋产品（St. Elias Ocean Products）、布里斯托尔湾罐头工厂（Bristol Bay Resident Cannery Workers）以及阿拉斯加渔民联合（United Fishermen of Alaska）；外部支持者包括西雅图的惠特尼·菲达尔戈海鲜（Whitney-Fidalgo Seafood）。而他们的最大同盟者是环保主义者。环保主义者与渔民一起提起诉讼，并倾向于将后者视为最近转向环保事业的人，高兴地接受渔业联盟作为盟友。“地球之友”的北极代表詹姆斯·科瓦尔斯基（James Kowalsky）竭力宣传海洋污染问题，将污染问题与下48州其他同行强调的荒野问题相提并论。[①]

然而环保主义者热烈拥抱渔民的同时，渔民对环保主义者却并没有那么真诚。首先，环保主义者没有意识到两者之间的实际性分歧。阿拉斯加中南部的大多数渔民既不反对北坡石油的开发，也不反对通过管道运输石油。他们所反对的只是瓦尔迪兹终端的油轮运输系统。[②]通常，他们强调威廉王子湾十分危险，但对北极的生态完整性漠不关心且并不敏感。戴尔·戈雷斯（Dell Goeres）是渔业联盟的执行董事，也是一个渔夫的妻子。1971年8月，在阿列斯卡公司询问她能否使用科尔多瓦码头卸载从日本运来的管道时，她表示不反对：“我们不关

---

① Peter A. Coates, *The Trans-Alaska Pipeline Controversy: Technology, Conservation and the Frontier*, Bethlehem: Lehigh University Press, 1991, pp. 222-223.

② United States, Senate, Committee on Interior and Insular Affairs, *Hearings, Trans-Alaska Pipeline, Draft Environmental Impact Statement*, Vol. 7, exhibit 56, 92d Cong., 1st sess., 1971.

心他们如何处理管道，只要不使用那些（管道）从普鲁德霍湾向瓦尔迪兹运油就可以。”其次，渔民因为环保主义者的过分热情而退缩了。渔民们加强了在华盛顿特区诉讼的同时，意识到环保组织在阿拉斯加是一个麻烦。他们注重保留行动的自主权，对“外来者”依然充满警惕；另外，他们也不想被管道拥护者视为塞拉俱乐部的走狗。[①]

瓦尔迪兹终端的污染问题严峻，不管是油轮漏油还是压载水污染都会对海湾生态环境及其生物种群带来重大影响。这个问题具有潜伏性，并不像冻土问题或者驯鹿迁徙问题那么急迫地需要解决，但是潜在问题却是不容忽视的大问题，在国家范围内也引发了重要的争议。环保组织找到了自己的另一个同盟者，虽然同盟的基础并不牢固，但是却在诉讼方面给石油工业带来了切实的挫折。随着战斗的深入，他们又开始调整运动方案，开始接受折中处理，即接受加拿大替代线路。

第三节　跨加拿大替代线路的提出

对于跨加拿大替代线路，争议中各方的态度明显不同。加拿大政府对替代线路持积极态度，替代线路既可以避免不列颠哥伦比亚省沿海水域和土地的环境风险，也可以给加拿大带来许多经济利益。而美国内政部、阿拉斯加州以及石油工业对替代线路则不是很热心，他们依然坚持跨阿拉斯加线路，要求以最快的速度达成石油输出。然而，面对环保组织的反对和诉讼，内政部还是不得不认真考虑替代方案。

一　加拿大政府的积极态度

早在 1968 年，普鲁德霍湾石油发现初期，石油公司勘探、测

---

① Peter A. Coates, *The Trans-Alaska Pipeline Controversy*: *Technology*, *Conservation and the Frontier*, Bethlehem: Lehigh University Press, 1991, p. 223.

试、选择运油线路时，一个工作队就分析认为，通过加拿大的全陆路线在政治、技术、经济和环境也是可行的。[1] 这应该是跨加拿大线路的第一次提出。1969 年夏天，石油财团申请管道通行权的时候，特雷恩的北坡特别工作小组曾经要求石油公司回复管道建设的若干问题，其中包括是否有跨加拿大的替代线路的问题，但是却不是重点问题，石油公司也没有明确的回复，毕竟当时大家关注的重点还是管道建设的技术问题（见图 4-1）。

然而，在 1971 年 2 月的听证会上，跨阿拉斯加管道的环境影响报告草案成为众矢之的。从官方到私人组织都批判线路的生态影响和污染危害，谴责草案没有考虑替代线路。与此同时，美国的近邻加拿大也对普鲁德霍湾石油将由油轮运出表示担忧。加拿大担心油轮事故和漏油事件，将会对不列颠哥伦比亚省的沿海水域和土地造成环境和经济风险。因此，皮埃尔·特鲁多（Pierre Trudeau）的自由党政府以公开和私下的外交方式，抗议使用超大型油轮将普鲁德霍湾的石油从瓦尔迪兹运送到美国西海岸码头；同时，大力促进阿拉斯加石油的替代运输途径。加拿大政府提出了穿越麦肯齐河谷的替代线路：麦肯齐河谷线路将从普鲁德霍湾出发，向东延伸到麦肯齐河三角洲（Mackenzie River Delta），并沿着麦肯齐河谷（Mackenzie River Valley）向南行进，最终进入加拿大和美国先前存在的管道线路，终止于温尼伯（Winnipeg）。麦肯齐河谷线路最大的优势是可以通过完全陆上的运输，将石油输出给市场，避免了油轮运输的风险。[2]

来自加拿大政府的多名内阁成员特别关注替代线路的问题，包括外交部部长米切尔·夏普（Mitchell Sharp），加拿大能源、矿产和

① Atlantic Pipeline Company, et al., *Transcontinental Pipeline Project: Transportation of Alaskan Crude Oil*, Economic Feasibility Study: Seattle to Chicago, Prudhoe Bay to Chicago, Chicago to East Coast. Houston, Texas, 31 September 1968.

② Christopher Kirkey, "Moving Alaskan Oil to Market: Canadian National Interests and the Trans - Alaska Pipeline, 1968 - 1973", *American Review of Canadian Studies*, Vol. 27, No. 4, 1997, pp. 495-522.

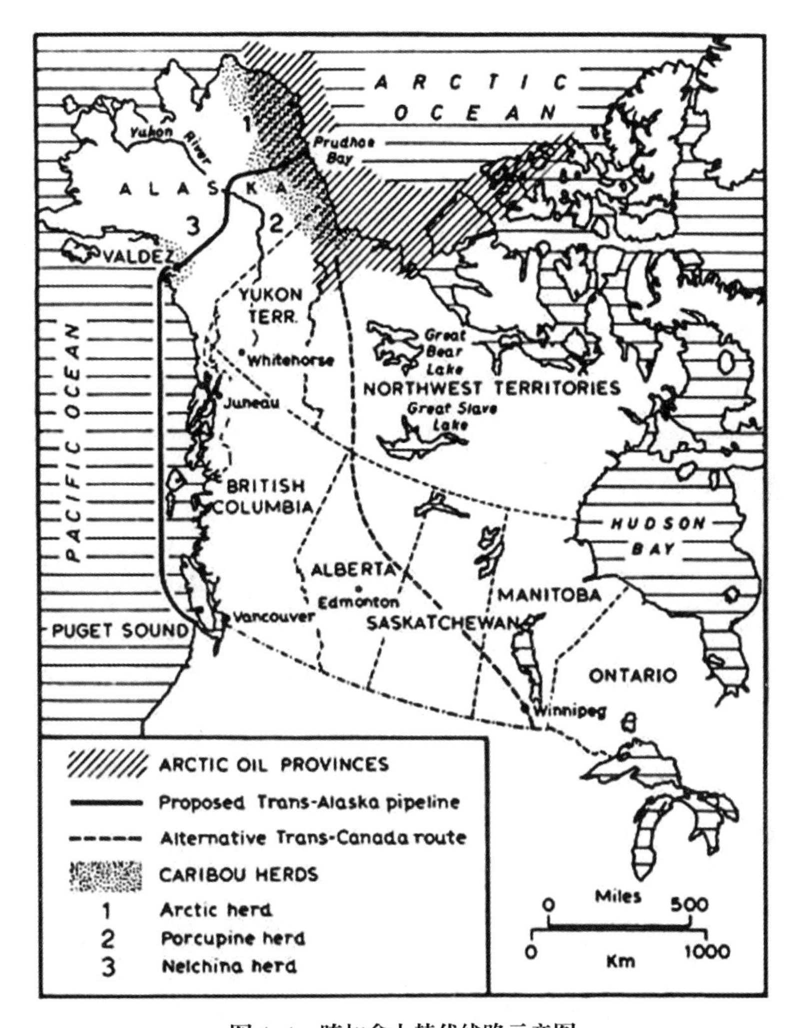

图 4-1　跨加拿大替代线路示意图

资料来源：Peter A. Coates, *The Trans-Alaska Pipeline Controversy: Technology, Conservation and the Frontier*, Bethlehem: Lehigh University Press, 1991. p. 232。

资源部部长格林（J. J. Greene）——后来由唐纳德·麦克唐纳（Donald Macdonald）接任，以及印第安事务和北部发展部部长（Indian Affairs and Northern Development）让·克雷蒂安（Jean Chretien）等。夏普强烈反对西海岸油轮运输。1971 年 6 月 10 日，在与美国内政部部长莫顿会面后，夏普表示他已经寻求：

> 使美国政府意识到可能会有非常严重的危险，特别是如果大型油轮在胡安·德富卡海峡（Juan de Fuca）和乔治亚海峡（Strait of Georgia）的狭窄水域定期频繁移动的话……我的目标是避免油轮穿过这些狭窄的水域……不列颠哥伦比亚省和华盛顿州的内水不适合大规模的石油运输。①

能源、矿产和资源部部长格林对促进麦肯齐河谷替代方案作用最大。1971 年 2 月 12 日，在对温哥华男子加拿大俱乐部（Vancouver Men's Canadian Club）的致辞中，格林部长第一次官方公开表示加拿大支持麦肯齐河谷线路：

> 加拿大政府不反对修建从阿拉斯加到加拿大再到美国大陆的油气管道……美国石油行业决定将阿拉斯加北坡石油，从普鲁德霍湾运到瓦尔迪兹，然后经海路运送到美国的接收点，这个规划实在是太仓促了……在我们看来，通过阿拉斯加跨加拿大领土的输油管线似乎具有更大的优势，它既可以避免油轮运油的危险性，也可以为美国中西部提供更经济的石油运输。与之相对应的，加拿大将确保阿拉斯加石油顺着加拿大“陆桥”管道顺畅流通，并保证其流量与跨阿拉斯加管道的流量相当。②

让·克雷蒂安在达拉斯（Dallas）举行的石油工程师协会（Society of Petroleum Engineers）会议上发表讲话时果断地宣布：“如果希望建立一条从普鲁德霍湾直接通往美国中西部市场的输油管道，

---

① “Oil Spill Fears Raised”, *The Globe and Mail*, June 11, 1971.

② J. J. Greene, Minister of Energy, Mines and Resources, “National Resource Growth: By Plan or By Chance! Oil and Gas Pipeline Development,” speech before the Vancouver Men's Canadian Club, 12 February 1971, reprinted in United States, *Congressional Record 117*, Part 32, 1971, pp. 41895, 41896.

那么跨加拿大的线路无疑是首选”①。格林部长在访问华盛顿期间，与美国相关人士对替代线路图进行了讨论，诚挚地希望尼克松政府鼓励美国石油公司更多考虑麦肯齐河谷线路。

对于加拿大官员来说，麦肯齐河谷线路还会给加拿大带来许多经济利益。首先，如果加拿大可以在北方找到石油储量，即可以与美国联合使用麦肯齐河谷管道，而免于独立融资和建造新管道的负担。这样一来，运输和营销成本将大大降低，北美市场上的加拿大北部石油资源将具有更大的竞争力。其次，鉴于麦肯齐河谷线路中的大部分管道位于加拿大北部，对其建设、运营和维护将为加拿大带来巨大的工业和经济效益，如提供工作机会，获得石油税收等。②

唐纳德·麦克唐纳在接替格林成为加拿大能源部部长后，继续强调加拿大对麦肯齐河谷线路的偏好。在向国家资源与公共工程议会委员会提问时，部长声称：

> 我们相信，在北冰洋到北美大陆的南部市场（即美国）之间建立一条北部管道的前景是明朗的。我们认为，如果能以（加拿大和美国）双方都可以接受的方式……共同参与施行，那么结果是很值得期待的。我们相信如果共同推进的话，这一良好情况即将到来。③

麦克唐纳部长在加拿大独立石油协会的讲话中提出，渥太华“在过去两年中充分表明，加拿大赞成从北极向南北方向发展主要的

① David Crane, “Chrktien Assures U. S. Oil, Gas Firms Capital Welcome”, *The Globe and Mail*, March 10, 1971.

② Christopher Kirkey, “Moving Alaskan Oil to Market: Canadian National Interests and the Trans - Alaska Pipeline, 1968 - 1973”, *American Review of Canadian Studies*, Vol. 27, No. 4, 1997, pp. 495-522.

③ Terrance Wills, “Joint U. S. -Canadian Move Sought to Construct Mackenzie Pipeline”, *The Globe and Mail*, March 29, 1972.

石油干线”。1972年3月30日，他在与莫顿会晤时，直接向其提出了麦肯齐河谷线路。会后，麦克唐纳承认，尽管做出了不懈的努力，但美国很有可能会继续批准跨阿拉斯加管道项目。麦克唐纳承认："莫顿认为麦肯齐只是一种替代品。"然而，麦克唐纳还是在会后发表了一封致莫顿的私人信件，再次概述了加拿大的立场：

> 我写这封信给您，是负责任地表明我们在可能涉及加拿大的项目中的当前立场……使用加拿大的管道线路会带来很多好处。我们相信，通过为阿拉斯加的石油生产提供一条陆路，从而为贵国的中部州以及西北太平洋地区的石油短缺地区提供服务，可以提高贵国的能源安全……因此，政府应该对这一线路迅速给予考虑和审查。[①]

尽管做出了这些反复的努力，加拿大官员对避免西海岸油轮运输，以及说服华盛顿相信麦肯齐河谷线路优点的前景仍不乐观。加拿大官员发现，美国在跨阿拉斯加管道上投入了大量的精力和研究，看起来似乎会优先考虑这一线路。对于可能发生的西海岸污染问题，美国方面认为这是一个需要解决的问题，但不会构成不可逾越的障碍。[②] 1972年3月30日，麦克唐纳答记者问时称“对此时推销出麦肯齐河谷线路的前景不太乐观”。

二 美国政府的消极态度

1970年，内政部部长希克尔与加拿大印第安事务和北部发展部部长让·克雷蒂安在北极旅行，参观了几个油田，讨论了如何防止

---

① For a copy of Macdonald's letter, see *Congressiollal Record 118*, Part 16, 1972, pp. 20662, 20663.

② Christopher Kirkey, "Moving Alaskan Oil to Market: Canadian National Interests and the Trans - Alaska Pipeline, 1968 - 1973", *American Review of Canadian Studies*, Vol. 27, No. 4, 1997, pp. 495-522.

对北极敏感地区的破坏，并感叹于北极风光的美妙。或许克雷蒂安有劝阻希克尔建立联合石油管道的潜在意愿，但是官方层面上，他们却没有提及阿拉斯加与加拿大共同运输石油的事项。这在一定程度上也反映了美国政府对跨加拿大替代线路的不提倡态度。[①]

然而，美国环保组织却开始逐渐认同并接受跨加拿大替代线路。在草案召开听证会时，前内政部部长，而现今代表荒野协会的尤德尔也颇具洞察力地提出威廉王子湾漏油问题是项目的潜在隐患，并指出草案缺乏替代方案。[②] 还有一些环保主义者支持铁路线路，即通过铁路跨过加拿大来运油。“地球之友”的布劳尔倾向于不开采石油，但是，假设无法避免开采，他愿意支持麦肯齐沿线的铁路。他还提议，铁路将是“防溢漏的”和“防震的”，并且将避免阿拉斯加中南部的海洋污染威胁以及危险的地震带带来的未知污染。[③] 无论如何，这可以表明，环保组织的活动策略已经变了，他们开始接受替代线路作为一条后路。到 1971 年夏天，加拿大当局、环保主义者以及中西部政客组成松散的联盟，推荐加拿大的全陆线路。

草案听证会之后，内政部部长莫顿成立了“102 报告特别工作小组”（102 Statement Task Force）。[④] 美国地质调查局的戴维·布鲁尔（David A. Brew）担任该小组的主席，准备跨阿拉斯加管道的环境影响报告决案。受到国内国外对加拿大替代线路的热烈讨论的影响，莫顿要求在决案中增加对替代线路的考量。内政部经济分析办公室主任威廉·沃格利（William A. Vogely）开始对其他运输北坡石油的方法进行经济学分析、跨阿拉斯加和加拿大替代线路对国家安全的影响、跨阿拉斯加管道对美国国际收支和阿拉斯加州收入的影

① Daniel Nelson, *Northern Landscapes: The Struggle for Wilderness Alaska*, Washington, D. C.: Resources for the Future Press, 2004, pp. 100-101.

② "Proposed U. S. -backed Alaska pipeline risks 'ecocatastrophes,' Udall says", *The Washington Post*, Feb 18, 1971.

③ "Alaska in All Misleading Now", *New York Times*, February 5, 1971.

④ 特别小组的名字来自《国家环境政策法》中有关环境影响报告的章节。

响，以及未来的美国能源供求关系等。莫顿还要求石油公司去和加拿大政府探讨替代线路的问题，双方定了 1972 年 3 月在渥太华召开会议商榷。①

内政部国际事务办公室主任哈里·舒山（Harry Shooshan）承认，尽管加拿大政府对跨加拿大输油管道的态度是积极的，但是跨加拿大替代线路将使工程建设延误一到两年，而石油行业对这种替代方案并不真正感兴趣。石油行业反对除了瓦尔迪兹以外的任何选择。在 1972 年 3 月后期，英国石油公司的阿拉斯加负责人与荒野协会的律师詹姆斯·马歇尔（James Marshall）会晤，探讨庭外和解的方案。马歇尔回忆了他们两人的谈话：

> 我说，我认为我们对于他们（石油公司）提议的管道方案，即从瓦尔迪兹通过油轮运送石油到美国西海岸的路线，永远不能达成一致。但是我明白，北坡石油早晚是要被开发出来的。因此，我建议他们采用跨加拿大替代线路……但是对于这一建议，石油公司根本不予理会。②

另外，对待跨加拿大线路，还有更为消极的一方，即阿拉斯加州的伊根政府也坚决反对替代线路。州政府最大的关注点在于其财政问题，进入 20 世纪 70 年代后，州政府的财政支出增加了两倍，而在 1969 年土地租赁中获得的 9 亿美元款项也迅速耗尽了。如果不能有新的财政收入，财政大亏空将是不可避免的。而跨阿拉斯加线路可以预见在 3 年内完成，州政府财政税收就可以得到保证，不用

---

① Mary Clay Berry, *The Alaska Pipeline: The Politics of Oil and Native Land Claims*, Bloomington: Indiana University Press, 1975, pp. 220-221.

② Daniel Nelson, *Northern Landscapes: The Struggle for Wilderness Alaska*, Washington, D. C.: Resources for the Future Press, 2004, pp. 110-111.

开始痛苦地削减经费了。[①]

内政部部长莫顿也不支持跨加拿大替代线路。莫顿任职后第一次访问阿拉斯加时，当科尔多瓦渔业联盟一个领导者问及替代线路的时候，莫顿回答："在阿拉斯加州，应该没有人会申请，并出资建立一个跨加拿大的线路。"[②] 渔业人士和大多数的管道支持者因此得出结论，莫顿和希克尔是一样支持石油开发和管道建设的。在一份非正式发表的文章中，支持跨加拿大线路的众议院议员莱斯·阿斯平（Les Aspin）预测，撰写环境影响报告决案的所有成员都不会考虑跨加拿大线路，也不会支持在管道通行权上的任何拖延。石油公司将得到他们想要的通行权，除非舆论反对"变得更为巨大"。[③]

接下来，舆论反对果然变得更为巨大了。特别工作小组的准备工作，是在《国家环境政策法》不需要讨论石油公司提交的内容的前提下进行的。然而，1971 年年底，自然资源保护委员会对内政部提起诉讼，声称该法规定环境影响报告要对替代线路进行更为充分的研究，而内政部的草案和其随后的行动却都没有关注到这一点。1972 年 1 月 13 日，华盛顿巡回法院在这一诉讼中，确认了地方法院的判决，裁决内政部提交的最终环境报告应该认真考虑替代方案。[④] 至此，内政部部长莫顿才不得不设立特别机构，研究迄今为止并没有得到充分重视和研究的替代线路，并决定在环境影响报告决案中开辟专门一节来陈述与分析。

跨加拿大替代线路终于正式提上日程，它将成为北坡石油开发

---

① Daniel Nelson, *Northern Landscapes: The Struggle for Wilderness Alaska*, Washington, D. C.: Resources for the Future Press, 2004, p. 110.

② Daniel Nelson, *Northern Landscapes: The Struggle for Wilderness Alaska*, Washington, D. C.: Resources for the Future Press, 2004, p. 111.

③ Les Aspin, "Why the Trans-Alaskan Pipeline Should Be Stopped", *Sierra Club Bulletin 56*, June 1971, pp. 16-17.

④ Henry R. Myers, "Federal Decision-making and the Trans-Alaska Pipeline", *Ecology Law Quarterly*, 1975, p. 936.

和管道建设后期争议的焦点。跨加拿大替代线路不仅涉及美国环保组织和石油工业的争议，还涉及美国与加拿大环保组织之间的争议；更重要的是，替代线路将使问题在开发与保护较量的基础上进一步升级，最终演变为反对石油垄断与石油外销的政治经济问题。

第五章

替代线路：北坡石油开发与管道建设争议的升级与解决

跨阿拉斯加管道的环境影响报告草案，在全国上下引发了众多争议，环保组织和环保人士对草案的批判占据了主导地位。当跨阿拉斯加管道环境影响报告决案发布时，争议再次展开，然而这次争议的声势更为浩大，也更为深刻。环保势力对决案依然不满意，跨加拿大替代线路的提出，使得环保争议纷繁复杂，既涉及环保势力与阿拉斯加开发者的斗争，又涉及美国环保组织与加拿大环保组织的纷争。但比环保争议更吸引人的，是决案将石油管道问题从阿拉斯加带到华盛顿，中西部和东北州人士也加入管道反对者阵营。他们通过赞成跨加拿大替代线路，反对企业垄断和石油外销。北坡石油开发与管道建设争议，在环保与开发相斗争的持续发酵下，从最开始较为简单的技术争议和土地争议，升级成为老生常谈的政治经济争议。然而，石油危机的爆发迅速激化了矛盾，剪灭了争吵。国会解决了通行权问题，否决了跨加拿大替代线路；通过了格雷夫—史蒂文斯修正案，给予跨阿拉斯加管道项目“避免《国家环境政策法》进一步行动”的许可。开发势力占了上风，虽然拖延了长达四年之久，北坡石油开发与管道建设最终被批准，跨阿拉斯加管道建设随之展开。

第一节　环境影响报告决案与替代线路争议

跨阿拉斯加管道的环境影响报告决案虽然一再难产，然而最终颁发并批准。迎接它的，是参与人数更多、诉求更为复杂的抗议与反对。在讨论批准决案的公开听证会上，管道反对者利用跨加拿大替代线路继续战斗。环保主义者提出加拿大替代线路可以避免海上运油风险，防止环境污染；而中西部和东北州人士，则认为加拿大替代线路可以避免石油财团的经济垄断性和石油外销问题。

一　决案的内容及批准

环境影响报告决案原定于1971年6月完成，却一拖再拖。这是因为，作为决案不可或缺的一部分——阿列斯卡公司全面系统的“项目说明”迟迟没有完成。草案引发的环保争议，以及加拿大替代线路的提出，让石油工业不得不面对并重视管道的技术改进。他们强烈反对替代线路，企图用技术进步弥补环境破坏，并最终确保跨阿拉斯加管道的顺利通过。从7月下旬到8月初，阿列斯卡公司提供了有关管道的其他技术信息，包括三卷文本（1350页）和二十六卷附录，并后续补充了26页的摘要。项目说明还为门罗帕克工作组提供了拟建管道线路的第一张地图，指出了管道的哪些部分将被掩埋，哪些部分将被升高。9月，阿列斯卡公司应门罗帕克工作组的要求，又提交了进一步的备忘录，继续补充了管道每一英里的设计数据。莫顿不得不把环境影响报告决案的发布日期推迟到1971年11月。

1971年年底，自然资源保护委员会提起的针对内政部的诉讼中，要求环境影响报告决案中应补充备选方案。这一耽搁使得决案的发布又被推迟到1972年。在这个时候，内政部和石油工业也迎来了一些好的消息。1971年12月颁布的《阿拉斯加原住民土地赔偿安置法》，消除了大部分原住民的土地权利要求。法案同时规定，如果内政部部长选择了一条管道运输和公用事业用地，则阿拉斯加州和原住民都不能在其中选择土地；更重要的是，法案规定现金结算的一半将由石油生产的特许权使用费支付。这使原住民对管道的快速授权产生了兴趣，阿拉斯加原住民联合会宣布："否决或拖延跨阿拉斯加管道建设，就是破坏或违反《安置法》的意图和条款。"① 因此，北坡石油开发和管道建设的反对者消减了一个。原住民的要求得到满足后，环保主义者和科尔多瓦渔业联盟的渔民成为该项目的主要反对者，《国家环境政策法》和《矿物租赁法》成为该项目的主要法律障碍。

1972年3月20日，跨阿拉斯加管道的环境影响报告决案（以下简称"决案"）发布。决案共九卷，最后三卷还涉及该提案引发的国民经济和国家安全问题，总计达3500页。决案对石油管道的地质情况进行了客观且专业的表述。管道线路穿越了两个山脉，其中一个处于地震活跃带上；它还穿越了包括育空河在内的数十条水道。决案认为这些问题是可控的，但同时强调河流渡口的施工现场会引起严重的侵蚀和淤积。决案同时关注了永久冻土和动物迁徙问题。石油管道运行带来了一个特殊的问题：为了石油流动输出，则必须将其加热到54℃以上。而在此温度下，管道会使埋在地下的永久冻土融化，使土壤变成软泥，并产生损害管道连接、造成石油泄漏的危险。工程师可以通过升高管道来避免永久冻土的问题；但是高出地面的48英寸直径的管道，又可能会阻塞哺乳动物的迁徙路径。②

① "Canada Route Backed for Oil-gas Corridor", *Fairbanks Daily News-Miner*, June 9, 1972. 这并不是说所有阿拉斯加原住民都支持ANCSA，对其规定都感到满意，并在以后批准了管道项目。北极坡原住民协会反对ANCSA，因为它认为分配给因纽特人的土地数量（基于人口数据，为400万英亩）不足以满足他们的需求。一些原住民继续反对该项目，因为它会破坏他们现有的生活方式。环境影响报告决案宣称，管道的建设和运营"可能对阿拉斯加当地人的资源利用方式产生重大影响，且无法确认影响的程度"。杜瓦永原住民公司（Doyon Native Corporation）覆盖美国阿拉斯加大部分地区，其边界内包含拟建的200英里管道。1973年，它宣布反对该项目。

② *Final Environmental Impact Statement, Proposed Trans-Alaska Pipeline*, Washington, D. C.: U. S. Dept. of the Interior, 1972, Vol. 1.

决案充满了可能对环境造成损害的警告，不断强调指出目前没有足够的信息来准确估计项目可能造成的实际伤害和干扰程度。关于动物的活动，决案评论说：“尚不能最终预测管道的地上部分对大型哺乳动物活动的影响。关于大型哺乳动物对障碍物的行为反应的知识仍然非常有限。”①关于砾石的清除和淤积问题，决案指出：“虽然提出的措施意在将侵蚀和淤积保持在最低水平，但管道和道路建设活动肯定会导致侵蚀和淤积。”② 针对该线路南部 2/3 的地震活动这一问题，决案得出的结论是：“在管道的使用寿命期间，拟议线路周边地区发生一次或多次大地震的可能性非常高。”③ 同时，决案也表达了对瓦尔迪兹港和威廉王子湾溢油危险的严重担忧，并在谈到当地鲑鱼产业时，指出：“该资源很可能会因拟议项目的相关污染而受到损害”，并警告说“即使采用了最佳的现有技术和控制措施，也会泄漏一些石油……”④

决案对荒野的价值观表示了适当的敬意，并承认阿拉斯加是美国至高无上的边疆体现：“除了阿拉斯加，在美国没有其他地方有如此广阔的荒野地区，基本上没有现代人和其他人接触过。”⑤ 它试图定义荒野及其价值，并承认该项目将造成“不可逆转和不可挽回”的影响。⑥决案引用了 1964 年的《国家荒野法》的定义，将“荒野地区”定义为“未开发的联邦土地，保留了其主要特征和影响力，

① *Final Environmental Impact Statement*, *Proposed Trans - Alaska Pipeline*, Washington, D. C.: U. S. Dept. of the Interior, 1972, Vol. 1, p. 128.

② *Final Environmental Impact Statement*, *Proposed Trans - Alaska Pipeline*, Washington, D. C.: U. S. Dept. of the Interior, 1972, Vol. 1, pp. 122-123.

③ *Final Environmental Impact Statement*, *Proposed Trans - Alaska Pipeline*, Washington, D. C.: U. S. Dept. of the Interior, 1972, Vol. 1, p. 191.

④ *Final Environmental Impact Statement*, *Proposed Trans - Alaska Pipeline*, Washington, D. C.: U. S. Dept. of the Interior, 1972, Vol. 1, pp. 160, 174.

⑤ *Final Environmental Impact Statement*, *Proposed Trans - Alaska Pipeline*, Washington, D. C.: U. S. Dept. of the Interior, 1972, Vol. 2, p. 218.

⑥ *Final Environmental Impact Statement*, *Proposed Trans - Alaska Pipeline*, Washington, D. C.: U. S. Dept. of the Interior, 1972, Vol. 2, pp. 1, 250.

没有永久性的改变，或永久性的居住地，该土地受到保护和管理以保护其自然环境。”① 它强调了荒野的生态价值，即是衡量其他地方环境变化的基准数据。同时，它也指出了荒野的精神价值，即是被工业化和城市化文明所困扰的人类的避难所。更难能可贵的是，决案还描述了荒野的心理价值，即“有些人只要知道荒野存在，不论其是否能够游览该地区，都会得到回报。他们对这些地区的存在有着简单而令人欣慰的认识。”② 一些环保主义者认为，荒野的这种特殊的心理价值是最大的，但却也是最不明显的。决案赞同鲍勃·马歇尔早在30年前就曾表达过的观点：在美国没有任何地方“可以找到并保留比阿拉斯加更大的荒野地区。”③

石油管道的支持者认为，决案没有为该项目提供足够有力的依据，简直是为环保主义者而作。其实不然，决案延续了内政部在环境影响报告草案中给予的普遍认可。它再次强调，国家为减少对外国石油的依赖而要求在阿拉斯加建立一条输油管道，并且该管道应完全由美国控制；它还认为，跨阿拉斯加管道将改善美国的国际收支平衡，为美国造船业提供动力，为阿拉斯加人创造急需的工作机会，并为阿拉斯加州政府提供必要的收入。与此同时，草案还提到，与石油储量相配合，普鲁德霍湾还存在着26万亿立方英尺的可再生天然气，油气资源的丰富暗示着北坡石油的开发价值巨大。④

按照《国家环境政策法》的规定，环境影响报告决案被送给总统、环境质量理事会以及公众审查。莫顿宣布为期45天的“宽限期”，以便相关人士在内政部采取进一步行动之前发表意见。他在国

① *Final Environmental Impact Statement, Proposed Trans - Alaska Pipeline*, Washington, D. C.: U. S. Dept. of the Interior, 1972, Vol. 2, pp. 2, 216-217.

② *Final Environmental Impact Statement, Proposed Trans - Alaska Pipeline*, Washington, D. C.: U. S. Dept. of the Interior, 1972, Vol. 2, pp. 217.

③ *Final Environmental Impact Statement, Proposed Trans - Alaska Pipeline*, Washington, D. C.: U. S. Dept. of the Interior, 1972, Vol. 4, pp. 313-319.

④ *Final Environmental Impact Statement, Proposed Trans - Alaska Pipeline*, Washington, D. C.: U. S. Dept. of the Interior, 1972, Vol. 7, Supporting Analyses, II.

家电视台上露面，邀请公众对决案发表评论。他还向公职人员、有关组织、新闻界和公众发放草案副本。同时他命令副部长准备一份声明，尽可能以最佳的方式处理跨加拿大替代线路的问题。最后，他会见了总统、其他内阁成员以及加拿大政府能源部部长麦克唐纳。麦克唐纳的会后猜测预示了莫顿的下一步行动："给我的印象是，鉴于在跨阿拉斯加管道上投入了大量的精力和研究，看起来莫顿他们似乎会优先考虑这条线路。"①

虽然内政部自认做到了完美。但是阿拉斯加公共利益联盟的律师声称，花了 28 天的时间才能获得该文件的副本。他们在由 23 名参议员和 80 名国会议员组成的两党联盟的支持下，要求进行公开听证。然而，内政部拒绝了。虽然《国家环境政策法》确实规定环境影响报告的制定，要"与……有关的公共和私人组织合作"，遵循有关团体和个人的环境目标。但是，该法并没有明确规定进行公开听证，也不要求付出积极的努力来获得公众的评论。即使是《内政部指南》也指出，公开听证会"可以"（而不是"必须"）由秘书酌情决定。② 5 月 4 日，内政部副部长助理贾里德·卡特（Jared Carter）被任命审查公众意见。然而迄今为止，他对该项目参与得很少。

保护组织和环保主义者草拟并提交了长达 1300 页的抗议报告，以反对决案。其中包含五项基本批评：第一，也是最普遍的说法是，自从 1969 年 6 月内政部开始处理通行权申请以来，内政部一直服从于石油工业。第二，备受关注的管道建设和运营规定的技术方面含混不清，甚至无法执行。第三，决案中关于满足能源需求的替代来源的讨论，没有草案中那样持续和系统。第四，决案没有研究适当

① Christopher Kirkey, "Moving Alaskan Oil to Market: Canadian National Interests and the Trans - Alaska Pipeline, 1968 - 1973", *American Review of Canadian Studies*, Vol. 27, No. 4, 1997, pp. 495-522.

② Peter H. Dominick, David E. Brody, "The Alaska pipeline: Wilderness society v. Morton and the trans-Alaska pipeline authorization act", *American University Law Review*, Vol. 23, No. 2, 1973, pp. 337-390.

的替代方法，尤其是通过加拿大的普通石油和天然气运输走廊的替代运输方法。第五，决案对中东石油供应不可靠的评估值得商榷，因此最后三卷所载的国民经济和国家安全数据有虚假和失真的可能。①

5月6日，贾里德·卡特审查了抗议报告。两天后，他将其分发给部门审核。5月10日，莫顿仔细检查了这些评论，并退还给卡特。5月11日，他宣布向阿列斯卡公司授予跨阿拉斯加管道通行权。莫顿在45页的批准理由报告中详细解释了他作出该决定的理由。莫顿详细讨论了《国家环境政策法》、美国的能源和原油状况、北坡石油市场的选择、跨阿拉斯加线路的可行性、时机和能力、经济和社会后果，以及运输北坡石油的替代线路等情况，最终得出如下结论："我所作决定的核心是迫切需要将北坡石油和天然气尽快带入美国市场……跨阿拉斯加线路是在该地区运输北极石油的唯一可行方法。"② 此外，他表示西海岸"是北坡石油的首选主要市场"，并发现跨阿拉斯加线路的环境情况可以接受。

因此部长决定赞成跨阿拉斯加线路，而不考虑跨加拿大替代线路，莫顿在一份简短的声明中，指出麦肯齐河谷输油管道的若干关键问题：

> 没有人愿意在加拿大建立一条输油管道。加拿大官员之前没有任何申请，甚至精确线路仍是悬而未决。加拿大没有工程计划，更没有人知道保守估计50亿美元的管道资金从何而来。环境与工程研究也尚未完成。沿线原住民土地权索偿问题，仍然是加拿大尚未解决的问题……美加两国关于建设和运营管道

---

① Peter A. Coates, *The Trans-Alaska Pipeline Controversy*: *Technology*, *Conservation and the Frontier*, Bethlehem: Lehigh University Press, 1991, p. 229.

② Peter H. Dominick, and David E. Brody, "The Alaska pipeline: Wilderness Society v. Morton and the Trans-Alaska Pipeline Authorization Act", *American University Law Review*, Vol. 23, No. 2, 1973, pp. 337-390.

的谈判将是复杂而耗时的。[①]

尽管内政部部长尽可能详尽地陈述了支持跨阿拉斯加线路，以及反对跨加拿大线路的各种考量因素，但是环境保护主义者、内政部的相关官员，以及相关备案文件都证明跨加拿大线路似乎更为可行。他们在随后的听证会上，从环境和经济两个方面阐述了对跨加拿大线路的拥护。

二　跨加拿大替代线路的环保争议

1972 年 6 月，国会联合经济委员会举行了公开听证会，讨论了莫顿最近批准管道建设的决定。该委员会主席威廉·普罗克斯米尔（William Proxmire）参议员是跨阿拉斯加管道建设中最持久、最挑剔的批评家之一。这些会议也确实为管道反对者提供了进一步战斗的平台。这一战斗主要表现为两个层面，一是环保层面，环保主义者和相关领域专家推荐加拿大替代线路，以避免海上运油风险，防止环境污染；另一是政治经济层面，来自美国中西部和东北州人士拥护加拿大替代线路，以避免石油财团的经济垄断性和石油外销问题。

保护主义者反对莫顿批准管道建设，尤其关注决案对加拿大替代线路的不合理判断。第一，管道使用权问题：即加拿大将要求拥有通过加拿大的管道的多数所有权，线路至少 50%的运输力要运输加拿大自己的石油；因此内政部部长认为，在危机中加拿大可能会中断通过加拿大输油管道的石油供应，这是加拿大航线最大的弊端之一。相反，“地球之友”和荒野协会强调了加拿大作为盟友的可靠性，并认为该因素与决策无关。同时，决案正文中包含的国防部、内政部部长和总统应急准备办公室的观点为这一立场提供了支持，

---

① “Interior Secretary Morton on the Trans-Alaskan Pipeline”, *The Washington Post*, April 16, 1973.

这些联邦官员对加拿大的可靠性也毫不怀疑。[①] 第二，管道的环境影响问题：即跨加拿大石油管道在物理上的安全性是否确实比在西海岸的油轮运输低。环保主义者指出，1941 年，美国海上航线容易受到攻击，这是选择建设阿拉斯加高速公路的主要理由。30 年后，内政部却认为出于国家安全考虑，一条油轮必须沿西海岸航行。更奇怪的是，这一官方结论与国防部、内政部部长和应急准备办公室主任的观点不一致。这些官员指出，从一定程度上来讲，通过加拿大的输油管道，会减少必须由脆弱海上航线运输的石油数量，保障沿海安全。[②]

内政部内部备忘录《跨阿拉斯加管道的替代方案》的出现，进一步加强了对跨加拿大替代线路的关注。该备忘录是在莫顿的要求下，在环境影响报告决案发布后不久，由当时的内政部副部长助理杰克·霍顿（Jack O. Horton）编写的。霍顿曾担任内政部石油管道环境问题研究的协调员，他的备忘录将跨阿拉斯加线路与跨加拿大替代线路进行了比较，指出后者明显在环境方面具有更大的优势。第一，就环境污染方面，它避免了威廉王子湾的石油泄漏污染问题，它还避免了西海岸沿线的油轮运输的溢漏风险。第二，就地质困难方面，它可以避开阿拉斯加中南部和布鲁克斯山脉以北敏感的永久冻土地区，以及阿拉斯加中南部的活跃地震区。第三，就经济建设方面，它将避免建立两条独立的管道线路，一条用于运输阿拉斯加的石油，另一条用于运输加拿大的石油和天然气，从而减少建设成本。[③] 第四，就石油生产和税收形成的利益收入方面，跨加拿大的输

---

① *Final Environmental Impact Statement, Proposed Trans - Alaska Pipeline*, Washington, D. C.: U. S. Dept. of the Interior, 1972, Vol. 7, Supporting Analyses, II, M-5-6.

② *Final Environmental Impact Statement, Proposed Trans - Alaska Pipeline*, Washington, D. C.: U. S. Dept. of the Interior, 1972, Vol. 7, Supporting Analyses, II, M-5-3-6.

③ "Canada Route Backed for Oil-gas Corridor", *Fairbanks Daily News-Miner*, June 9, 1972.

油管道是不会损害阿拉斯加州的金融利益的。[①] 第五，就政治优势方面，通过加拿大建立的联合能源线路，将受到美国公众、媒体、环保主义者以及中西部和东部选民更大的支持。

除了内政部内部信息，环保主义者还得到了专业学者理查德·内林（Richard Nehring）和查尔斯·奇切蒂（Charles J. Cicchetti）的支持。他们指出，备忘录的内容与决案的结论有矛盾之处，以此来批判莫顿的批准。内林原任职内政部经济分析办公室，而当莫顿批准跨阿拉斯加管道项目后，他用辞职的方式来表达自己的反对态度和决心。他指责内政部的高级官员没有尽职调查替代线路，并引用北坡特别工作小组负责人佩科拉的话来说明这一点："我们已经实施了替代方案。我们需要为管道配置更多的阀门，我们要求公司在地上（而不是地下）建造更多的管道。"[②] 同时，内林指控佩科拉在报告的第一卷中删除了工作人员的结论，即麦肯齐河谷线路对环境的破坏较小。

美国地质调查局的戴维·布鲁尔是"102 报告特别工作小组"的主席，也是环境影响报告决案的起草者之一。他对决案内容以及莫顿的批准，反应特别微妙。在准备决案的调研过程中，他领导特别工作小组成员，将大部分精力投入到研究如何最大限度地减少建造和运营这样一个庞大项目的生态和地质风险。地质学家将环境的定义仅限于项目的那些可以通过硬科学来测量和预测的部分，如岩石、永久冻土、驯鹿群等。这其实引发了管道反对者和支持者两方面的不满，反对者认为他们缺失对海运石油污染问题的调查和考量，而支持者认为他们忽视了全国性的石油经济问题。

这样的不满主要应该归咎于布鲁尔对自己专业的坚持。在环境影响报告决案中，布鲁尔出于专业精神，仍然撰述了很多内容支持

---

① 环境影响报告决案中专门分析了跨加拿大替代线路的经济和安全方面，指出两条路线之间在消费者价格和石油行业利润方面不会有差异。

② United States, Congress, Joint Economic Committee, *Hearings*, *Natural Gas Regulation and the Trans-Alaska Pipeline*, 92d Cong., 2d sess., 1972, p. 256.

环保主义者的立场。有地质学家发现，石油公司选择的原始管道线路并不是对整体环境影响最小的线路，他们总结说："似乎没有一条通用的线路，在所有方面都比其他任何线路更优越。但加拿大线路消除了油轮事故的可能性，该事故可能对自然造成灾难性的影响。"① 事后两年，布鲁尔对莫顿的批准和管道的建设做了进一步的地质影响审查，并承认当莫顿批准跨阿拉斯加线路时，他认为这是一个错误的决定。同时，布鲁尔坚持认为，他的工作小组已经向决策者提供了最为专业的信息，发出了最为明确的信号，告知"最佳"决策是什么。布鲁尔解释说，"最小化环境影响"的最佳选择是一条跨加拿大的线路，而不是一条跨阿拉斯加的线路；并指出跨加拿大线路可以与服务加拿大、美国中西部和东北部的石油管道连接起来。②

一方面，同样出于专业素养，布鲁尔也承认麦肯齐河谷并不是一条完美的路线。另一方面，那里的管道将穿越 2000 英里的北极和亚北极景观，而跨阿拉斯加的提案则只穿越了 800 英里。因此，布鲁尔根据《国家环境政策法》流程进行事后审查时，同意了决策者的决定，并承认："其他结论也是可能的。"③ 同时，他也不想过分左右决策者决策，并认为这种职权的扩大是不负责任的。在给同事的手写笔记中，布鲁尔陈述了自己的立场。他解释说："我们在技术上提供信息，而将政治经济合理化决策留给了部长、总统等权衡。"布鲁尔在另一份备忘录中解释说："决策信息框架中的其他要素，例如对经济的影响，对整个美国能源系统的影响等，可能在其他文件

---

① *Final Environmental Impact Statement, Proposed Trans – Alaska Pipeline. Washington*, D. C. : U. S. Dept. of the Interior, 1972, Vol. 1, p. 320.

② David Brew, *Environmental Impact Analysis: the Example of the Proposed Trans – Alaska Pipeline*, Reston, Va. : U. S. Dept. of the Interior, Geological Survey, 1974, pp. 14–15.

③ David Brew, *Environmental Impact Analysis: the Example of the Proposed Trans – Alaska Pipeline*, Reston, Va. : U. S. Dept. of the Interior, Geological Survey, 1974, p. 2.

中有所描述。”[①] 布鲁尔清醒地意识到，内政部官员的工作标准与他不同。作为专业的地质学家，他和他的工作小组的主要目标是最大限度地减少管道对荒野环境、野生动植物生态系统以及海洋渔业的危害，这使无油轮运油的加拿大线路更加可取；而相比之下，内政部部长认为尽快开采石油，而不是等待加拿大人建立天然气管道，具有更高的价值。布鲁尔承认，管道决策涉及全国性的政治和经济问题，要考虑更多的因素和信息，承担更多的压力，并需作出更为综合的决定。

布鲁尔的分析更契合莫顿和开发势力的态度，北坡石油开发和管道建设争议越发展现出其复杂的一面。跨加拿大替代线路的提出，再一次深化了争议的主题，使其进一步升级为更为深刻的政治经济问题。

三　跨加拿大替代线路的政治经济争议

当地质学家、生物学家以及环保主义者对环境污染和荒野破坏等问题日益关注，且越来越提倡跨加拿大替代线路时，来自中西部和东北州的立法者也加入了他们的行列，他们考虑采取行动阻止内政部的批准。他们的加入加深了争议的内涵，使得北坡石油开发和管道建设问题从环保争议升级为政治经济争议。

参议员埃德蒙·马斯基和莱斯·阿斯平正式要求尼克松总统推迟施工，直到国会可以调查“第102特别工作小组”逃避的问题为止。他们指出了更为深刻的问题：为什么内政部认为在“险恶水域”中航行一队超级油轮，要比直接连接到现有管道系统的全陆航线更好？石油公司为什么要推动一项计划，将阿拉斯加的原油运往西海岸的炼油厂，那里的油价比中西部和东海岸的油价要低25%？石油公司对这条使他们能够灵活地将油轮运送到世界任何地方，而不仅

---

① Joshua Ashenmiller, “The Alaska Pipeline as an Internal Improvement, 1969－1973”, *Pacific Historical Review*, Vol. 75, No. 3, August 2006, pp. 461－490.

仅是到西海岸的炼油厂的线路到底有什么兴趣？他们是否打算将原油出售给其他国家？由此可见，马斯基和阿斯平将辩论的方向从永久冻土、驯鹿、环境污染等问题，转移到市场操纵以及收益和成本分配的问题上。①

中西部和东北部的参议员担心，跨阿拉斯加管道会给予石油工业特权和好处，更糟糕的话，可能会造成垄断。阿斯平指出，内政部可以积极研究将北坡石油推向市场的替代方法，并实行竞争性招标，然后再决定到底采用哪一条线路。马斯基预测："如果拒绝跨阿拉斯加输油管道的申请，我们将很快看到跨加拿大输油管道的申请。"正是因为没有进行竞标，所以在阿拉斯加北坡没有其他财团拥有与阿列斯卡相匹配的资源和势力。因此，阿斯平提醒其他参议员，通行权本质上是垄断特许权。

随着对垄断的指控加重，管道争议越发激烈起来，这不禁让人回想起西奥多·罗斯福执政的时代。在那时，垄断企业建设了国家大部分基础设施。罗斯福的公众形象是一个垄断破坏者，而他个人的信念却并非如此。他认为，并非所有的垄断企业都是坏人，政府允许"自然垄断"运作时，社会效率会提高，特别是在电话和公用事业等基础设施行业中。② 而如今的阿拉斯加州似乎正在重复那一段历史，阿拉斯加北坡石油开发与管道建设的巨型工程，可能再次落入垄断企业手中。随着对跨阿拉斯加管道了解的深入，国会议员越发相信这种说法是正确的。普鲁德霍湾集团（Prudhoe Bay Group）成立了阿列斯卡公司，其唯一目的是建造一条管道，那就是跨阿拉斯加管道。现在，阿列斯卡公司已经拥有自然资源垄断权；而内政部的批准则会再赐予他们政治许可垄断权。甚至早在 1969 年，预算局（Office of Budget）就警告说，授予石油财团的任何管道许可证都

---

① Joshua Ashenmiller, "The Alaska Pipeline as an Internal Improvement, 1969–1973", *Pacific Historical Review*, Vol. 75, No. 3, August 2006, pp. 461–490.

② Samuel P. Hays, *Conservation and the Gospel of Efficiency: The Progressive Conservation Movement, 1890–1920*, Cambridge: Harvard University Press, 1959.

会引起“反托拉斯问题”①。

除了垄断问题，更具爆炸性且更引人热议的是，输油公司计划将部分普鲁德霍湾石油出售给日本，而后者在20世纪70年代初期是美国工业快速增长的竞争对手。早在1969年年底，米勒州长就进行了一次日本之行，他还透露出日本人对购买北坡石油，以减少对中东石油供应的依赖非常感兴趣，这展示了阿拉斯加石油开发的良好市场前景。②1971年夏天，记者开始报道说，如果管道在西海岸输出了过多的原油，石油公司将把阿拉斯加的原油卖给日本的炼油厂。日本人也毫不避讳，时任首相佐藤大作在访问尼克松位于加利福尼亚州的度假屋时，对记者说：“如果管道铺设完备，我们当然会购买石油。”③

毫无疑问，许多中西部州议员对石油输往日本表示震惊和愤怒。他们提出了一种推测，即阿列斯卡公司从一开始就计划建造一条管道通往港口，而不是利用国内已存在的管道网络。这样一来，他们可以从港口向世界各地运送阿拉斯加原油。查尔斯·奇切蒂是一名经济学家，目前是总部设在华盛顿特区的环境保护智囊团“未来能源”（Resources for the Future）的研究助理。奇切蒂进行的一项研究证实了中西部人的推测。奇切蒂认为，尽管西海岸的石油价格是美国任何地区中最低的，但跨阿拉斯加的管道路线却能为石油公司带来非常灵活的利润收入：

> 根据该计划，多余的石油将通过瓦尔迪兹的外国油轮运往

---

① Joshua Ashenmiller, “The Alaska Pipeline as an Internal Improvement, 1969–1973”, *Pacific Historical Review*, Vol. 75, No. 3, August 2006, pp. 461–490.

② Peter A. Coates, *The Trans-Alaska Pipeline Controversy: Technology, Conservation and the Frontier*, Bethlehem: Lehigh University Press, 1991, p. 187.

③ Robert Hornig, “Japan Will Get Alaskan Oil, Sato Indicates,” *Washington Evening Star*, January 12, 1972. 转引自 Joshua Ashenmiller, “The Alaska Pipeline as an Internal Improvement, 1969 – 1973”, *Pacific Historical Review*, Vol. 75, No. 3, August 2006, pp. 461–490。

> 日本。石油公司将向阿拉斯加支付较低的特许权使用费，并节省运输成本。而且，它们将避免《琼斯法》的限制，该法要求必须使用美国船来进行国内港口之间的货物运输。同时出口公司还被允许增加其在美国东海岸的进口外国原油的进口量，同样是以价格较低的外国油轮运进的原油。其后，石油公司可用世界上最高的价格出售这些东海岸运进的廉价原油。①

杰克逊参议员的内务委员会对奇切蒂的举报做出回应，在其为管道建设提出的 S. 1081 法案中，加入了禁止石油公司未经总统批准而在海外出售阿拉斯加原油的出口管制规定。② 杰克逊强调，这条石油管道是对美国经济的改善，而不是对任何其他国家经济的改善。

环境影响报告决案的发布，以及莫顿对跨阿拉斯加管道建设的批准，无疑带来了反管道建设的高潮。北坡石油开发与管道建设争议进入了白热化阶段，司法和立法机构随后纷纷登场，管道反对者和开发者的决战即将来临。

第二节　从司法裁定到国会立法的转移

跨加拿大替代线路的提出，使得北坡石油开发和管道建设争议上升到白热化阶段。美国司法机构启动立法还押程序，将有关争议的诉讼交于国会立法解决。国会修改了《矿物租赁法》，通过了格雷夫—史蒂文斯修正案，解决了管道的通行权和是否符合《国家环境政策法》要求等问题，并最终通过了《跨阿拉斯加管道授权法案》，石油管道建设正式开始。

---

① Charles J. Cicchetti, *Alaskan Oil: Alternative Routes and Markets*, Baltimore: Resources for the Future and Johns Hopkins University Press, 1972, p. 118.

② "Federal Lands Right-of-Way Act", P. L. 93-153, Title IV, "Miscellaneous".

一 司法拖延及转移

1970年3月26日，配合阿拉斯加原住民的土地权索赔申诉，荒野协会、“地球之友”和环境保护基金会也提起诉讼，质疑内政部授予的石油管道通行权违反了《矿物租赁法》和《国家环境政策法》。在1970年4月23日举行听证会后，美国哥伦比亚特区地方法院的乔治·哈特法官下令禁止内政部部长颁发管道建设通行权。环境影响报告决案通过后，1972年8月15日，哈特法官解除了他的禁令。他裁定，内政部的环境影响报告决案符合所有《国家环境政策法》的要求，并驳回了基于《矿物租赁法》的原告论点。

然后，三位原告对地方法院的决定提出上诉。1972年10月6日，哥伦比亚特区巡回法院的七名法官组成的小组，受理了这一诉讼，并听取了环保组织的辩论。在上诉中，加拿大野生动物联合会的大卫·安德森（David Anderson），以及科尔多瓦区渔业联盟的代表也加入了这三个环保组织的诉讼；而内政部部长莫顿成为了被告。1973年2月9日，巡回法院推翻了哈特法官的裁决，并命令地方法院禁止内政部部长颁发管道建设通行权。因为这违反了《矿物租赁法》：“国会施行对管道权的控制，如果授予的通行权宽度不足以达到其目的，则应重返国会定夺。”巡回法院继续说，“无论何时，无论这种宽度限制是否有意义，都不是法院可以定夺的事项。宽度限制是应被放弃、扩大，还是由行政机构自行决定，这是国会应该决定的事项，而不是法院能够决定的。”巡回法院判决所依据的法律原则如下：涉及广泛的政策问题应在立法机关中解决。① 在这里，巡回法院明确回避了环境问题（《国家环境政策法》第102条），推迟了对内政部部长的环境影响报告决案是否适当的判定，而只以通行权宽度限制这样简单的技术性问题为驳回依据。

额外的延误自然加剧了阿拉斯加管道支持者的不满。3月，参

---

① Wilderness Society v. Morton, 479 F. 2d, D. C. Circ. 1973.

议员格雷夫成立了阿拉斯加管道教育委员会（Alaska Pipeline Education Committee）。教委会也以建州运动为榜样，并声称代表“绝大多数阿拉斯加人”。教委会的主席是朱诺商会主席莱斯·斯皮克勒（Les Spickler），成员包括希克尔任州长时的阿拉斯加自然资源专员汤姆·凯利（Tom Kelly）、前安克雷奇市长乔治·沙利文（George Sullivan）以及阿拉斯加国家银行行长弗兰克·默科夫斯基（Frank Murkowski），他曾于1967—1970年担任阿拉斯加经济发展专员。他们努力减少阿拉斯加地区各方势力对管道的批评程度；还获得了州政府的资金支持（100000美元），但反对者声称其大部分资金来自阿列斯卡。①

尼克松政府给予管道的授权以优先权，以减少美国对进口石油的依赖。1973年2月15日，尼克松发表国情咨文演讲，其中的一个主题是“自然资源与环境”。这次演讲的语气和内容，与1970年尼克松在环境问题上的首次演讲形成鲜明对比。在美国历史上的第一次环境问题演讲中，他宣布：“七十年代的一个大问题，是我们应该向周围环境投降，还是我们与大自然和平相处，并开始对我们的空气、土壤、水造成的损害作出赔偿。”②而到了1973年，他断言：“有令人鼓舞的证据表明，美国已经摆脱了可以避免的环境危机……我可以向国会报告，与环境退化的斗争中，我们正逐渐赢得胜利，这将使我们与自然和谐相处。”然后他话锋一转，提出，“本届政府的最高优先事项之一，就是对能源供应的关注……我们必须直面美国的一个严峻事实：我们现在消耗的能源比生产的更多。”同时，他强调：“在努力扩大能源供应的同时，我们也应该认识到，我们必须在与保护环境之间取得平衡……所有能源的开发和使用都存在环境

---

① Peter A. Coates, *The Trans-Alaska Pipeline Controversy: Technology, Conservation and the Frontier*, Bethlehem: Lehigh University Press, 1991, p. 236.

② Richard Nixon, “Remarks on Signing the National Environmental Policy Act of 1969”, January 1, 1970, in *Public Papers of the Presidents of the United States: Richard Nixon, 1970*, Washington, D. C.: U. S. Government Printing Office, 1971.

风险，我们必须找到方法将这些风险降至最低，同时还要提供充足的能源。我完全相信，我们能够同时达成这两个必要条件。”① 由此可见，尼克松的环境—能源平衡战略初见端倪。4 月 18 日，尼克松就能源形势向国会发表的特别咨文中，强调了跨阿拉斯加管道作为解决方案的重要性，并反对对加拿大替代方案的进一步研究。②

跨阿拉斯加管道提案在行政机构方面取得了巨大的进展，然而在司法机构方面却依然寸步难行，公众舆论也没有显现出丝毫扭转的形势。尽管内政部、阿列斯卡和司法部提出了上诉，但 4 月 7 日，最高法院拒绝审查巡回法院 2 月的判决。③ 这种拒绝被视为同意巡回法院的基本目标，即政策问题应在国会得到解决。因为法院普遍认为，通行权的颁发以及管道的建设将对地区、国家，甚至国际产生广泛的影响：

> 70 年前，福尔摩斯法官说：“重大案件之所以称为是重大案件，并不是因为它们在塑造未来法律方面的真正重要性，而是因为某些意外事件触动了巨大的利益集团……” 对于目前有关阿拉斯加输油管道的诉讼，也可以说同样的话。这些案件确实是“重大的”，因为相关利益的规模，以及相关事件的重要性显而易见：一方是当国家面临严重的能源危机时，数十亿加仑的石油埋在地下不动；另一方是正当人们都越来越意识到人与

---

① Richard Nixon, “State of the Union Message to the Congress on Natural Resources and the Environment”, February 15, 1973, in *Public Papers of the Presidents of the United States*: *Richard Nixon*, *1973*, Washington, D. C. : U. S. Government Printing Office, 1975.

② Richard Nixon, “Special Message to the Congress on Energy Policy”, April 18, 1973, In *Public Papers of the Presidents of the United States*: *Richard Nixon*, *1973*, Washington, D. C. : U. S. Government Printing Office, 1975.

③ United States, Supreme Court, Records and briefs of the United States Supreme Court, Rogers C. B. Mortonn v. Wilderness Society, Press of Byron S. Adams Printing, Inc. , Washington, D. C, 1972. United States, Supreme Court. Records and briefs of the United States Supreme Court, Alaska Pipeline Serv. v. Wilderness Society, Press of Byron S. Adams Printing, Inc. , Washington, D. C. , 1973.

> 自然之间的微妙平衡时，世界上最后一个无瑕疵的荒野地区却将被工业开发和污染。[①]

在认识到这些问题的重要性之后，司法部门推迟确定诉讼中涉及的所有问题，并将之移交到国会处理。因此，巡回法院对案件的处理方式以及最高法院的拒绝复审，构成了司法部门向国会的立法还押，即将公共政策问题和国家优先事项转给参议院和众议院负责。[②] 因此，1920 年的《矿物租赁法》，不过是司法部门用来向国会提出真正问题的工具或权宜之计；借此来要求国会回答的，也不是通行权宽度是否可以调整这样简单的问题，而是阿拉斯加输油管道是否应该建造这一宏大的问题。

立法还押还进一步提高了公众对相关环境政策制定的参与。这与《国家环境政策法》要求提供环境影响报告所起到的作用是一样的，环境影响报告中披露的信息可能会激起公众参与政治决策的过程。跨阿拉斯加管道的环境影响报告草案和决案，都在全国上下引发了重要的争议。立法还押在进一步激起公众参与的同时，也鼓励国会站在全国立法的高度，关注更为广泛的问题。现在应该由国会决定石油行业和环保主义者、开发和保护之间的平衡点了。也有专家指出，立法还押其实对石油工业十分有利。这将更有利于其在立法机关获得专门的授权，明确确定一项决定性的公共政策立法，将传统的公共土地使用从属于私人土地使用。[③]

二　通行权法案与跨加拿大替代线路的失败

巡回法院的判决以及最高法院拒绝复审，对跨阿拉斯加管道建设

---

① Wilderness Society v. Morton, 479 F. 2d, D. C. Circ. 1973, p. 891.

② Joseph L. Sax, "The Public Trust Doctrine in Natural Resource Law: Effective Judicial Intervention", *Michigan Law Review*, Vol. 68, No. 3, January 1970, pp. 471-566.

③ Peter Hoffman, "Evolving Judicial Standards Under the National Environmental Policy Act and the Challenge of the Alaska Pipeline", *The Yale Law Journal*, Vol. 81, No. 8, July 1972, pp. 1592-1639.

具有真实和潜在的两方面影响。第一是已经提出的判决标准问题，即跨阿拉斯加管道的通行权宽度问题；第二是潜在未提出的环保问题，即跨阿拉斯加管道是否符合《国家环境政策法》要求的问题。立法还押将这两个问题都转移给国会解决，并最终促进了管道立法的完成。

巡回法院判决引起的第一个也是最明显的问题是，该决定可能对目前正在寻求或已经获得的无数通行权造成不良后果。莫顿对问题的描述如下：

> 巡回法院的最新决定……给内政部部长的法律授权笼罩了不确定性……鉴于法院的裁决，过去出于许多不同目的授予的通行权现在可能全部或部分非法。此外，法院的裁决意味着，关于大型石油和天然气管道工程，内政部部长和其他负责土地管理的联邦机构负责人，现在将没有法律权力签发足够宽度的通行权，（从而没有法律权力）允许建设所需的新交通设施。①

为了解决这一问题，杰克逊参议员提出了 S. 1081 法案，试图修订《矿物租赁法》，以允许内政部部长在他认为符合公共利益的联邦土地上，授予超过法定最大宽度的土地通行权。② 在 3 月的法案听证会上，跨阿拉斯加管道建设的反对者同样反对改动《矿物租赁法》，强调说该法是国会反对镀金时代时大肆处置公共领域而设置的。国会山的环境组织游说者经常引用其颁布的最初目的："为了防止在我们的公共土地法的管理中逐渐形成的垄断和浪费，以及其他松懈的方法。"③ 环

---

① United States, Senate, Committee on Interior and Insular Affairs, *Hearings*, *Rights-of-Way Across Federal Lands*, part 1, 93d Cong., 1st sess., 1973, p. 128.

② United States, Senate, Committee on Interior and Insular Affairs, *Hearings*, *Rights-of-Way Across Federal Lands*, part 2, 93d Cong., 1st sess., 1973.

③ Congressional Record, 65 th Cong., 2ed sess., 1918, H7096-98, 转引自 Peter A. Coates, *The Trans - Alaska Pipeline Controversy*: *Technology*, *Conservation and the Frontier*, Bethlehem: Lehigh University Press, 1991, p. 23。

保主义者还警告说，如果改动获得批准，该项目将涉及自铁路时代以来最大的公共和私人转让。但是，杰克逊参议员在评论通行权限制时说："我没有听到，我也无法想象，反对纠正这种情况的要求是明智且合理的。"[①] 参议员认为，显而易见的是，在石油管道建设中，宽度限制不能为现代机械提供足够的操作空间。

基于1969—1972年石油行业对技术改进的不作为和对生态保护的无知，环保主义者的批评产生了有益的影响，阿列斯卡及其阿拉斯加开发者在通行权听证会上也承认这一点。大西洋里奇菲尔德公司总裁桑顿·布拉德肖（Thornton F. Bradshaw）坦言："在初期，环保主义者确实以非常充分的理由限制了我们……我们不知道如何制造一条环境安全的线路。他们为我们提供了帮助。我们从他们那里学到了很多。"[②]格雷夫则采用了更为聪明的调解性言论。他承认："尽管跨阿拉斯加管道建设经历了四年的延误，在国际收支和能源短缺方面对美国造成了巨大损失，但我认为我们大多数人，包括石油工业界也都同意，它（延误）……是非常有用的。今天建造的管道线路要比四年前建造的更安全。"[③] 在这些和平提议中可以看出，他想化解任何剩余的环保主义反对派，并剥夺环保主义者要求的合法性。但是，出于生态、经济、政治等多种原因的综合考虑，许多环境保护主义者和相关人士继续反对这一提案。

1973年6月，尤德尔在一次演讲之旅中来到阿拉斯加，依然对石油开发持反对态度，并激怒了跨阿拉斯加管道建设的拥护者。尤德尔代表荒野协会，出席安克雷奇市的阿拉斯加卫理公会大学的会议，并发言警告阿拉斯加人不要追求过快的经济发展速度。

---

① United States, Senate, Committee on Interior and Insular Affairs, *Hearings*, *Rights-of-Way Across Federal Lands*, part 4, 93d Cong., 1st sess., 1973, p. 2.

② United States, Senate, Committee on Interior and Insular Affairs, *Hearings*, *Rights-of-Way Across Federal Lands*, part 4, 93d Cong., 1st sess., 1973, p. 598.

③ United States, Senate, Committee on Interior and Insular Affairs, *Hearings*, *Rights-of-Way Across Federal Lands*, part 4, 93d Cong., 1st sess., 1973, p. 56.

他表示希望阿拉斯加保持人口的稀少以及经济的限制发展。他声称，在增长方向上走得太快会“牺牲这种对许多人来说是阿拉斯加的精髓的非凡品质”。他认为修建输油管道将会令阿拉斯加人“分崩离析”，这尤其令当地石油管道的拥护者感到不满。①

到 1973 年春季，许多反对跨阿拉斯加管道的组织，都采用跨加拿大替代线路，作为抗击国会中管道提案的最佳方法。环境保护基金早在 1972 年 3 月就正式认可了跨加拿大的输油管道，从而在阿拉斯加公共利益联盟中发挥了带头作用。1972 年 11 月开始，环境保护基金和“地球之友”敦促联盟中的其他成员转变将北坡石油“留在地下”的态度，从而为环保运动从法律领域转移到国会做准备。其他联盟对这一线路的热情程度各不相同，但都旗帜鲜明地表示服从集体的斗争战略。到 1973 年 5 月，联盟中的成员对跨加拿大的替代线路表达了统一的支持。

作为环保人士的同盟者，中西部和东北州人士继续提倡跨加拿大线路，希望阿拉斯加的石油能够向中西部输送。根据《国家环境政策法》和《矿物租赁法》，参议员沃尔特·蒙代尔（Walter F. Mondale）将授权阿拉斯加输油管道延误的三年，归因于“高级政府官员企图不遵守法律的操作。”② 7 月，蒙代尔和伯奇·贝赫（Birch Bayh）提出了“北坡能源资源法”（S. 1565）。该修正案企图消除内政部部长对管道的批准，主张由美国国家科学院对替代线路的所有方面进行为期九个月的研究，然后再由国会进行最终选择。蒙代尔经常争辩说，阿列斯卡希望将一条管道输送到西海岸，因为它计划向日本出口多达 25%的北坡石油。在 7 月 13 日的参议院投票中，他宣称：“跨阿拉斯加管道应该更恰当地称为跨阿拉斯加—日本

① *Fairbanks Daily News*, June 6, 1973. 转引自 Peter A. Coates, The Trans-Alaska Pipeline Controversy: Technology, Conservation and the Frontier, Bethlehem: Lehigh University Press, 1991, p. 240。

② United States, Senate, Committee on Interior and Insular Affairs, *Hearings*, *Rights-of-Way Across Federal Lands*, part 4, 93d Cong., 1st sess., 1973, p. 3.

输油管道。”[①] 联盟将最大的希望寄托在蒙代尔—贝赫修正案上，该修正案得到了《纽约时报》《华盛顿邮报》和《基督教科学箴言报》的支持。然而，蒙代尔—贝赫修正案在参议院以 61 票比 29 票失败，而且票数差距巨大，令蒙代尔都不得不坦言“悬殊太大，难以逾越”。跨加拿大替代线路最终失败了。

替代线路的失败原因很多。首先，阿列斯卡的技术改进将跨阿拉斯加管道建设的环境影响降到了较低的程度。有一些保护主义者甚至表示对石油工业的改进满意了。在私人领域，满意的代表是美国林业协会常务副主席威廉·E·托威尔（William E. Towell）。尽管他对原始提案和影响报告草案提出了批评，但托威尔始终对石油管道能够并且应该最终建成充满信心。[②] 到 1972 年夏天，阿列斯卡进行的设计修改，以及为管理建筑而制定的联邦规定，已赢得了此类批评家的好评。这些原本批评的人转而赞扬高架线的创新、在施工工地使用厚砾石做隔离层的举措、植被恢复计划以及“蛇行”路线设计等工程建造技术。他们还对以下细节的安排感到满意：安装自动泄漏检测和阀门关闭系统，设计地下通道和坡道以允许大型动物穿越高架管道，以及采取应急措施控制瓦尔迪兹港口的溢油和压载水的处理等。他们认为，这些措施将解决极端温度变化、永久冻土融化、砾石侵蚀、地震活动、溪流淤积，驯鹿迁徙、鲑鱼溯流产卵、海洋污染等所有相关问题。

其次，加拿大的环保住主义者对跨加拿大替代线路持反对态度。他们指责美国环保人士采取双重标准，认为生态领域无国界，批判阿拉斯加公共利益联盟使生态原则和国际主义服从于政治和国家需要。而跨阿拉斯加管道的拥护者则充分利用了该联盟在替代线路上的脆弱立场。参议员格雷夫批评跨加拿大替代线路是一个“出口污

① *Fairbanks Daily News-Miners*, July 13, 1973.

② United States, Senate, Committee on Interior and Insular Affairs, *Hearings*, *Trans-Alaska Pipeline*, *Draft Environmental Impact Statement*, Vol. 1, 92d Cong., 1st sess., 1971, p. 194.

染”的例子。他谴责了环保主义者，称后者希望“在其他国家进行石油的钻探、抽水、提炼和运输，以使自己的水和土地不受影响。这是不可理喻的。事实上，这是帝国主义统治的新倾向，却以保护环境的神圣原因为伪装。这是最糟糕的一种保护。生态告诉我们，我们拥有的是一个系统的世界。”①

最后，能源危机使得石油开发和管道建设十分紧迫，这可以说是推动跨阿拉斯加管道建设的根本问题。尽管大多数报道都将“能源危机”追溯到1973年秋天开始，但在当年初夏，新闻界和联邦官员之间就已经在不断讨论这一困境。石油行业竭尽全力地利用能源危机的幽灵来为跨阿拉斯加管道造势，史蒂文斯参议员说：

> 现在的能源状况比以往任何时候都更为严峻……将阿拉斯加的26万亿立方英尺天然气包括在内，将使该国的天然气寿命延长约1.4年。北坡的96亿桶石油将使我国资源储备的消耗时长延长约2.8年。②

此外，国际能源形势正在成为美国外交政策决策中不可或缺的因素，“这个国家对外国石油的依赖，使美国保持独立，并确定自己国际政策的能力受到质疑。”③由此看来，北坡石油开发与管道建设最终上升为国家安全问题，快速开发、主权所有的优势，使得跨阿拉斯加线路显得越来越吸引人。

能源危机的影响巨大而深远，不仅阻碍了蒙代尔—贝赫修正案

---

① *Fairbanks Daily News*, April 17, 1973. 转引自Peter A. Coates, The Trans-Alaska Pipeline Controversy: Technology, Conservation and the Frontier, Bethlehem: Lehigh University Press, 1991, p. 244。

② United States, Senate, Committee on Interior and Insular Affairs, *Hearings*, *Rights-of-Way Across Federal Lands*, part 3, 93d Cong., 1st sess., 1973, p. 72.

③ United States, Senate, Committee on Interior and Insular Affairs, *Hearings*, *Rights-of-Way Across Federal Lands*, part 3, 93d Cong., 1st sess., 1973, p. 77.

的通过，使加拿大替代线路最终落败；还使得寻求管道线路是否符合《国家环境政策法》要求的过程，显得拖延而麻烦。对于这一问题，国会用意想不到的方式迅速解决了。

三　格雷夫—史蒂文斯修正案的通过

当通行权问题解决后，国会必须尽快解决的问题是跨阿拉斯加管道是否符合《国家环境政策法》要求的问题。而从 S. 1081 的听证会以及参议院提出的法案中可以清晰地看出，杰克逊参议员不关心拟议中的阿拉斯加输油管道是否环保。他向参议院全体会议报告 S. 1081 时指出："本法不得解释为以任何方式增补、废除、修改或更改《国家环境政策法》第 102 条（2）（C）节的要求，或任何其他规定。"① 杰克逊认为，对于《国家环境政策法》所涉及的环境问题，应在司法部门（而非立法部门）予以解决。但是，巡回法院和最高法院拒绝解决，而仅以《矿物租赁法》为依据判决了案件，并形成了立法还押。因此整个诉讼中的主要法律问题，也是跨阿拉斯加管道项目中的关键问题——跨阿拉斯加管道是否符合《国家环境政策法》要求——仍未解决，自《国家环境政策法》颁布以来，大多数国会议员都采取了有意识和谨慎的政策，都倾向于保留该法案所规定的这一环保机制，即大型工程需要提交环境影响报告。然而，石油危机的风声令一切紧迫起来。现在国会已经确定认为，必须避免进一步的诉讼，以免导致管道建设的进一步延迟。1973 年夏天，阿拉斯加参议员迈克·格雷夫和泰德·史蒂文斯提出一项修正案，要求授权内政部部长给予跨阿拉斯加管道建设"避免根据《国家环境政策法》采取进一步行动"的许可：

> 该修正案的目的是确保……跨阿拉斯加输油管道的建造应

① United States, Senate, Committee on Interior and Insular Affairs, *Hearings*, *Rights-of-Way Across Federal Lands*, 93d Cong., 1st sess., 1973, p. 2.

> 及时进行，而不会面对进一步的行政或司法延误。为了实现这一目的，国会的意图是在该修正案所授权和指示的范围内最大限度地行使其宪法权力，并限制对其所采取行动的司法审查……该修正案所涉及的项目……无须根据《国家环境政策法》采取进一步行动就可施行……以及有关联邦官员的行动……不受任何法律的司法审查……①

7月17日，在参议院审议格雷夫—史蒂文斯修正案的会议上，跨阿拉斯加管道的支持者取得了最关键也最戏剧性的胜利。此前许多反对蒙代尔—贝赫修正案的参议员，对这个修正案也不知所措。塞拉俱乐部和荒野协会发起了激烈的游说活动，他们想争取那些反对蒙代尔—贝赫修正案的参议员投反对票，包括加利福尼亚州、夏威夷州以及内华达州的参议员。② 在第一次投票时，格雷夫—史蒂文斯修正案以49票对48票通过了。但是缺席初次投票的加利福尼亚州民主人士艾伦·克兰斯顿（Alan Cranston）及时赶到，出席了会议并投了反对票。这时，出现了49票对49票的平局。在僵持的情况下，副总统斯皮罗·阿格纽（Spiro Agnew）行使了平局决胜的权力，投下了他宝贵的赞成票。这样一来，格雷夫—史蒂文斯修正案在参议院得以通过。通过宣布内政部已满足《国家环境政策法》的所有要求，该修正案解除了跨阿拉斯加管道建设任何的进一步法律延误。③

新英格兰地区、中西部地区的民主党人都反对这项修正案。尽管该修正案得到了尼克松政府的支持，但遭到了参与发起《国家环境政策法》的杰克逊参议员的反对。杰克逊想在不损害《国家环境

① Pub. L. No. 93-153，§203（a），87 Stat. 585（1973）.

② Jack Roderick，*Crude Dreams：A Personal History of Oil and Politics in Alaska*，Fairbanks：Epicenter Press，1997，p. 382.

③ Peter A. Coates，*The Trans-Alaska Pipeline Controversy：Technology，Conservation and the Frontier*，Bethlehem：Lehigh University Press，1991，p. 246.

政策法》的情况下授权跨阿拉斯加管道建设，并辩称格雷夫—史蒂文斯修正案将“通过创造大量新的诉讼机会而导致（项目的进一步）延误。”[①] 毋庸置疑，许多环境保护主义者对此感到愤慨。荒野协会评论修正案称：“即使面对（石油危机）如此之大的政治和经济压力，也不应该让《国家环境政策法》来当替罪羊！”“地球之友”的大卫·布劳尔称呼：“让法院不发生作用！这显然是非法的，违宪的！”[②] 大多数东部和中西部的媒体也全面谴责该修正案，《纽约时报》称其为“令人震惊的不负责任的表现”[③]。

1973 年 7 月 17 日，美国参议院以 77 票对 20 票通过了 S. 1081 法案。在参议院投票之后，众议院迅速采取行动，审议了自己的法案 H. R. 9130。在连续几天的激烈游说和现场辩论中，众议院共和党议员约翰·塞勒以及长期以来反对石油管道的批评者声称，石油危机是为证明立法的合理性而捏造的“压力”。国会议员罗伯特·卡斯滕迈尔（Robert Kastenmeier）谴责拟议中的立法是“对大西洋里奇菲尔德、英国石油和埃克森美孚公司提供的私人授权。”莫里斯·尤德尔、约翰·安德森（John Anderson）和约翰·布拉特尼克（John A. Blatnik）提出了一项修正案，以莫里斯·尤德尔的话说，“请考虑一下环保主义者的最低诉求……对加拿大替代方案的客观研究”，但是依然被口头投票拒绝了。[④]

直到 8 月 2 日上午，这是立法行动的最后一天。当日，众议院

---

① Peter H. Dominick, and David E. Brody, “The Alaska pipeline: Wilderness Society v. Morton and the trans-Alaska pipeline Authorization Act”, *American University Law Review*, Vol. 23, No. 2, 1973, pp. 337-390.

② David R. Brower, “Environmental Activist, Publicist, and Prophet”, an oral history conducted 1974-1978 by Susan Schrepfer, *Regional Oral History Office*, *The Bancroft Library*, University of California, 1980, p. 191.

③ “Debacle in the Senate”, *New York Times*, July 18, 1973.

④ House of Representatives, Committee on Interior and Insular Affairs, Subcommittee on Public Lands, *Hearings*, *Oil And Natural Gas Pipeline Rights-of-way*, 93d Cong., 1st sess., 1973.

议长卡尔·阿尔伯特（Carl Albert）收到了尼克松总统的政府意见。他致信众议院，称总统的立场是要求国会立法避免根据《国家环境政策法》采取进一步行动的举措，并声称这“只是根据特殊情况的特例，不得解释成为该法令（《国家环境政策法》）规定的其他事项豁免司法审查的先例。”① 在开始8月的休会前，众议院以221票对198票的决定性票数，赞成放弃对环境问题的进一步审查。② H. R. 9130法案第20条（1）（d）节宣布：“迄今为止，内政部部长针对拟议中的跨阿拉斯加管道采取的行动，应被视为令人满意地遵守了《国家环境政策法》。”③ 当天，众议院以356票对60票通过了H. R. 9130法案。

从20世纪50年代后期算起，格雷夫—史蒂文斯修正案的通过是阿拉斯加开发者的第一个胜利。尽管当时美国在保护自然资源和环境保护方面的政策，比以往任何时候都强大，但这也是自那时以来首次重大的环保失败。虽然这个反管道联盟可能是历史上最强大、基础最广泛的保护主义力量，然而跨阿拉斯加管道的支持者却也获得过从未有过的庞大的联邦和企业支持。格雷夫—史蒂文斯修正案的通过，更重要的是《国家环境政策法》的首次被颠覆，给环保人士、政府官员、公众舆论以巨大的震撼。我们可以猜测，开发与保护这两个对立面的关系在此消彼长、纠缠胶着的竞争中，将逐渐达到一种前所未有的新境界。

---

① A. G. Ronhovde, “An Alaska Pipeline: Resolution of Outstanding Issues II”, *Polar Record*, Vol. 16, No. 105, September 1973, pp. 158–165.

② 众议员约翰·戴尔伦巴克（John Dellenback）和韦恩·欧文斯（Wayne Owens）提出了一项删除H. R. 9130第20条（1）（d）节的修正案。莫里斯·尤德尔评论说：“……今晚，多年前将《国家环境政策法》写入法律的那一波人，又聚集起来准备篡改它。这是多么的滑稽和可笑！”然而，戴尔伦巴克—欧文斯修正案以221票对198票被否决了，意味着众议员赞成放弃对环境问题的进一步审查。

③ House of Representatives, Committee on Interior and Insular Affairs, Subcommittee on Public Lands, *Hearings*, *Oil And Natural Gas Pipeline Rights-of-way*, 93d Cong., 1st sess., 1973.

第三节　《跨阿拉斯加管道授权法案》的通过

鉴于石油危机的紧迫局面，尼克松政府最终通过了《跨阿拉斯加管道授权案》（*Trans-Alaska Pipeline Authorization Act*），跨阿拉斯加管道施工随即展开。作为阿拉斯加有史以来规模最大的工程建设，石油管道采取了先进的技术、详尽的规划以及较为完备的环境保护措施。1977 年，石油管道正式建成，北坡石油最终得以开发。

一　《跨阿拉斯加管道授权法案》的通过

经过一个月的休会期后，特别会议委员会开始尝试解决众议院和参议院法案之间的实质性差异。经过数周的艰苦努力，该委员会最终就管道法案的要点达成了共识。到 1973 年 10 月底，剩余问题主要涉及与非管道事务有关的规定，即杰克逊为防止阿列斯卡公司形成垄断而追加的事务。

为了确保管道法案不会成为不受监管的能源垄断，杰克逊参议员同时建立了州际贸易委员会（Interstate Commerce Commission）和联邦贸易委员会（Federal Trade Commission）。杰克逊希望以此对石油管道的组织、融资和运营等一直被认为具有垄断性的方面，进行披露和审查。杰克逊认识到，多年来私人公司支付租约从联邦土地上开采矿物，而内政部对这些私人公司和这些开发事务，显示出的控制与管理能力很弱。内政部相关人员也与他持相同的观点。因此，如今必须成立专门的机构来解决这样的监管不力问题。杰克逊及其内务委员会将跨阿拉斯加管道的通行权，视为内政部赠予石油公司的公共领域开发权。而因为阿拉斯加特殊的情况，这一开发权赠予更像是 19 世纪的土地赠予。也就是说这种赠予的权利是巨大的，极容易形成垄断，且难以撤销。而在这种情况下，“除非对管道进行严格的监管，并对监管形式给予深思熟虑，否则很可能导致拥有自然资源所有权的石油公司，对已知和尚未发现的阿拉斯加油田进行垄断控制。”[①]

因此，内务委员会向参议院提交了一项法案，扩大了州际贸易委员会和联邦贸易委员会在石油管道建设和运营条件方面的执行权。条件要求跨阿拉斯加管道必须作为共同的石油载体运行，这意味着阿列斯卡公司必须同时运输在普鲁德霍湾钻探出来的任何非该公司的石油。该法案禁止对非阿列斯卡公司进行费率歧视，并强制管道公司提供产量数据。内务委员会还授权联邦贸易委员会行使自己的传唤权利，在诉讼程序中代表自己，不用经过其他部门的批准即可采取行动。内政部附加的这些权利，使得立法辩论幸存下来，州际贸易委员会和联邦贸易委员会也成为了管道立法的一部分。这实际构成了一种微小的政治体制改革，即内务问题上重申或加重了联邦权利。[②]

作为一项内政改革，这一法案可能影响行政管理和预算局（Office of Management and Budget）的其他规定，并遭到了一些行政官员的反对。对尼克松政府来说，该法案允许州际贸易委员会和联邦贸易委员会，未经行政管理和预算局的批准即可以采取行动，这是非常令人讨厌的事情。正是为了控制联邦机构的活动，尼克松才将1921年成立的预算局改组为1970年的美国行政管理和预算局。[③]因此，一时间，尼克松威胁要否决这一立法的言论甚嚣尘上。但最终委员会成员坚持了自己的立场，并将其包含在S. 1081的报告中。[④]

10月6日，埃及和叙利亚入侵了以色列。为了报复美国对以色

---

① Joshua Ashenmiller, “The Alaska Pipeline as an Internal Improvement, 1969-1973”, *Pacific Historical Review*, Vol. 75, No. 3, August 2006, pp. 461-490.

② Joshua Ashenmiller, “The Alaska Pipeline as an Internal Improvement, 1969-1973”, *Pacific Historical Review*, Vol. 75, No. 3, August 2006, pp. 461-490.

③ Richard A. Harris and Sidney M. Milkis, “The Politics of Regulatory Change: A Tale of Two Agencies”, *American Political Science Review*, 1992, Vol. 84, No. 1, pp. 331-1000.

④ “Federal Lands Right-of-Way Act,” P. L. 93-153, Title IV, “Miscellaneous.”

列的军事援助，石油输出国组织（Organization of the Petroleum Exporting Countries）的阿拉伯成员国对美国的石油出口实行了禁运。11月8日，在这种禁运的背景下，尼克松就能源危机发出了进一步的信息，重申了对阿拉斯加石油的迫切需求。[①] 11月12日，众议院只有14名国会议员对最终授权法案投了反对票，而有361名议员投了支持票。第二天，参议院以80票对5票通过了该法案。国会通过会议报告后，总统可以选择签署该法案，为跨阿拉斯加管道建设扫清道路；也可以否决该决议，以废除州际贸易委员会和联邦贸易委员会等"非关切"（non-germane）条款。然而，否决方案毫无疑问会将管道建议再次大大延迟。1973年11月16日，尼克松总统最终决定签署该法案，使其成为法律。[②]

在签署《跨阿拉斯加管道授权法》后不久，总统在电视讲话中向美国介绍了"独立计划"："近年来，美国的能源需求，已经超过了我们通过开发国内能源来满足这些需求的能力。这创造了一种依赖外国能源的危险现状，这可能对我国在国际舞台上发挥独立作用的能力产生深远影响。它进而造成了这样一种局面，即必须发展能够获取大量国内廉价能源的经济体系，以求在能源供给日益昂贵的国外市场竞争中立于不败之地。"[③]对北坡石油与管道建设的支持者而言，终于实现了拖延已久的开发权利，阿拉斯加作为国家资源库的价值也终于得到了认可。国会议员唐·扬（Don Young）称"阿拉斯加州将受益于该法案"，参议员史蒂文斯称"该法案开启了阿拉斯

---

① Richard Nixon, "Special Message to the Congress on Energy Policy Legislation", November 8, 1973, in *Public Papers of the Presidents of the United States: Richard Nixon, 1973*, Washington, D. C.: U. S. Government Printing Office, 1975.

② Richard Nixon, "Remarks on Signing a Bill Authorizing the Trans-Alaska Oil Pipeline", November 16, 1973, in *Public Papers of the Presidents of the United States: Richard Nixon, 1973*, Washington, D. C.: U. S. Government Printing Office, 1975.

③ Richard Nixon, "Statement about the Trans-Alaska Oil Pipeline", November 16, 1973, in *Public Papers of the Presidents of the United States: Richard Nixon, 1973*, Washington, D. C.: U. S. Government Printing Office, 1975.

加历史上的新时代”①。

二　跨阿拉斯加管道的建设

在推迟了长达四年之后，跨阿拉斯加管道终于开始施工建设了。跨阿拉斯加管道的总体运油路线是：在普鲁德霍湾的 1 号泵站，原油进入管道，然后向南运送，穿过百英里宽的北坡。随后，管道会逐渐爬上布鲁克斯山脉，达到其 800 英里路线的最高点，即阿提贡山口（Atigun Pas，海拔近 4800 英尺）。然后，管道从布鲁克斯山脉急剧下降，越过育空河以北的起伏内陆。这条管道在内陆心脏地带穿过费尔班克斯，并爬上阿拉斯加山脉，横穿伊莎贝尔山口（Isabel Pass，海拔 3500 英尺）。从山口下降之后，它再次上升，穿过汤普森山口（Thompson Pass）的沿海楚加奇山脉（Chugach Range）。随后，管道下降，再蔓延 25 英里后，沿着原华盛顿—阿拉斯加军事电报系统（Alaska Military Cable and Telegraph System，WAMCATS）线路②，到达目的地瓦尔迪兹不冻港。

当联邦政府批准管道建设后，内政部成立了阿拉斯加管道办公室（Alaska Pipeline Office），阿拉斯加州政府成立了州立管道协调办公室（State Pipeline Coordinator's Office），一起来监督跨阿拉斯加管道建设。两个办公室的现场工程师负责日常建设。这其中，联邦政府的现场代表负责执行联邦通行权协议的技术和环境规定，但他们的职责还包括确保管道建设的“及时”展开，并权衡“环境设施和

① “President Nixon Signs Line Bill”, *Fairbanks Daily News-Miners*, November 16, 1973.

② 1898 年，美国陆军修建了一条从瓦尔迪兹港口到育空河鹰城（Eagle City）的背包小道，长度约为 409 英里，作为通向克朗代克金矿的路线。淘金热结束后，陆军将小道保持开放状态，以连接其在瓦尔迪兹和鹰城的哨所。1903 年，沿该小径修建了华盛顿—阿拉斯加军事电缆和电报系统，使其成为后来广为人知的深入阿拉斯加内陆的重要通道之一。1910 年，阿拉斯加公路委员会将该小径升级为高速公路，并以该项目的负责人——美国陆军将军维尔德斯·理查森（Wilds P. Richardson）的名字命名，即理查森高速公路。Trans-Alaska Pipeline Authorization Act, Title 11 of Public Law 93-153, November 16, 1973, section 203 (a)。

经济实用性价值，以便与适用的国家政策保持一致”；州政府的现场监视人员则在管道穿越州选土地的时候，承担监督责任。

在管道建设中，阿列斯卡掩埋了380英里的管道，并架高了420英里。管道只能在解冻稳定型永久冻土地段掩埋，这一类型冻土大部分是沙子和砾石的混合物，融化后不太可能损坏管道。尽管如此，在这种所谓的传统掩埋中所采用的技术，与得克萨斯州等地的设计在某些方面还是有所不同的。这里的埋藏深度变化很大，尽管通常在3英尺到16英尺之间，而在某些地方则需将管道的埋沟挖至30英尺深，以避免土壤不稳定带来其他问题。在埋入时，管道下方铺垫了由沙子和小砾石组成的材料层，管道外层也牢牢包裹了相同的材料。与此同时，所有埋入的管道都用专门设计的防腐蚀胶带包裹缠绕。①

在解冻不稳定型永久冻土地段，管道都被架高了。高架段的管道长度从几百英尺到三十英里不等，大多数在700—1800英尺。高架管道被横梁支撑着，并安装在垂直支架之间，垂直支架之间间隔60英尺。管道安装了热转换装置，以保证管道的垂直支撑构件周围的永久冻土保持在稳定状态。热转换装置包含制冷剂，该制冷剂从地面蒸发热量并将其冷凝在翅片散热器中，这些翅片散热器形成热转换装置的外部延伸部分，并位于垂直支架上方。每当空气温度低于土壤温度时，热转换装置便起着清除地热的作用。② 这一设施是为了保持永久冻土的冻结，阻止因冻账运动引起的起伏。而在北坡，由于土壤的稳定性，则不需要热转换装置。

对于无法采用普通掩埋或高架技术施工的那些地方，阿列斯卡开发了两种特殊铺设技术。管道线路南部的三个永久冻土区是解冻

---

① E. L. Patton，“Transportation of Oil from the Arctic－The Trans Alaska Pipeline”，*SAE Technical Paper Series*，Alyeska Pipeline Service Co.，1972，p. 124.

② ALPS，“Heat Pipes”，Data Sheet C－2，November 1976，转载自 Peter A. Coates，*The Trans－Alaska Pipeline Controversy*，*Technology*，*Conservation and the Frontier*，Bethlehem：Lehigh University Press，1991，p. 256。

不稳定地区，但因为特殊原因而不能把管道架高。在管道与格伦纳伦（Glennallen）的格伦公路（Glenn Highway）相交的地方，以及穿越驯鹿迁徙路线的两个地方，总共有4英里的管道在冷藏条件下掩埋。这包括用3英寸的聚氨酯泡沫使管道隔热，并用树脂玻璃纤维外套覆盖，然后将其埋在冷却剂管线之间。在这些特殊埋藏地点，机械制冷系统安置在管道两侧的沟渠中，从6英寸的冷却剂管线中将持续泵出-15℃的盐水冷却剂。该系统使周围的永久冻土保持冻结状态——“就像室内溜冰场中的冰保持冻结状态一样。”①

在高架区域内的23个动物迁徙点，阿列斯卡使用了第二种特殊的掩埋方法。在这些迁徙点，高架管道需要突然下降并埋入地下，在地下延续100英尺后，再重新出现并架起。在布鲁克斯山脉以北的地方，那里的地面温度比阿拉斯加南部的气温要低，阿列斯卡用聚苯乙烯泡沫塑料对这些埋入的地下管道进行绝缘。在布鲁克斯山脉以南，那里永久性冻结的土壤温度保持在0℃左右，因此需要更好的隔热保护。因此，阿列斯卡在那里的埋入沟渠旁安装了独立式热力设备，从管道周围的土壤中吸收热量。②

该管道跨越600多个主要河流。在某些情况下，管道被埋在河流冲刷层以下。但是在大多数情况下，高架的管道支架会跨过河流。阿列斯卡建造了14座桥梁。育空河大桥（Yukon River Bridge）是最长的，长2290英尺，被并入了公路大桥。在10条河流中建造了标准桥梁结构，在塔纳纳河和塔兹利纳河上（Tanana and the Tazlina River）建造了悬索桥，在古尔卡纳（Gulkana River）河上方架起了一条400英尺长的系杆钢桥。③

---

① 高新祥译：《北海和阿拉斯加油气区》，石油工业出版社1988年版，第89—90页。

② ALPS，“Special Burial Designs”，Data Sheet B-2，Anchorage，July 1977，转载自Peter A. Coates，*The Trans-Alaska Pipeline Controversy*，*Technology*，*Conservation and the Frontier*，Bethlehem：Lehigh University Press，1991，pp. 258-260。

③ 高新祥译：《北海和阿拉斯加油气区》，石油工业出版社1988年版，第88页。

在管道通过河流的路段，施工之前和施工期间，保护主义者和野生生物学家特别关注铜河、塔纳纳河，育空河、科尤库克河（Koyukuk River）等主要河流，以及和管道项目相交的众多小溪的完整性。这些小溪是鲑鱼、鳟鱼、河鳟、北极红点鲑和白鲑等溯流鱼类的宝贵溯流河流。鱼在春季迁移到小溪中，必须在河流冻结之前离开。而阿列斯卡只要认为水流或排水不足以干扰车辆通过建筑用地，它就会施工。在水流较强的地方，它求助于桥梁和涵洞。涵洞经常被冰阻塞，融化的水在春季很难流过它们。如果涵洞太小或安装不当，它们还可以阻止鱼类溯流和产卵。但是由于阿拉斯加的溪流在冬季大都是冷冻的，因此阿列斯卡大部分施工活动都按时进行。对于在溪流流动期间进行施工所导致的淤积，阿列斯卡声称建造了沉淀池，以阻止泥沙淤积，保证溯流鱼的通行。①

除了管道管线本身外，管道系统还有两个主要组件：12 个泵站和瓦尔迪兹的海上终端。② 12 个泵站中的 5 个位于不稳定型永久冻土上，其中 3 个位于布鲁克斯山脉以北（站 1、站 2 和站 3），2 个位于山脉以南（站 5 和站 6）。在泵站建筑物的下方，铺着 6 英寸厚的泡沫隔热材料，材料上面覆盖有聚氨酯薄膜。在地基沙子附近还埋设了制冷设备，通过盘管网络来循环盐水冷却剂。在其中的 8 个泵站，由喷气式发动机或动力涡轮驱动器驱动的泵，持续推动原油向南输送。整条石油管线的网络通信系统由 40 个微波站组成，其中 3 个泵站配有微波发射设备。在普鲁德霍湾、费尔班克斯和瓦尔迪兹建有微波发射总站。其余微波站则建在高地上，可通过直升机到达，远离但平行于管道走廊。③

---

① Thomas A. Morehouse, "Fish, Wildlife, Pipeline: Some Perspective on Protection", *The Northern Engineer*, Vol. 16, No. 2, Summer 1984, pp. 18-26.

② E. L. Patton, "Transportation of Oil from the Arctic-The Trans Alaska Pipeline", *SAE Technical Paper Series*, Alaska Pipeline Service Co., 1972, p. 124.

③ E. L. Patton, "Transportation of Oil from the Arctic-The Trans Alaska Pipeline", *SAE Technical Paper Series*, Alyeska Pipeline Service Co., 1972, pp. 125-126.

瓦尔迪兹海上终端占地1000英亩，包括运营控制中心以及存储和装载设施。瓦尔迪兹处于潮湿的海域，全年气温适中，降水量高。因此，18个储罐都设计成圆锥形的顶盖，以承受和减轻积雪的重量。按照每天152万桶的运油量计算，这些储罐可以储存大约6天的管道运输量。油轮装载设施包括3个固定泊位和1个浮动泊位，岸上设施还包括蒸汽回收厂、漏油应急设备、消防系统、水处理和污水处理系统以及压载水处理厂。①

跨阿拉斯加管道的建设规模，超过了阿拉斯加历史上任何建设项目的规模。石油管道的建设确实为边疆环境贡献了新鲜的事物，技术史学者列奥·马克思（Leo Marx）称为“崇高技术的赞歌”。倡导者们称该管道工程是突破性的例子，它是精心策划和精心执行的开拓性项目典范，在很大程度上消除了征服和破坏。阿拉斯加的参议员格雷夫将这个项目描述为20世纪除了太空计划外最详尽的项目规划。②

1977年，石油管道正式建成。6月20日，第一批原油通过管道，最终运达瓦尔迪兹港。8月1日，第一艘载有原油的油轮出港，于8月5日停靠在位于普吉湾（Puget Sound）的大西洋里奇菲尔德的炼油厂。③

---

① E. L. Patton，“Transportation of Oil from the Arctic-The Trans Alaska Pipeline”，*SAE Technical Paper Series*，Alyeska Pipeline Service Co.，1972，pp. 124，126.

② Leo Marx，*The Machine in the Garden*：*Technology and the Pastoral Ideal in America*，New York：Oxford University Press，1967，p. 214.

③ Peter A. Coates，*The Trans-Alaska Pipeline Controversy*，*Technology*，*Conservation and the Frontier*，Bethlehem：Lehigh University Press，1991，p. 255.

第六章

北坡石油开发与管道建设争议的影响

北坡石油开发与管道建设的争议影响巨大，既表现为对阿拉斯加众多势力集团的矛盾调节，又表现为对美国环保运动的促进与发展。北坡石油开发与管道建设的争议，首先调节了阿拉斯加开发与环保的冲突，达成了石油经济与荒野保护之间的妥协与平衡。开发势力的经济发展目标初步达成，石油产业给阿拉斯加带来广泛的经济利益。公司模式消除了原住民集团的部落主权和生存权利，不利于其进一步生存和发展。原住民与环保人士再一次联合起来，于1980年通过了《阿拉斯加国家利益土地保护法》（*Alaska National Interest Lands Conservation Act*，ANILCA），环保势力的荒野保护理念最终实现。北坡石油开发与管道建设的争议，还在一定程度上促进了美国环保运动的发展与进步。石油管道的修建造成了严重的生态影响和污染问题，生态学家以及环保主义者对技术乐观主义进行了猛烈的批判。作为特殊的政治力量，原住民集团在阿拉斯加环保运动中发挥着重要的作用。环保主义者与原住民集团时而联合时而对抗，有力地推动了阿拉斯加环境保护运动的持续发展。环保主义者在管道争议中提出了跨加拿大替代线路，环保问题由阿拉斯加荒野延伸到北美自然环境，美国环保运动发展成为国际环保合作。虽然在管道建设问题上，美国环保人士遭到了加拿大环保组织的反对，而以此为契机，在随后的荒野保护运动中，美国与加拿大却展开了有效的国际合作。

第一节　阿拉斯加开发与环保冲突的调节

北坡石油开发与管道建设的争议，促进了阿拉斯加土地和资源开发的一系列关键法律的颁布与实施，调节了阿拉斯加开发与环保的冲突，达成了石油经济与荒野保护之间的妥协与平衡。一方面石油产业的发展，给阿拉斯加州创造了巨大的税收收入和特许权使用费。阿拉斯加州建立永久基金，让当地人分享石油红利，并创造了广泛的经济利益。然而可再生资源产业发展缓慢，使得阿拉斯加在短时间内难以摆脱能源依赖型经济模式。另一方面，《阿拉斯加原住民土地赔偿安置法》所创建的公司模式消除了原住民的部落主权和生存权利，不适合其生存和发展。因此，原住民与环保人士联合起来，于 1980 年通过了《阿拉斯加国家利益土地保护法》，为阿拉斯加保留并保护了大面积土地资源和荒野环境，并满足了原住民的生存权需求。

一　开发势力经济发展目标的初步达成

北坡石油开发争议最终以开发势力的胜利告终，跨阿拉斯加管道最终得以修建。管道建设完成之后，阿拉斯加经济主要表现为石油勘探和开发，并显示出迅速扩张的迹象。石油经济给阿拉斯加州创造了巨大的税收收入和特许权使用费。阿拉斯加州建立永久基金，较为合理地管理了庞大的石油收入，让当地人分享石油红利，并创造了广泛的经济利益。

（一）阿拉斯加州的石油经济

北坡石油的开发，在阿拉斯加的社会经济方面起到了举足轻重的作用。阿拉斯加州在建州时，已将普鲁德霍湾附近的土地选为州权土地，因此它成为地下石油资源的所有者，并从实际的石油开发中获得了巨大的经济收益。阿拉斯加的石油经济发展最关注的问题，是如何开发该油田以及人们对该油田产生的石油财富如何征税，主要表现为阿拉斯加州的石油税收演变，以及阿拉斯加州对石油开发的管理方式等方面。

阿拉斯加州的石油税收演变，主要表现为开采税的发展变化。随着时间的推移，当前的石油开采税结构经历了重大的变化，且开采税通常大致反映了产油油田的盈利能力。1955 年，阿拉斯加立法征收石油开采税，税率为石油生产总值的 1%。1967 年，立法机关颁布了另外的 1%的开采灾难税，筹集资金以帮助当年的费尔班克斯洪水灾民。1968 年，即北坡普鲁德霍湾发现石油的那年，开采税的比率提高到总值的 3%，另有 1%的灾害税。1969 年，立法机关根据每口井的日平均产量，将开采税结构修改为“阶梯式”费率表。① 开采税按照阶梯定价，这是阿拉斯加石油税收的一项重大变化。

随着跨阿拉斯加管道线路建设争议的展开，阿拉斯加州也逐渐意识到普鲁德霍湾石油巨大的生产规模以及阿拉斯加管道的潜在高昂成本，而石油工业可能因为成本超支而压低井口价格，从而损害石油的税收收入。鉴于石油开采情势的巨大变化，阿拉斯加州的关税法规也急需调整，以求最大限度地获取石油税收收入。因此，1972 年，阿拉斯加州再一次改变了税收结构，即确定了开采税底线，并以每桶美分的税收方式要求石油公司向州支付特许权使用费。1973 年，阿拉斯加州又引入了每桶美分的阶梯税率的计税方式，而废除了实行时期不长的开采税底线。② 所有这些都有效地提高了石油税收收入。在 1977 年，阶梯税率的方式被新的计税公式——经济限

---

① Charles L. Logsdon, “Alaska's Relationship with the Major Oil Companies”, *OPEC Review*, 16. s4 (Winter 1992), pp. 127-141. “阶梯式”费率表规定，在常规生产日，每天的前 300 桶的税率为 3%，接下来的 700 桶的税率为 5%，接下来的 1500 桶的税率为 6%，超过每天 2500 桶产量的税率为 8%；同时废除了 1%的灾害税。

② Charles L. Logsdon, “Alaska's Relationship with the Major Oil Companies”, *OPEC Review*, 16. s4, Winter 1992, pp. 127-141.

制因素（Economic Limit Factor，ELF）取代。ELF 旨在根据油田每口井的平均产量来提供相应比例的开采税。这一更改的动机主要是希望从产能巨大的普鲁德霍湾油田的开发中获得“公平”的资源税收份额，同时又限制了那些产油量较低的较老的库克湾油田所缴纳的税收。[①]

开采税的改革，使得阿拉斯加州最大限度地获取了北坡石油开发的利益，与此同时，阿拉斯加州对石油实行积极的管理。阿拉斯加大部分可识别的沉积盆地已经被出租或将要出租。这意味着对这些土地进行勘探和钻井的行动将取决于承租人探索油田资源的意愿。因此，阿拉斯加州提供了勘探激励信用，以鼓励人们钻探地质学上表现出可能含有石油的租赁地，而该州仍保留了净利润份额权益。勘探奖励信用可以由自然资源部专员授予，最高抵免额为租赁第一口勘探井的钻探成本的 50%。阿拉斯加州还设立了发现权使用费条款，将自发现 10 年内租赁许可费率固定为 5%。只有在 1969 年之前订立的租约才有资格获得此版税减少权。

多年以来，阿拉斯加已向其州内炼油厂出售了大量的石油。这些销售具有多重目的，包括提供增值和创造就业机会，确保公民可获得石油产品以及赚取公共收入。其实，阿拉斯加本来可以更积极地管理该州所产石油，以获得更多回报。阿拉斯加州完全可以建立一个准公共机构来勘探、开发和销售其石油资源，阿拉伯石油输出国组织就是这种情况的绝佳代表。[②] 实际上，当今世界上生产的大多数石油都是由国家或地区石油公司生产的。阿拉斯加可以协商将其

---

① Charles L. Logsdon，“Alaska's Relationship with the Major Oil Companies”，*OPEC Review*，16. s4，Winter 1992，pp. 127-141. 该修改定义了新旧油田的税率：在生产的前 5 年中，新的油田税率定为 12. 25%，此后实行 15%的税率。此外，在 ELF 计算中引入了舍入规则。如果在生产的前 10 年中 ELF 的计算值等于或大于 0. 7，则将 ELF 舍入为 1. 0。经过 10 年的生产，舍入规则被取消。

② Charles L. Logsdon，“Alaska Oil Production in Perspective”，Alaska Economic Trends，Alaska Department of Lubour，October，1987.

石油出售给下48州炼油厂，以获得与运输和出售石油业务相关的宝贵经验和财富。阿拉斯加州还可以与下48州的炼油厂进行加工交易，或进行其他可能有利可图的生产活动，从而提高其石油价值。然而，阿拉斯加却故意保持被动式收租者的地位，并未努力提高其特许使用权的价值。只有极少数情况下，它将该州租赁地石油卖给最高出价者，但最终还是终结了这一类型的交易。这可以看出，最大化石油资源的使用价值并不是该州的目标，阿拉斯加州并未认真考虑将提高石油资源的使用价值作为石油收入的管理方案。

当然，阿拉斯加州作为美国的一部分，积极参与石油业务也面临着非常现实的制度障碍。比如，这种活动通常被认为是私营部门的职责；对国家特许权使用费的处置，公众有权知悉，而这将使得谈判双方很难达成商业协议，尤其是在像石油销售这样竞争激烈的环境中；美国的政治制度不太适合让公职人员用公款承担市场风险。因此，面对这些制度性障碍，阿拉斯加似乎不可能超越收租者的角色。

总而言之，阿拉斯加与石油行业有着长期的互利合作关系。一般来说，阿拉斯加对石油资源租金的要求，最初是随着州政府的税收需要而增加的。后来，随着庞大的普鲁德霍湾油田的发现和开发，这一主张成为了公平分配的问题。由于人们普遍认为阿拉斯加经济的大部分都依赖石油收入，因此政策制定者一直在严肃处理工业税收问题。与此同时，阿拉斯加管理其石油资源生产的方式，与世界其他石油出口地区不同。该州具有增强石油资源价值的潜力，却不愿或无法承担。阿拉斯加不想成为石油行业的正式合作伙伴或者是竞争对手。相反，阿拉斯加选择成为被动的租金征收者和监管者，并利用永久基金来处理石油收入。

（二）阿拉斯加州的永久基金

面对普鲁德霍湾石油的巨大收入，阿拉斯加州设立了永久信托基金来保存并增值石油利益。永久信托基金是阿拉斯加政府管理的基金账户，用于管理和投资公共资金，并设计了针对基金本金和收入分配的特殊目的。政府管理和投资从石油资源中获得的租金，并将这些租金用于公共利益。信托基金通常享有某些特殊保护，限制了本金的使用和支出。

在20世纪60年代初，阿拉斯加人即构想了这样一个基金，但直到普鲁德霍湾发现大油田之后才真正付诸实践。① 石油产量的迅速增长、新管道的建设以及世界石油价格的迅速增长，使该州在短时间内获得了大量资源收入。阿拉斯加人开始考虑如何使用这部分收入。阿拉斯加人将信托基金视为一种稳定机制，可以对政府的巨额支出提供一定的限制。1976年，阿拉斯加全民投票建立阿拉斯加永久性信托基金（Alaska Permanent Fund）。州宪法要求将至少25%的矿产特许权使用费和其他资源收入（但不包括采矿税）存入基金中。这笔准备金加上普通基金的大量额外超额收入转移，使基金得以快速增长，到1993年年底，该基金的投资总值达到156亿美元，每位阿拉斯加公民约为26000美元。②

信托基金可以分为两种类型，一种是纯"信托型"，一种是"发展型"，而阿拉斯加永久性信托基金主要通过信托运作，尽管它通过股息计划确实也具有一定的发展功能。③ 基金的三个目标是：保存通过不可再生资源开发而产生的一部分财富；保管储蓄免受价值损失；

---

① M. Bradner, "Twenty Years Ago: State's Budget Priorities Emerged in the 1960s", *Juneau Report* (*Newsletter of the Standard Alaska Production Company*), September, 1987.

② Stephen L. Jackstadt, and D. R. Lee, "Economic Sustainability: The Sad Case of Alaska", *Society*, Vol. 32, No. 3, 1995, pp. 50-54.

③ M. Pretes, "The Alberta Heritage Savings Trust Fund and the Alaska Permanent Fund: Instruments of state policy", Paper presented at the Western Social Science Association annual meeting, Denver, Colorado, April, 1988, pp. 27-30. 第一类基金模式是纯"信托型"。这类投资强调储蓄，主要目标是本金担保，规避风险和创收。在信托模式下运作的基金经理将仅根据财务准则选择投资。他们将寻求最佳投资，无论该投资是位于该区域内部还是外部，都可提供高回报和低风险。在许多情况下，这涉及在州或省以外投资。信任模型强调稳定性，投资组合的多元化和保证的回报。第二类基金模式是"发展型"。这类投资也考虑了社会标准。发展基金将在该区域内维持投资，以期促进就业或提供当地资本。将会牺牲一些低风险、高收入的投资，以支持那些对当地有直接影响的投资。发展基础设施和当地经济多样化是向发展基金开放的两条途径。他们的投资可能不会产生财务回报，但可能会为当地社区带来一些无形的收益。发展基金强调地方承诺、经济结构调整和具有积极社会贡献的投资。

将储蓄投资以产生收入。[①] 这些目标已得到充分实现，这在很大程度上归功于熟练的财务管理和以收入为导向的投资策略。即使考虑到通货膨胀，本金也没有损失，该基金每年产生约10亿美元的收入。

基金实际上由两个不同的账户组成。基金本金受到宪法的保护，没有得到大多数阿拉斯加人的同意，不能撤回本金。基金的收入存入收益准备金账户，分配采用三种基本形式：较小的收益准备金账户可由州立法机关提取；更大部分的收益存放在永久性基金中，在永久性基金中不断增加，需要进行宪法修正才能提取，即通过防通胀规定和特殊转移来实现；剩余的资金要么分配为股息，要么留在收益准备金账户中。

基金投资本身强调安全和以收入为导向的方法，大多数债券投资组合均是由美国政府支持的高质量国债，风险非常低。应当指出的是，几乎所有投资都是在州外进行的，只有大约5%在阿拉斯加州内进行。有关专家论证称，如果一个项目值得投资，那么外部资金将为它提供支持，政府也没有必要介入。此外，如果在阿拉斯加以外进行投资，那么当阿拉斯加经济正处于低迷时期时，均衡的投资组合可能不会受到严重影响。财务标准是唯一需要考量的因素。[②] 通过这样的投资策略以及董事会管理模式，基金还有效地摆脱了政治压力。董事会管理方式还允许公民参与，并防止政治偏见主导投资策略。[③]

---

① Michael Robinson, Michael Pretes and Wanda Wuttunee Source, "Investment Strategies for Northern Cash Windfalls: Learning from the Alaskan Experience," *Arctic*, Vol. 42, No. 3, September, 1989, pp. 265-277.

② K. J. Arrow, *Criteria for Public Investment*, Juneau: The Trustee Papers, Alaska Permanent Fund Corporation, 1982，转引自 Michael Robinson, Michael Pretes and Wanda Wuttunee Source, "Investment Strategies for Northern Cash Windfalls: Learning from the Alaskan Experience", *Arctic*, Vol. 42, No. 3, September, 1989, pp. 265-277。

③ Michael Robinson, Michael Pretes and Wanda Wuttunee Source, "Investment Strategies for Northern Cash Windfalls: Learning from the Alaskan Experience," *Arctic*, Vol. 42, No. 3, September, 1989, pp. 265-277. 阿拉斯加永久性信托基金由董事会管理，董事会成员的任期为一年。董事会成员包括当地商人、银行家和本地区域公司的董事。董事会负责一般投资政策，执行董事负责基金的日常运作，聘用的私人金融投资公司负责更具体的投资决策。他们不仅对董事会负责，而且对阿拉斯加公众负责，经常在各个城市举行的公开会议上回答该基金的问题。

基金的一个重要特征是预防通货膨胀的规定。如果没有这样的规定，通货膨胀将吞噬投资的回报，并最终降低本金的价值。这是阿拉斯加投资策略中最具前瞻性的方面之一。阿拉斯加州法要求定期将一部分收益准备金转入本金，以抵消上一年的通货膨胀率。例如，如果本金的价值由于5%的通货膨胀率而收缩了5%的价值，则这一部分金额必须从收益准备金转移到本金，以保持当前美元的相同价值。没有这一规定，该基金的当前美元价值和购买力将受到严重侵蚀。[①]

基金的独特之处在于，该基金每年将部分收入以红利的形式分配给该州的居民。自从该计划于1982年开始实施以来，每人每年的股息范围在331.29美元至1000.00美元之间。年度红利金额以前是按“公司过去五个会计年度的平均净收入”的50%计算的。[②] 红利分配机制认为，是阿拉斯加人而不是州政府应该享用这笔钱，这无疑激发了红利计划的多种功能。首先，它为居民分配州财富提供了更大的选择自由。其次，它使得基金本金得到保护。在红利计划下，阿拉斯加很少有人要求耗尽该基金，因为他们的年度红利取决于该基金。最后，红利计划还有助于解决问责制问题。年度红利的数额在一定程度上反映了该基金的财务状况——收入越大，红利就越大。股息数额的减少会引起分红者的疑问，即收入为什么下降。[③]

尽管分红计划给阿拉斯加州及其人民带来了好处，但这种政策有一些固有的缺点。最重要的是，派发股息会耗尽政府的金融财富，

---

① Michael Robinson, Michael Pretes and Wanda Wuttunee Source, “Investment Strategies for Northern Cash Windfalls: Learning from the Alaskan Experience”, *Arctic*, Vol. 42, No. 3, September, 1989, pp. 265-277.

② Michael Robinson, Michael Pretes and Wanda Wuttunee Source, “Investment Strategies for Northern Cash Windfalls: Learning from the Alaskan Experience”, *Arctic*, Vol. 42, No. 3, September, 1989, pp. 265-277.

③ Michael Robinson, Michael Pretes, and Wanda Wuttunee Source, “Investment Strategies for Northern Cash Windfalls: Learning from the Alaskan Experience”, *Arctic*, Vol. 42, No. 3, September, 1989, pp. 265-277.

就像基础设施形式的公共支出会减少国有资产一样。股利是公共支出的另一种形式，如果州收入下降，则股利形式的州支出将受到影响。因此，虽然短期收益可能以较高的就业、较高的个人收入和其他类似指标为幌子，但当石油收入和州政府财政减少时，就无法维持这种短期收益。①

基金利用信托概念成功地保留了部分阿拉斯加不可再生资源的收入，以造福子孙后代，并为国家创造收入。这种方法的前提是节省本金、收入再投资以及强调多样化的投资组合。石油经济及其永久基金，改善了阿拉斯加的公共服务，扩大了贸易和服务部门，增加了就业和创造城市生活方式。然而一味依靠不可再生资源的经济，必然脆弱。阿拉斯加政府决定利用石油红利，在该州开拓可再生资源产业的发展。

（三）可再生资源产业的发展与争议

北坡石油开发与管道建设在阿拉斯加的社会经济方面留下了自己的印记。虽然石油经济和红利计划给阿拉斯加政府和阿拉斯加人带来了丰厚收入，但是个体社区及其居民在管道建设完成后也出现了不同程度的经济衰退。鉴于沿线社区的政府财政状况的提高，而州经济活动的减少，人们开始考虑沿线社区和整个州的可再生资源产业规划。而农业发展项目的规划是首选方案。

农业发展可能是阿拉斯加传统的繁荣—萧条经济循环中的稳定力量。鉴于阿拉斯加的特殊地理环境和欠发达情况，该州的农业发展进程与更早时期美国中西部的发展相似。因此，州政府在阿拉斯加的农业发展中发挥着重要作用。过去，由于用于推动该行业发展的财政资金有限，农业发展一直捉襟见肘；同时，交通运输的缺乏，购买和销售农产品的当地市场基础设施不足等问题，使阿拉斯加的农业尚未取得任何显著发展。进入 20 世纪 70 年代，

① Stephen L. Jackstadt, and D. R. Lee, "Economic Sustainability: The Sad Case of Alaska", *Society*, Vol. 32, No. 3, 1995, pp. 50-54.

尤其从1977年开始，石油开发的特许权使用费流入国库，农业发展再次被提上日程，成为州政府减少该州经济周期性变化的一种重要尝试。[①]

1976年7月，州议会发布的农业政策声明，确定了该项目的政治基础。在同一时期，阿拉斯加联邦国家土地使用计划委员会进行了两项研究，得出两个简单但有用的结论：一是建立有效的市场基础设施，将促进阿拉斯加食品进入当地市场；而如果当地农民在世界市场上具有竞争力，则可以从阿拉斯加向某些国外市场（主要是日本）提供大麦饲料。[②] 二是为了确定大规模农业能否在阿拉斯加成功，建议农业示范项目至少开发50000英亩的土地面积，以满足开发所需的基本要求。[③] 阿拉斯加州州长办公室根据这些发现，提出了明确的农业政策，主持成立了一个特设农业委员会，为农业项目建议地点、确定农种，并甄别项目的可行性程度。

经过一系列研究和比较，三角洲农业项目（Delta Agricultural Project）成为农业发展尝试的示范项目。这一项目在小型发达的三汇市（Delta Junction）农业社区展开。三汇市位于费尔班克斯以南约100英里处，毗邻主要道路系统，曾经是一个管道建设营地的所在地。管道建设完成后，当地经济的就业机会大大减少，州政府随即策划农业项目来继续发展当地经济，稳定整个州的经济基础。该项目包括一块60000英亩的潜在农业用地，用以发展两种经济可行

① Wayne C. Thomas, "Distribution of Costs and Benefits of Energy Development in Alaska Among Participants and Groups Affected", *Proceedings*, *Annual Meeting* (*Western Agricultural Economics Association*), Vol. 48, July 1975, pp. 179-186.

② W. C. Thomas, *An Assessment of Alaskan Agricultural Development*, Anchorage, Federal-State Land Use Planning Commission for Alaska, Report 13, 1977.

③ J. E. Faris, and R. J. Hildreth, *Considerations for Development-Alaska's Agricultural Potential*, Federal-State Land Use Planning Commission for Alaska, Anchorage, Report 14, 1977.

的农作物——大麦和油菜籽。[1] 州政府通过出售国有土地、发展政府融资以及组织项目营销，引导公众参与该项目。阿拉斯加州已花费超过5000万美元，用于修建公路、铁路，购买漏斗车和谷物升降机，为农业发展提供便利的运输和存储。如果有成功的农作物生产和销售迹象，私营部门将更多地参与融资和销售，并在农业发展中发挥更大的作用。一些本地公司正在选择具有农业潜力的土地，并且已经宣布了进行开发的计划。一家私营农业综合企业称，如果有足够的土地、有经验的农民以及阿拉斯加条件下的生产销售渠道，它计划向安克雷奇和费尔班克斯市场提供加工过的新鲜和冷冻园艺产品。[2]

与此同时，还有一些人提出了反对意见，他们争辩说不应尝试不适合该州地理情况的农业经济，不应生产阿拉斯加从未生产过的小麦。其实，能否在阿拉斯加特殊的地理环境下成功发展农业，能否有合适的销售市场来销售获利，能否合理管理个体农户——阿拉斯加是否应该进行农业发展，一直是阿拉斯加农业发展潜在的危机。[3] 反对者声称，阿拉斯加州立法机关花了大部分的石油收入，以满足有组织的利益集团的短期利益。这一政治举措将使当代阿拉斯加人掠夺不可再生资源的大部分财富，并以牺牲后代的利益为代价，来满足少数团体的利益。从长远来看，这种浪费将使阿拉斯加经济面临痛苦的调整和错位。阿拉斯加州政府的举动表现出政治决策的普遍短视，这使他们完全无法应对长期的经济现实。[4]

---

① W. C, Thomas, and C E. Lewis, "Alaska's Delta Agricultural Project: A Review and Analysis", *Agricultural Administration*, Vol. 8, No. 5, 1981, pp. 357-374.

② Wayne C. Thomas, "Distribution of Costs and Benefits of Energy Development in Alaska Among Participants and Groups Affected", *Proceedings*, *Annual Meeting* (*Western Agricultural Economics Association*), Vol. 48, July 20-22, 1975, pp. 179-186.

③ W. C, Thomas, and C. E. Lewis, "Alaska's Delta Agricultural Project: A Review and Analysis", *Agricultural Administration*, Vol. 8, No. 5, 1981, pp. 357-374.

④ Stephen L. Jackstadt, and D. R. Lee, "Economic sustainability: The sad case of Alaska", *Society*, Vol. 32, No. 3, 1995, pp. 50-54.

阿拉斯加经济发展严重依赖石油产业，阿拉斯加人的生活质量与永久信托基金密切相连。在这种情况下，阿拉斯加的农业等可再生资源经济发展也与石油产业及其收入密切相关。鉴于阿拉斯加特殊的地理情况，以及欠发达的社会条件，农业发展可谓前途未卜，故而招致众多非议。总体来看，短期之内可以预见的是，阿拉斯加将来的经济发展依然要以石油产业为主。而面对石油产业的枯竭危机，阿拉斯加无疑会持续追求更多石油或者其他不可再生资源的开发，如继跨阿拉斯加管道项目后，开发者又提出了将天然气从普鲁德霍湾运输到下48州的建议。而这一项目将沿北极国家野生动物保护区海岸，穿过保护区中部，这无疑将再次侵犯当地原住民的生存权利，也再次触动环保主义者的敏感神经。

二 原住民集团经济生活的重大改变

在北坡石油开发与管道建设争议中，原住民的土地索赔问题最终得到了解决。《阿拉斯加原住民土地赔偿安置法》建立了原住民公司模式，诱使原住民向现代经济社会过渡。然而公司模式不符合原住民繁衍生息的地理环境和文化体制，又受到法案条约的制约，被证明不符合原住民未来的发展。事实证明，原住民只有尊重本地市场情况，利用优势发展自己熟悉的行业，才可能获利。因此，原住民重新追求法案消除的部落主权和生存权利。原住民的生存权利体现了尊重和关爱资源和环境的价值观①，这使得他们又一次和环保主义者联合起来，反对开发势力对资源的剥夺和对环境的破坏。

（一）《安置法》的公司模式及其发展弊端

1971年12月18日，尼克松总统签署了《阿拉斯加原住民土地赔偿安置法》，将超过4000万英亩的土地和近10亿美元的现金，转

① Dixie Dayo, Gary Kofinas, "Institutional innovation in less than ideal conditions: Management of commons by an Alaska Native village corporation", *International Journal of the Commons*, Vol. 4, No. 1, February 2010, pp. 142-159.

让给了阿拉斯加原住民。该法案建立了 12 个地区公司和 200 多个乡村公司，还为参加金融结算但没有土地所有权的非原住民居民成立了第 13 家区域公司。200 多个村公司获得了 2200 万英亩的地表所有权，而地区公司获得了村庄土地的地下所有权以及另外 2000 万英亩土地的全部所有权。

在 19 世纪，围绕美国政府与美洲原住民关系的问题被称为“印第安人问题”。与该描述一致，“阿拉斯加原住民问题”一词被引入阿拉斯加原住民土地索赔解决程序，其设计与在阿拉斯加以外涉及美洲印第安人的程序不同。1968 年，位于阿拉斯加的联邦发展规划委员会向美国参议院内务委员会发布了一份报告，该报告将作为“公正、合理地解决阿拉斯加原住民问题”的背景数据的汇编。该委员会前工作人员、报告的作者罗伯特·阿诺德（Robert Arnold）表示，在《安置法》通过之后，“安置法案所带来的好处将不会通过氏族、家庭或其他传统团体，而是通过一种称为公司的商业组织形式传给原住民。所有合格的原住民都将成为股东，成为这些公司的部分所有者。”① 该法案的大多数制定者，无论是非本地人还是本地人，都将公司模式视为帮助（或诱使）原住民向现代经济社会过渡的关键工具。

然而，《安置法》实行一段时间以后，人们越来越发现其设计不佳，无法满足阿拉斯加原住民的未来需求。《安置法》及其成立的公司模式的弊端主要体现为：原住民村庄的自然地理环境与公司发展相悖，原住民文化与商业活动难以相融，以及法案的条款违背公司体制要求。

首先，《安置法》引入了公司模式，但却忽略了阿拉斯加的自然地理位置。公司模式获得村级土地资源，为其创业提供资金，并意图实现经济产业的可持续发展。而原住民乡村的自然地理环境，严

① Robert. D. Arnold, *Alaska Native Land Claims*, Anchorage: The Alaska Native Foundation, 1976, p. 146.

重限制了这一目标的达成。原住民乡村大部分地区的自然地理条件非常偏僻，很难提供创业需要的外部市场条件。村庄通常缺乏耕地，以及资本密集型采掘业所需的燃料和非燃料资源；劳动力不熟练，且能源、运输和通信的成本很高。因此，通过公司活动实现经济发展的政策目标，在许多村庄几乎没有成功的机会。许多村庄都适合游牧时代的自给自足经济，一年中通常只有半年适合生存。简而言之，理想地适合自给自足活动的原住民村庄，不适合非本地商业经济。村级公司选择的土地主要是为了维持生计，而不是为了他们的经济发展机会，选择的大多数土地都没有商业可能性。①

其次，阿拉斯加村大部分地区的文化很难与私人利益的商业活动相融合。生存活动仍然是阿拉斯加原住民文化不可或缺的一部分。通常，劳动是一种生活义务；它不是在乡村市场买卖的商品。此外，大多数资源几乎全都用于阿拉斯加村的大部分地方的本地消费，并且通常会尽一切努力来管理可再生资源以供将来继续使用。在村庄中，分配组织、消费方式、亲属关系以及友情义务的观念变化不大：原住民的生存活动物资不是私人财产，因为共享对文化认同和生存至关重要。公司经营的目的是要给股东提供财务回报，而这可能与这些重要的生存理念——特别是鱼类，动物及其栖息地的共享与可持续使用等理念——背道而驰。②

这一冲突还表现在：美国国会和阿拉斯加原住民对区域公司的期望不同，并且都超出了常规公司的创立目标。一方面，国会制定《安置法》，是期望公司模式可以提供改善原住民股东“健康、教育、社会和经济福利”的方法。此外，他们希望公司为原住民股东提供就业机会，使其进入现代主流经济。然而，原住民股东期望他

① Thomas R. Berger, *Village Journey: The Report of the Alaska Native Review Commission*, Hill & Wang Pub, 1985, p. 34.

② G. Berardi, "Natural Resource Policy, Unforgiving Geographies, and Persistent Poverty in Alaska Native Villages", *Natural Resources Journal*, Vol. 38, No. 1, 1998, pp. 85-108.

们的祖传财产，包括土地和现金资产，将为子孙后代保留。这些广泛的期望，都超出了常规公司追求利润的创立目标。通常，常规公司不会担心股东权益等问题，因为最大化财务利润是大多数公司决策的根本动机，并可以通过发展可持续的小型企业，以及风险分散的投资计划来减轻与股东权益的冲突。①

最后，区域公司因为《安置法》立法而具有一定的运营限制。传统的公司通常是在先发现了可以商业化的产品或服务后，再决定通过合法的方式建立公司，进而通过进一步的发展使公司业务正规化。相比之下，原住民的地区公司是通过立法建立的，并且必须按照法案条款进行营利性组织运作。因此，它们大都违背公司成立原则，成立于投资机会少、社会经济基础设施差，甚至孤立的小市场地区。这也可以解释前面所提及的自然环境限制。②

根据《安置法》的第7（f）条，只有土地和解协议中的股东才有资格入选公司董事会。这样一来，区域公司在起步阶段，只能利用具有很少业务专业知识的原住民。因此，在法案实施初期，许多非本地业务经理被雇用以解决专业问题。这些经理经常处于关键位置，影响着公司的政策和发展战略，然而他们的建议并不总是将本地利益放在首位，并且具有不了解阿拉斯加情况、收费过高以及与原住民沟通困难等问题。另外，《安置法》要求原住民地区公司与其他地区公司分享矿产收入的70%。国会显然以这种方式试图平衡地区性公司之间的资源差异，但这样做只是出于利润分配的目的，却没有涉及损失分担的问题。没有相应的准备金可以在公司之间分配资源开发的潜在损失。法案的条款要求，再次以违反传统商业惯例的方式。

---

① W. Wuttunee, *Competing Goals and Policies of Alaska's Native Regional Corporations*. Master's thesis, Faculty of Management, University of Calgary, 1988.

② Michael Robinson, Michael Pretes and Wanda Wuttunee Source, "Investment Strategies for Northern Cash Windfalls: Learning from the Alaskan Experience", *Arctic*, Vol. 42, No. 3, September, 1989, pp. 265-277.

据估计，1971—1984年，《安置法》的收入分成条款纠纷的诉讼费用为3500万美元。[①] 地区公司之间，地区公司与乡村公司之间，以及股东与他们的地区公司之间的争议，也纷纷登场。总而言之，公司模式受自然地理环境、原住民文化、法案的法规等掣肘，并不能发挥出优势。

（二）原住民争取自治权和生存活动权利的努力

正如我们在前文里曾经讨论过的，与《安置法》有关的两个主要问题仍未解决：原住民的部落自治权和生存权利。而两者都涉及谁控制土地、资源以及如何保持传统文化的一般性问题。这些问题的现状及其持续存在，在很大程度上是因为法案利用公司模式发展原住民经济，改造原住民社会。而阿拉斯加原住民正在用自己的努力，来纠正这一情况。

首先，许多阿拉斯加原住民村庄正在采取行动，主张并寻求联邦对部落主权的承认。部落领导人希望，《安置法》修正案将使国会承认传统自治政府的原住民议会，从而尊重固有自治权。然后，原住民议会将接管公司对土地和资源的所有权和控制权。尽管阿拉斯加原住民联盟等团体为争取政治主权而做出了努力，但修改案仍保留了法案建立的公司结构。尽管如此，联邦政府认可的自治政府仍然存在，阿拉斯加至少有90个传统的原住民自治政府与联邦政府保持着信任关系。[②]

保留土地，并获得生存权利是许多阿拉斯加原住民的关键问题。《安置法》消灭了部落对土地和资源的所有权，为资源开发和开采开辟了道路，从而鼓励原住民成为社会和经济发展主流。而某些人认为，部落重新获得主权，并拥有管理土地和自然资源管理权利，这是

---

① Thomas R. Berger, *Village Journey: The Report of the Alaska Native Review Commission*, Hill & Wang Pub, 1985, p. 203.

② G. Berardi, "Natural Resource Policy, Unforgiving Geographies, and Persistent Poverty in Alaska Native Villages", *Natural Resources Journal*, Vol. 38, No. 1, 1998, pp. 85-108.

确保部落拥有生存权利的唯一方式。这样首先能保护原住民的生存权利不受公司和其他实体，如州政府、地方政府、体育垂钓或狩猎团体，其他资源开发实体等的危害；其次也提供一种与传统原住民政治更协调的管理结构，从而有助于原住民村庄发展更合理性经济。

其次，生存权利对原住民也非常重要。狩猎、捕鱼、采集等生存活动是原住民家庭经济的重要组成部分，也是阿拉斯加乡村原住民个人和原住民文化认同的重要组成部分。阿拉斯加原住民在农村地区的大部分生活中都依靠生存活动，通常被理解为管理和收获维持环境生存所需的粮食或其他自然资源产品。数据分析显示，100多个原住民乡村的人均生活食品的消耗是250磅，范围从安克雷奇的人均最低10磅到休斯乡村的最高1498磅。在一半的抽样乡村中，野生食品的消耗高于美国每年每人所购鱼、肉的平均水平（222磅）。西北和北极阿拉斯加的野生食品消耗最高，人均610磅。[①]

生存活动还具有重要的文化和营养价值，原因包括生存活动的精神联系作用、工作与休闲之间的狭义区别（维持生存的狩猎、捕鱼和采集等活动通常是令人愉悦的），以及维持稳定的工资性就业的稀缺。对于原住民乡村的大部分地区来说，自然地理环境与生存经济混杂在一起。例如，生存资源的可用性在一定程度上决定了村庄的大小和位置，偏僻的小社区减少了对生存资源的竞争。而在精神领域，生存活动不仅仅是为了生存，它还是一种生活方式。生存活动使阿拉斯加原住民与土地和动物建立了深厚的历史联系。因此，原住民自给自足的生存活动不应该被视为是静态的落后的文化活动，而应该被视为是以尊重并关爱资源和环境的价值观建立的生存实践。[②]

---

① G. Berardi, "Natural Resource Policy, Unforgiving Geographies, and Persistent Poverty in Alaska Native Villages", *Natural Resources Journal*, Vol. 38, No. 1, 1998, pp. 85-108.

② Kawagley, Angayuqaq Oscar, and Barnhardt, Ray, *Education Indigenous to Place: Western Science Meets Native Reality*, Fairbanks: Alaska University. Alaska Native Knowledge Network, 1998.

在某些方面，《安置法》在财政上支持了维持生存活动所需的费用。阿拉斯加原住民个人经常将安置法的收入转移计划中的资金，用来作为设备、旅行和与生存活动有关的支出；这些资金来源还支持原住民利用先进技术发展生存经济。[①] 近几十年来，现代机械化工具可帮助狩猎和捕鱼并提高安全性，如雪地车、舷外发动机、全地形车、步枪、渔船、链锯、应急收音机等在阿拉斯加村已经很普遍。因此，原住民利用现代工具保留了原始生存方式。因为这种收入有助于实现更大的收成，所以原住民村民将继续依赖它们。当然，从另一个角度来看，这也反映了原住民村庄公司模式的失败。

然而，《安置法》对原住民维持生存活动也存在着一定的不利影响。它将原住民维持生存资源的控制权从部落自治转移到新的所有者，而新所有者想要取得市场经济的成功，故而对非市场性的生存活动价值（包括经济和文化价值）不感兴趣。《安置法》建立的公司对于木材、石油、碎石、海滨娱乐场所以及其他资产的市场价值更感兴趣，这就不免与原住民的生存活动形成了重大冲突。首先凸显出来的是乡村或地区公司砍伐木材。一些原住民股东认为这破坏了野生动植物和鱼类的栖息地，以及其他具有重要文化意义的资源。而另一个更为明显和重要的例子，即是公司要求继续进行石油开发，要求在北极国家野生动物保护区开发石油资源。这些保护区为野生动植物资源提供栖息地，公司的行为严重背离了原住民的生存文化，引发了一些团体的争议。[②]

部落自治权和生存权利，对于阿拉斯加原住民的经济和文化价值发展至关重要。原住民的生存活动和文化尤其受到环保主义者的认可，他们再次联合起来争取各自的保护目标。在他们的努力下，国会

---

① G. Berardi, "Natural Resource Policy, Unforgiving Geographies, and Persistent Poverty in Alaska Native Villages," *Natural Resources Journal*, Vol. 38, No. 1, 1998, pp. 85-108.

② Thomas R. Berger, *Village Journey: The Report of the Alaska Native Review Commission*, Hill & Wang Pub, 1985, pp. 40-41.

于1980年颁发了《阿拉斯加国家利益土地保护法》，为阿拉斯加原住民在公共土地上的生存活动提供了优先权。[①] 这一法案是《安置法》环保内容的延续，也令环保主义者获得了史上最大的荒野保护成果。

三　环保势力荒野保护理念的最终实现

北坡石油开发与管道争议，不但为阿拉斯加开发势力和原住民带来了巨大的影响，也为阿拉斯加保护势力提供了保留阿拉斯加广阔土地的契机。根据《阿拉斯加原住民土地赔偿安置法》第17条d（1）节和d（2）节内容的要求，经历近10年的斗争和努力，阿拉斯加环保势力最终赢得了《阿拉斯加国家利益土地保护法》。这个法案在美国自然保护的历史上具有极其重要的意义，向国家公园系统、国家野生动物保护区系统和国家荒野保护系统中增加了前所未有的大面积土地。然而这个法案却不只代表着环保主义者的利益，在一定程度上还保护了阿拉斯加州的开发利益，代表了环保与开发之间的冲突与平衡。

（一）《保护法》的通过

1971年12月18日，《阿拉斯加原住民土地赔偿安置法》通过，原住民获得超过4000万英亩土地，以及近10亿美元的赔偿。环保主义者提出美国国民也有权享有阿拉斯加的土地。百博修正案顺利在参议院通过，众议院也通过相似法案，两院同意将《安置法》的第17条d（1）节和d（2）节内容作为一定的环保约束，承诺了阿拉斯加将来的荒野保护。d（2）节授权内政部部长在两年内（至1973年）选择8000万英亩土地进行保护，同时规定国会将再用5年时间（至1978年）来接受内政部建议，并确定最终的边界。

《安置法》保护计划的实施，涉及联邦土地管理机构（国家公园管理局、鱼类和野生动物管理局和林业局等）、环境保护主义者、

---

① *Felix S. Cohen's Handbook of Federal Indian Law*. Nell J. Newton ed.，Lexis Nexis，2005，pp. 354-361.

阿拉斯加州，以及根据该法案设立的联邦与州土地联合计划委员会的意见。例如，国家公园管理局制定了计划和环境影响报告，以支持其在阿拉斯加建立新的国家公园的提案，并与林业局展开了广泛的竞争。[①] 联邦与州土地联合计划委员会也向内政部部长提供了有关阿拉斯加土地保留的单独研究和建议。阿拉斯加土地保护计划的过程还涉及环保组织的广泛参与。塞拉俱乐部对保护阿拉斯加荒野分外地关注。他们为保护阿拉斯加荒野招募了特定的队员，运用他们惯用的多种宣传和推介手段，进行声势浩大的保护运作。[②] 1976年，环保组织在华盛顿建立了专门的保护主义者联盟——阿拉斯加联盟（Alaska Coalition），处理阿拉斯加环保问题。[③] 因此，《安置法》启动了政府在阿拉斯加土地利用规划方面的多方面努力，阿拉斯加土地保护得到了最广泛的报道和研究。[④]

《安置法》的签订取消了阿拉斯加州的土地冻结，取消冻结的时长为90天。在此短暂时间内，鉴于d（2）节授权的联邦土地保留即将开始，阿拉斯加州政府又匆忙地选择了约7700万英亩土地。[⑤] 这些额外的州选土地与内政部部长莫顿打算撤出的地区部分重叠。

---

① G. Frank Williss, "*Do Things Right the First Time*": *The National Park Service and the Alaska National Interest Lands Conservation Act of 1980*. 2nd ed. Anchorage: Alaska Regional Office, U. S. National Park Service, 2005, pp. 60-63.

② Edgar Wayburn, *Your Land and Mine*: *The Evolution of A Conservation*, San Francisco: Sierra Club Books, 2004, pp. 242-243. 塞拉俱乐部发行时事通讯《阿拉斯加报告》（现在还在发行中），制作旅行幻灯片，拍摄彩色电影《阿拉斯加的平衡》。其主席韦伯恩对阿拉斯加尤为钟爱，他每年都和妻子去阿拉斯加旅行。1974年，其妻佩吉·韦伯恩及其他环保人士共同出版了图书《阿拉斯加：伟大的土地》，用精美的图片和热烈的文字向公众推介阿拉斯加及其伟大荒野。

③ 阿拉斯加联盟成员包括许多著名的环境团体，例如，荒野学会，塞拉俱乐部，"地球之友"，国家奥杜邦学会，自然资源保护委员会，环境保护基金，国家公园和保护协会，国家野生动物保护区协会和世界野生动物基金会。

④ G. Frank Williss, "*Do Things Right the First Time*": *The National Park Service and the Alaska National Interest Lands Conservation Act of 1980*, 2nd ed., Anchorage: Alaska Regional Office, U. S. National Park Service, 2005, p. 134.

⑤ Craig W. Allin, *The Politics of Wilderness Preservation*, Fairbanks, AK: University of Alaska Press. First published 1982 by Greenwood Press, 2008, pp. 218-219.

阿拉斯加州继续提起诉讼，以维持其选择。1972 年，此案通过阿拉斯加州和联邦政府之间的谅解备忘录解决。根据该谅解备忘录，该州被允许在阿拉斯加另选 4200 万英亩。1973 年，内政部部长莫顿向国会提出最终保留了 8300 万英亩土地的立法提案，其中大部分保护区将添加到国家公园和国家野生动物保护区系统中。①

虽然内政部部长莫顿保留了大面积土地，这令环保组织颇为欣慰。但是在国会方面，环保主义者却遭受了不少挫折。鉴于涉及的保护地区太大，以及距离 1978 年的最终期限还远，故而国会参众两院互相推诿，都不愿意开始土地保护立法。与此同时，尼克松或福特政府也不将阿拉斯加土地保护的立法作为优先事项。② 民主党总统吉米・卡特（Jimmy Carter）的就职打破了僵局，给环保主义者以希望。另外，环保主义者斯图尔特・尤德尔担任众议院内务委员会主席时，阿拉斯加土地保护事业也将获得国会的有利地位。③

1977 年，阿拉斯加联盟的环保主义者与众议院内务委员会的工作人员合作，起草了一项重要的阿拉斯加土地保护法案 H. R. 39。该法案是一项雄心勃勃的阿拉斯加自然保护计划，扩展了内政部部长莫顿先前提交的阿拉斯加土地保护立法提案。H. R. 39 提议在阿拉斯加的国家公园系统和国家野生动物保护区系统中，增加 1. 108 亿英亩土地；在阿拉斯加的国家野生和风景区河流系统中，增加 410 万英亩土地。H. R. 39 还建议在阿拉斯加的新保护区和现有保护区中划定 1. 465 亿英亩的荒野，而荒野在联邦土地上具有最高的保护等级，大多数开发形式将被排除在指定为荒野的地区。④ H. R. 39 还提议，在阿拉斯加建立

---

① Robert Cahn, *The Fight to Save Wild Alaska*, New York: National Audubon Society, 1982, p. 14.

② Craig W. Allin, *The Politics of Wilderness Preservation*, Fairbanks, AK: University of Alaska Press, First Published 1982 by Greenwood Press, 2008, pp. 219–20;

③ Craig W. Allin, *The Politics of Wilderness Preservation*, Fairbanks, AK: University of Alaska Press, First Published 1982 by Greenwood Press, 2008, pp. 221–222.

④ Craig W. Allin, *The Politics of Wilderness Preservation*, Fairbanks, AK: University of Alaska Press, First Published 1982 by Greenwood Press, 2008, p. 228.

的某些保护区内允许生存活动和运动狩猎。这是因为，生存活动对阿拉斯加原住民以及阿拉斯加农村地区其他居民的生活方式和文化至关重要，而运动狩猎是阿拉斯加的一项主要娱乐活动。①

随后，阿拉斯加及全国其他地方针对 H. R. 39 召开了一系列公开听证会。众议院内务委员会成员对阿拉斯加土地保护问题进行了广泛的审查，任命俄亥俄州总督约翰·塞伯林（John Seiberling）作为阿拉斯加土地监督小组委员主席，负责公开听证会。② 阿拉斯加国会代表团提出了反对建议，无视阿拉斯加的保护，而对阿拉斯加的发展更感兴趣。阿拉斯加代表团的泰德·史蒂文斯议员和唐·杨（Don Young）代表支持一项提案，提议在阿拉斯加的保护系统上增加 2520 万英亩（仅是原始 H. R. 39 建议的保护系统的 22%）。史蒂文斯—杨提案提出的阿拉斯加保护措施包括：将 1850 万英亩增加到国家公园系统和国家野生动物保护区中，将 570 万英亩增加到国家森林系统中，并将 100 万英亩增加到国家野生和风景秀丽的河流系统中。最重要的是，史蒂文斯—杨法案根本不会划定阿拉斯加任何地区作为荒野，不指定荒野，意味着允许在阿拉斯加的大多数联邦土地上进行自然资源开发。③

保护势力与开发势力的冲突在国会引发了激烈的辩论，同时带来了立法的重大拖延。1978 年，众议院通过了大幅度修订后的 H. R. 39，提议在阿拉斯加增加 1. 239 亿英亩的联邦保护土地。这一提案得到了美国主要环保组织的支持，但遭到整个阿拉斯加国会代表团的反对。他们与阿拉斯加的利益集团，以及支持发展利益的其他国会议员联合起来，共同反对阿拉斯加大规模土地保护。④ 两位国

---

① Robert Cahn, *The Fight to Save Wild Alaska*. New York: National Audubon Society, 1982, pp. 15-16.

② Daniel Nelson, *Northern Landscapes: The Struggle for Wilderness Alaska*, Washington, D. C.: Resources for the Future Press, 2004, p. 126.

③ Craig W. Allin, *The Politics of Wilderness Preservation*. Fairbanks, AK: University of Alaska Press, First Published 1982 by Greenwood Press, 2008, p. 228.

④ Robert Cahn, *The Fight to Save Wild Alaska*, New York: National Audubon Society, 1982, p. 19.

会代表指出了阿拉斯加的发展兴趣："阿拉斯加不仅是一场视觉盛宴，也不只是一个广阔的野生生物栖息地，它更是矿藏的宝库，如燃料和非燃料"①。阿拉斯加参议员史蒂文斯进行了广泛而深入的谈判，旨在减少阿拉斯加用于保护土地的规模，以适应石油、天然气、采矿和木材的利益；而另一位参议院格雷夫则更多采取强烈的反对、威胁和拖延的战略。② 而参议院的阿拉斯加土地法案，对阿拉斯加的土地保护则少得多。在 1979 年的参议院报告中，俄亥俄州的霍华德·梅岑鲍姆（Howard Metzenbaum）参议员和马萨诸塞州的保罗·特松加斯（Paul Tsongas）抗议参议院版本的阿拉斯加土地法案中删除了一些提议的荒野地区。同样引起争议的是，参议院法案删除了对许多野生和风景秀丽的河流的保护。③ 由此看来，矛盾冲突几乎无法调和，而参众两院的分歧可能会持续到 d（2）条规定的五年土地保留期限尽头，从而使土地保护失败。

卡特总统多次在促进阿拉斯加土地保护事业中发挥了重要作用。在 1977—1980 年，他通过一系列声明，敦促颁布阿拉斯加土地保护法案，其中包括向国会提交了两份环境咨文和三份国情咨文。在 1977 年向国会提交的环境咨文中，卡特指出了阿拉斯加土地法案扩大国家保护系统的非凡潜力："我们可以将野生动物保护区和公园系统的规模扩大一倍，并增加森林系统，以及野生和风景秀丽的河流系统。"④ 环保主义者和许多国会议员敦促卡特总统采取行动保护阿

---

① H. R. Rep. No. 96-97 Part I 1979, p. 685.

② George J. Busenberg, *Oil and Wilderness in Alaska: Natural Resources, Environmental Protection, and National Policy Dynamics*, Washington D. C.: Georgetown University Press, 2013, p. 39.

③ George J. Busenberg, *Oil and Wilderness in Alaska: Natural Resources, Environmental Protection, and National Policy Dynamics*, Washington D. C.: Georgetown University Press, 2013, p. 40.

④ Jimmy Carter, "The Environment Message to the Congress", in *Public Papers of the Presidents of the United States: Jimmy Carter, 1977*, Washington, DC: U. S. Government Printing Office, May 23, 1977.

拉斯加土地。1978 年，卡特政府采取了一系列激进的行政保护行动。1978 年 11 月，内政部部长塞西尔·安德鲁斯（Cecil Andrus）利用《联邦土地政策和管理法》（*Federal Land Policy and Management Act*）所授权限，保护 4400 万英亩的土地，使之成为国家野生动物保护区。12 月，卡特利用《古物法》（*Antiquities Act*）所授权限，又保护了 5600 万英亩的土地，使之成为国家纪念地。① 卡特明确表示，他打算通过这一行动鼓励国会制定阿拉斯加土地法案，“我今天采取的行动提供了对迫切需要保护地区的永久保护。但是，希望第 96 届国会能够迅速采取行动，通过阿拉斯加土地立法”②。

在第 96 届国会上，国会对阿拉斯加土地法案进行了长时间政治谈判。最终结果是一项参议院妥协案，该法案旨在为国家保护系统增加约 1.05 亿英亩土地。比起众议院仍然坚持的法案 H. R. 39，这一法案不适合阿拉斯加的保护。然而当卡特在 1980 年总统选举中输给罗纳德·里根，而里根在总统竞选期间曾表示反对阿拉斯加土地法案。因此，如果将阿拉斯加土地法案交于里根审查，将面临被否决的可能；与此同时，1980 年当选参议院的是保守的多数派，这意味着克服否决权，甚至就阿拉斯加土地法案进行进一步谈判也将是不可能的。如果不批准阿拉斯加的土地法案，里根将很快采取行政措施，削弱卡特政府的保护举措。③ 此外，阿拉斯加的国会议员个个义愤填膺，威胁要对阿拉斯加的土地法案进行进一步的修改。④ 这种新的政治环境意味着众议院版本的阿拉斯加土地法案的批准是不可

---

① Edgar Wayburn, *Your Land and Mine: The Evolution of A Conservation*, San Francisco: Sierra Club Books, 2004, p. 275.

② Jimmy Carter, "Designation of National Monuments in Alaska Statement by the President", in *Public Papers of the Presidents of the United States: Jimmy Carter, 1978*, Washington, DC: U. S. Government Printing Office, December 1, 1978.

③ Robert Cahn, *The Fight to Save Wild Alaska*, New York: National Audubon Society, 1982, p. 30.

④ Craig W. Allin, *The Politics of Wilderness Preservation*, Fairbanks, AK: University of Alaska Press, First published 1982 by Greenwood Press, 2008, p. 244.

能的，塞拉俱乐部主席韦伯恩称：“我终于意识到，这一次我们必须要妥协了。”①

1980年12月2日，卡特签署了《阿拉斯加国家利益土地保护法》（以下简称《保护法》）。这一法案为国家保护系统增加了1.05亿英亩保护区，其中包括1.041亿英亩的土地保护区和130万英亩的河流保护区。更令环保主义振奋的是，法案还在阿拉斯加的新保护区和既有保护区中划定了5630万英亩的荒野（见图6-1）。②

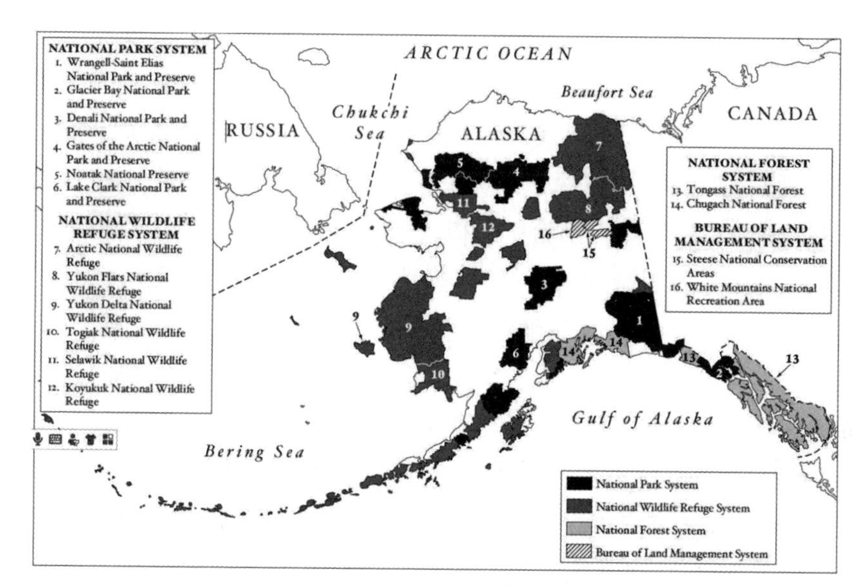

图6-1　《阿拉斯加国家利益土地保护法》下的阿拉斯加联邦土地管理部门示意图

资料来源：George J. Busenberg, *Oil and Wilderness in Alaska: Natural Resources, Environmental Protection, and National Policy Dynamic*, Washington, D.C.: Georgetown University Press, 2013, p.65。

---

① Edgar Wayburn, *Your Land and Mine: The Evolution of A Conservation*, San Francisco: Sierra Club Books, 2004, p.282.

② Craig W. Allin, *The Politics of Wilderness Preservation*, Fairbanks, AK: University of Alaska Press. First published 1982 by Greenwood Press, 2008, p.257.

(二)《保护法》的成功与妥协

《保护法》的建立是阿拉斯加土地保护和荒野保护的里程碑。然而这个法案却不只代表着环保主义者的利益，而是保护、生存、开发之间的复杂折中。这一政策形象既支持了国家保护系统的大规模扩张，又提供一些自然资源的开发机会，包括支持保护地区中先前存在的采矿要求，在汤加斯国家森林的伐木要求以及阿拉斯加北部的石油开发要求等。

首先，《保护法》为国家环保运动的发展做出了巨大贡献。尽管法案对原始 H. R. 39 提出的阿拉斯加保护地区的边界和管理规定进行了许多更改，但其保护的土地其实已高达 H. R. 39 提出的保护范围的 92%。[①] 新建立的土地保护系统的绝大部分，将由联邦机构管理，而联邦机构将自然保护列为高度优先事项。《保护法》授权国家公园管理局管理着 13 个现有的和新建的国家公园，并在其中增加了 4300 万英亩的保护土地；法案的特殊规定允许在国家公园系统里进行生存活动和采矿，但要确保阿拉斯加的文化、娱乐和风景价值得到保护。《保护法》对 17 个现有的和新建的野生动物保护区进行了保护，面积近 5500 万英亩；法案还授权国家公园管理局和鱼类与野生动物管理局管理这些区域，并允许内政部部长在合适的地区建立保护区。这将有利于保护阿拉斯加鱼类和野生动植物生境的多样性，保护本地野生动植物物种，并为原住民的生存活动提供机会。林业局负责管辖三个国家森林和两个国家纪念地，总面积为 600 万英亩，并禁止在国家纪念地进行采伐。更重要的是，阿拉斯加的大片地区将被划定为受联邦保护的荒野地区，尤其是在国家森林系统内创建了 14 个荒野地区。荒野地区的保护级别最高，为保留其原始特征，几乎不允许进行基础设施建设以及资源开发。[②]

---

① Craig W. Allin, *The Politics of Wilderness Preservation*, Fairbanks, AK: University of Alaska Press, First published 1982 by Greenwood Press, 2008, p. 257.

② Eric Todderud, "The Alaska Lands Act: A Delicate Balance Between Conservation and Development", *Public Land Law Review*, Vol. 143, No. 8, 1987, pp. 143-163.

的确，《保护法》是历史上最伟大的土地保护行动。卡特在法律签署仪式上的讲话中强调了法案在国家保护中的重要性："我们将预留一块比加利福尼亚州更大的土地进行保护……我们正在将国家公园和野生动物保护区系统的规模扩大一倍。通过保护自然状态下的25条自由流动的阿拉斯加河流，我们的野生和风景秀丽的河流系统的规模几乎增加了一倍。通过将我们国土中最宏伟的5630万英亩土地划分为荒野，我们的荒野系统的规模增加了三倍。"①

其次，除了关于保护的规定和愿景外，《保护法》还力求保护原住民的生存活动和原住民文化。法案批准了荒野地区的一些特殊用途，这些用途通常在阿拉斯加以外的荒野地区是不被允许的，比如在荒野保护区使用机械化手段。因为该州规模庞大且道路网有限，因此维持生存活动必须使用机械化设备。在1978年众议院报告中，三名国会议员指出，"鉴于遥远的距离，飞机是阿拉斯加的一种生活方式"。然而，法案只允许在有限的范围内使用机械手段进入阿拉斯加保护区，即仅限于这些保护区传统的生存活动需要。例如，国家公园管理局就禁止在麦金莱山国家公园使用雪地摩托，因为使用雪地摩托不是麦金莱山的传统生存活动。②

《保护法》建立的土地保护系统在规模和相互联系方面，与美国其他地方不同。法案以大规模保护完整的生态系统而著称，保护区通常很大，经常相互连接。在这种大规模连续的保护区内，原住民的生存活动更加得到了保护。在阿拉斯加建立的大型保护区内，原住民乡村通常继续进行传统的生存活动；并建立了相应的机构安排，对生存活动进行安排和管理。将原住民的生存活动纳入阿拉斯加的大型保护区，是对保护区的保护理念和保护方式的重大突破。这种

① Jimmy Carter, "Alaska National Interest Lands Conservation Act Remarks on Signing H. R. 39 Into Law", in *Public Papers of the Presidents of the United States: Jimmy Carter, 1980-1981*, Washington, DC: U. S. Government Printing Office, December 2, 1980.

② The Wilderness Society, *Alaska National Interest Lands Conservation Act Citizens' Guide*, Washington, DC: The Wilderness Society. 2001, p. 46.

新的保护方式反映了对原住民传统文化和生活方式价值的承认，即承认数千年来保护区中的生态系统已经为原住民历史提供了生存的滋养。[①]

最后，《保护法》的许多文本专门用于授权和管理联邦控制土地的集约使用。采矿、伐木以及油气发展是其批准的三种开发类型，这表明国会不仅关注保护，还希望在保护与开发之间取得平衡。仅就石油开发而言，阿拉斯加乃至美国最富裕的陆上油田位于北极地区的沿海平原，包括我们前面重点论述的北坡石油。法案为北极国家野生动物保护区增加 900 万英亩的土地，这使得北极的大部分地区得到了保护。然而，法案认识到北极沿海平原具有石油开采的潜力，授权内政部部长在两年中研究油气勘探对保护区鱼类和野生动植物种群的潜在影响，并基于研究颁布有关油气勘探的法规；在五年中授权监督勘探活动，并向国会报告具有油气开发前景的地区、油气生产的不利影响，以及这种生产与国家石油需求之间的关系。内政部部长应向国会建议保护区内进行油气开采的区域。而只要没有其他法律禁止此类开发，那么研究区域以内的土地即可开放进行油气租赁。[②] 这可谓《保护法》的最大妥协，直接导致了后期开发北极国家野生动物保护区的沿海平原的争议。

北坡石油开发与管道争议的影响异常深远和广泛。争议中的原住民集团以及环保主义者，时而斗争，时而又联合。因为斗争，《安置法》中加入了阿拉斯加保护规划条款；因为联合，《保护法》建立了阿拉斯加大规模的保护系统，保障了原住民的生存权利。然而，开发势力不仅通过石油开发和管道建设，达成了阿拉斯加经济的加大发展；而且在《保护法》中也加入了一个复杂的折中方案，保留

---

① George J. Busenberg, *Oil and Wilderness in Alaska: Natural Resources, Environmental Protection, and National Policy Dynamics*, Washington D. C.: Georgetown University Press, 2013, p. 78.

② Eric Todderud, “The Alaska Lands Act: A Delicate Balance Between Conservation and Development”, *Public Land Law Review*, Vol. 143, No. 8, 1987, pp. 143-163.

了继续进行经济开发的权利。北坡石油开发和管道争议，在发展利益、生存利益以及保护利益之间进行了土地和权利的分配，达成了一种妥协和平衡。

第二节　美国环境保护运动的进一步发展

北坡石油开发与管道建设的争议，还在一定程度上促进了美国环保运动的进一步发展。首先，是对技术乐观主义的批判，生态学家以及环保主义者对跨阿拉斯加管道建设造成的生态威胁、环境污染以及荒野破坏，进行了猛烈的批判。其次，是对原住民集团的合理运用，这既包括在某些问题上的适时合作，也包括在另一些问题上的适当对抗。最后，争议后期引入了跨加拿大替代线路，成为国际环保合作的契机。在管道建设问题上，加拿大环保势力表现为反对的态度；而在随后的荒野保护运动中，加拿大环保势力则与美国环保者密切合作，展开了一系列行之有效的环保行动。

一　对技术乐观主义的猛烈批判

在跨阿拉斯加管道建设过程中，阿列斯卡和管道支持者认为石油管道建设完美地与北极环境相融。但是生态学家和环保主义者却不那么认为，他们对这种技术乐观主义展开了一系列的批判。在环境污染方面，漏油、地震危险以及海湾污染问题不容忽视。另外，阿拉斯加相关部门的生态学家对于驯鹿迁徙、鱼类溯流、植被恢复等很多问题展开持续调查，认为管道建设还带来一定的生态影响。而令环保主义者和生态学家们最为痛心的，依然是荒野意象的破坏与丧失。

（一）对石油管道污染问题的批判

从石油财团提出建设阿拉斯加管道开始，管道建设的技术问题及其引发的管道污染问题，就一直是讨论的热点，并在北坡石油开发和管道建设争议前期引起了广泛的关注。地质学家、环保主义者，乃至支持管道建设的相关人员，都关注技术问题处理不当可能引发的管道损毁、漏油、空气污染、植被干扰等污染问题。管道争议后期加入的渔业集团，又提出了油轮风险和压载水污染问题。很多污染问题在建设之前已经预见，并多次在听证会上陈述与争论。

争议使得管道开发者逐渐重视技术改进，这种改进甚至得到了一部分反对者的认可；然而环保主义者敏锐地意识到技术不可能解决所有问题，对技术的盲目乐观，反而会带来更大的管道污染问题。环保主义者向来对现代技术存在莫名的反感。蕾切尔·卡逊在她的环保名著《寂静的春天》中，论证了现代工艺——杀虫剂对海洋、土壤、植物、动物甚至是人类造成的严重危害，并指出人类将为自身的无知付出惨痛的代价。卡逊在书中告诫人类，必须舍弃“控制自然”的想法，与其他生物共同分享我们的地球。[①] 从20世纪50年代中期到60年代，环保组织和环保主义者在保护回声公园、大峡谷、红杉公园等声势浩大的环保运动中，都反对利用现代技术因素(如建立大坝)，对自然和荒野进行人为的大规模改造。[②] 在北坡石油开发与管道建设上，他们依然坚持这样的技术批判态度。而事实正如他们所批判的那样，管道运营后污染问题依然存在且非常严重。

在跨阿拉斯加管道的众多环境污染问题中，首当其冲并且已经预见的就是漏油和管道事故问题。1977年6月20日，第一批原油开始通过管道向南流动。然而，填土机撞到通风装置上并开始泄漏，中断了第一股石油。在沿线500英里处的8号泵站，由于将冷的液氮注入流动的油液前方，而导致管道破裂，系统再次被关闭。7月8

① [美] 蕾切尔·卡逊：《寂静的春天》，吕瑞安、李长生译，吉林人民出版1997年版。

② Mark W. T. Harvey, *Symbol of Wilderness: Echo Park and the American Conservation Movement*, Seattle: University of Washington Press, 2000. Byron E. Pearson, “Salvation for Grand Canyon: Congress, the Sierra Club, and the Dam Controversy of 1966 - 1968”, *Journal of the Southwest*, Vol. 36, No. 2, Summer 1994, pp. 159-175. Susan R. Schrepfer, *The Fight to Save the Redwood, A History of Environmental Reform 1917-1978*, London: The University of Wisconsin Press, 1983.

日，在同一泵站，意外喷入建筑物内的机油引发了一场大火，炸死一个人，并致多人受伤。7 月 31 日，石油终于到达瓦尔迪兹。[①] 石油运输首秀的磕磕绊绊，是阿拉斯加石油管道运作问题频出的预兆。柴油、原油、喷气燃料和汽油都有泄漏，阿列斯卡对此并不否认。石油行业及其批评者争论的是有多少次严重泄漏事故。1970—1986 年，国家土地管理局的管道监控记录了 300 多次溢漏，超过 100 加仑。自 1977 年以来，管道总共损失超过 10000 公吨的原油，尽管其中一些已被回收。1979 年 6 月爆发了最大的漏油事件，从阿提贡山口北侧埋入的管道泄漏了 5267 桶原油。该管道由于雪崩危险而无法升高，然而设计施工时“未探测”的“解冻不稳定型”冻土解冻，管道在下垂后破裂，溢油从阿提贡河的源头向北流向波弗特海。[②]

另一个需要关注的问题是地震对管道的破坏。根据美国地质调查局的报告，输油管道与几个地震活动区相交，可能并需要承受 5. 5—8. 5 级的地震危害，包括地震震动、断层以及地震引起的地面变形。地震活动可能导致管道、储罐和附属结构设备的失效，并最终导致石油泄漏。同时，管道的抗震设计面临的是通常不会遇到的特殊问题，需要现场的详细地质和土壤调查，来提供设计所需的背景数据。然而对于管道近 800 英里长的线性结构，这种详细的现场调查显然在经济上是不可行的。[③] 因此，石油管道虽然也对地震危害做出了相应的设计，但是潜在威胁一直都存在。2002 年，德纳里断层（Denali Fault）爆发了里氏 7. 9 级地震，虽然管道专门用于断层位移的结构设计承受住了地震危害，并没有原油泄漏，但是这次地

---

① Peter A. Coates, *The Trans-Alaska Pipeline Controversy, Technology, Conservation and the Frontier*, Bethlehem: Lehigh University Press, 1991, p. 255.

② Stephanie Pain, “Alaska Lays its Wildlife on the Line”, *New Scientist*, Vol. 114 (30 April 1987), pp. 51-55.

③ Robert A. Page, David M. Boore, William B. Joyner, and Henry W. Coulter, *Ground Motion Values for Use in the Seismic Design of the Trans-Alaska Pipeline System*, Washington, D. C.: U. S. Dept. of the Interior, Geological Survey, 1972, pp. 1-2.

震也表明跨地质断层的工程建设必然会面临地震危险，需要实行多层地震准备和响应战略。①

除了漏油与地震危险，管道建设和运营还涉及空气污染的发生。在管道建设的泵站附近，加工厂排放诸如二氧化硫一类的碳氢化合物。而附近生长的地衣等极地植物具有特殊的生理学特征，易受放射性因素的侵害，故而会吸附大量的污染气体。结果，尽管污染气体含量不高，但地衣仍会积聚高浓度的二氧化硫。这一问题在环境影响报告决案中也有所警告。②

石油管道的海洋污染问题，是工程设计遗留下来的最大的环境问题。虽然阿列斯卡设计了终端压载水处理系统，但是海湾水污染问题远远没有解决。20 世纪 80 年代，科尔多瓦地区渔业联合会以及联邦环保局，纷纷指责石油工业对瓦尔迪兹港口的压载水处理管理不善，有毒废水不受处理即被排放到海湾。由国家海洋渔业局（National Marine Fisheries Service）和联邦环保局资助的研究表明，在 1978 年至 1984 年 11 月，瓦尔迪兹湾泥滩中的肉瘤蛤（macoma clam）种群减少了 85%。这些微小的滤食动物是沿海地区的主要无脊椎动物，对亚致死量的碳氢化合物特别敏感。遗憾的是，油中的大多数有毒化合物是水溶性的。一些海洋科学家认为，与偶发的、明显的、广为人知的大泄漏相比，低水平石油污染的逐量增加是一个更大和更长期的环境威胁。油类毒素会干扰海洋生物（如肉瘤蛤）收集食物和繁殖所需的化学感受器，尽管毒素可能无法彻底杀死它们，但这些碳氢化合物会降低它们对疾病和伤害的抵抗力。③

---

① Douglas G. Honegger, Douglas J. Nyman, Elden R. Johnson, Lloyd S. Cluff, and Steve P. Sorensene, "Trans-Alaska Pipeline System Performance in the 2002 Denali Fault," Alaska, Earthquake. Earthquake Spectra, 2004.

② *Final Environmental Impact Statement*, *Proposed Trans - Alaska Pipeline*, Washington, D. C.: U. S. Dept. of the Interior, 1972, Vol. 1, pp. 113, 121.

③ Peter A. Coates, *The Trans-Alaska Pipeline Controversy*, *Technology*, *Conservation and the Frontier*, Bethlehem: Lehigh University Press, 1991, p. 268.

跨阿拉斯加管道无疑是一项巨大的工程，在尽力开发资源的同时承诺尽力保护环境。然而毫无疑问的是，在“环保十年”的氛围下，尽力保护环境即是为了尽力开发资源。如果深入石油开发企业内部，去接触那些实际工作的石油工人，他们对于环境保护并没有特殊的偏好，他们的“情感都是殖民主义的……所有词汇也都与经济有关……对历史和北极的生态一无所知”①。在这种情况下，环保主义者不免会怀疑那些所承诺的保证只能是保证，但最终结果常常事与愿违。环保主义者在石油开发和管道争议体现的技术批判态度，正是对这一技术推动开发、开发带来污染问题的强烈回应。

（二）对石油管道生态影响的批判

石油开发与管道建设的污染问题令环保主义者瞩目，而管道的生态威胁同样严重，并且具有相对隐秘却历时长久的特点。生态学家认为，对管道的生态后果进行重大评估要从长计议。与历史学家相比，科学家的研究可能不是超脱的、客观的和精准的。与工程的过分亲近，反而可能导致认识的迷惑甚至扭曲。最终，需要由熟悉科学生态学的环境历史学家，或具有历史素养和才华的生态学家或野生生物学家，将管道对物理环境和生物群落的影响进行全面研究。这项任务遥遥无期。它将经过几代人的审查才能确定。②

大型动物迁徙问题是环保组织和石油工业争论的最激烈的问题之一，尤其是驯鹿和驼鹿的迁徙活动。驯鹿群季节性地穿越的地区约占管道线路的400英里，在距离管道路线最北端75英里的地方还发现了驼鹿和野牛，而棕熊和黑熊栖息在管道沿线的许多区域。从1976年到1978年，阿拉斯加保护渔猎部对管道与驯鹿迁徙的情况进行了持续的调查，连续编写了若干份报告，反映了管道建成短期内对驯鹿迁徙和驯鹿种群发展的影响。研究表明，输油管道的影响对

---

① ［美］巴里·洛佩兹：《北极梦：对遥远北方的想象与渴望》，张建国译，广西师范大学出版社2017年版，第347页。

② Peter A. Coates, *The Trans-Alaska Pipeline Controversy, Technology, Conservation and the Frontier*, Bethlehem: Lehigh University Press, 1991.

阿拉斯加的北极种群最为明显，该种群全年都生活在北坡。由于运输道路上的交通拥挤，有幼崽的驯鹿倾向于避开管道走廊，就像它们也会避免沿河的高灌木丛一样，因为管道和路基为掠食者提供了隐蔽之处。成年雄性北美驯鹿似乎更容易适应。他们常常被这些新功能所吸引，并以新植被为生。雄鹿还经常在路面和废弃的建筑工地上游荡，以期逃避昆虫叮咬。①

随后，这个研究团队主要负责人雷蒙德·卡梅伦（Raymond D. Cameron）持续进行该项研究，1978年6月至1987年6月，他每年在阿拉斯加的普鲁德霍湾附近进行航测，以确定石油相关发展对驯鹿北极种群分布的影响。经过长达10年的研究表明，石油开发的配套公路穿过驯鹿产崽集中区，驯鹿的平均密度在公路1公里内从1.41降至0.31，而在距离公路5—6公里从1.41升高至4.53。同时，驯鹿对公路相邻区域的相对使用量下降了，这显然是由于油田开发设施干扰所致。研究团队得出结论：油田公路干扰会降低附近区域待产母鹿的数量，并且道路间距不足可能会降低整体产崽活动。鉴于这些栖息地对驯鹿繁殖的重要性，因此开发北坡石油需要采取谨慎的态度。报告同时指出，鉴于在产崽和哺育幼崽方面，豪猪驯鹿种群与北极种群相似，因此对北极种群的研究同样适用于豪猪种群。②

对于高架起来的管道，政府生物学家认为管道必须为驯鹿、驼鹿、野牛、熊等动物提供了足够通行的空间——工作台的顶部与隔热管的底部距离必须有10英尺，尤其是在冬天积雪深的地区。然而，根据鱼类和野生生物联合咨询小组（Joint Fish and Wildlife Advi-

---

① Raymond D. Cameron, Kenneth R. Whitten, *Effects of the Trans-Alaska Pipeline on Caribou Movements*, Alaska Department of Fish and Game, Juneau, Alaska, 1979, pp. 2-3.

② Raymond D. Cameron, Daniel J. Reed, James R. Dau, and Walter T. Smith, "Redistribution of Calving Caribou in Response to Oil Field Development on the Arctic Slope of Alaska", *Arctic*, Vol. 45, No. 4, December, 1992, pp. 338-342.

sory Team)[①] 的报告显示，在 1975 年建成的 224 个管线与迁徙线路的相交点中，有 88 个高架过境点的高度不到 10 英尺；而在 1976 年建成的 326 个过境点中，有 69 个过低。与此同时，阿列斯卡的工程师不愿意进行补救性调整。他们声称补救性开挖，会对管道垂直支撑构件和工作台表面的完整性造成危害，并且开挖后的过境点需要经常维护。[②]

石油行业认为，这些观察结果与北极种群在过去十年中规模翻了一番的事实相矛盾。但是，由于北极种群的增加也适用于阿拉斯加的其他两个驯鹿种群，因此一些野生生物学家认为，长期因素（可能是气候）是造成这种情况的原因。随着时间的推移，动物种群的波动很大。许多生物学家认为，就某些物种而言，北极目前正处于动物数量丰富的阶段。也有专家称，受石油开发影响，该地区的狼和灰熊数量急剧减少，这在很大程度上是由于道路上非法狩猎的结果。而除了人类以外，这些都是驯鹿的主要捕食者。现在，北极种群几乎没有天敌，因此带动了种群数量的增长。[③]这也再一次印证了前面的论述，石油开发与管道建设的生态影响，是一个复杂而长期的问题，并不能用短时间片面性的数据来解释生态影响的真正情况。

河流问题也受到有关专家的密切关注。跨阿拉斯加石油管道和

---

① 1974 年年初，联邦政府、州政府和石油公司签署了通行权协议，概述了管道建设者必须满足的技术和环境规定。州政府和联邦政府还签署了一项合作协议，要求共同保护沿线的鱼类和野生动植物。这一规定导致 1974 年 5 月成立了鱼类和野生生物联合咨询小组，该小组由阿拉斯加鱼类和野生动物狩猎管理局，美国鱼类和野生生物管理局，国家海洋渔业管理局，以及土地管理局的生物学家组成。JPWAT 将就管道建设过程中如何最好地保护鱼类和野生生物向两个更广泛的监视组织提供建议。小组的办公室和现场工作人员可以向 APO 和 SPCO 提出建议，但无权指示阿列斯卡采取行动。

② Thomas A. Morehouse，“Fish，Wildlife，Pipeline：Some Perspective on Protection”，*The Northern Engineer*，Vol. 16，No. 2，Summer 1984，pp. 18–26.

③ Raymond D. Cameron，Daniel J. Reed，James R. Dau，and Walter T. Smith，“Redistribution of Calving Caribou in Response to Oil Field Development on the Arctic Slope of Alaska”，*Arctic*，Vol. 45，No. 4，December，1992，pp. 338–342.

360英里的北坡运输道路横穿了约600条溪流和河流，其中大约一半是鱼类溯流的河流。[①] 由于管道、工作台、运输道路、进出道路和物资站点越过或靠近如此大量的鱼流，联合咨询小组的现场工作人员花费大量时间来监视建设对沿途水系的影响。顾问们认为，河流和溪流淤积、低水位渡口的建造不当和使用不当、溪流中的涵洞放置不当或大小不当以及水土侵蚀，都是常见的问题。更重要的是，大多数问题很长时间内都没有得到纠正，重视施工建设而不重视环境保护、欠缺溪流和鱼类种类知识，以及北极特殊环境带来的施工困难等都是重要的原因。[②]

批评者还认为，河岸环境同样遭受了相当大的破坏。他们声称，建筑活动和砾石开挖对许多溪流沿岸的植被产生了不利影响。到1977年，管道建设在库帕鲁克（Kuparuk）河和萨加瓦尼科特克河之间的区域形成了200公里的砾石路，用以抑制排水。然而真正的效果并没有达到，水反而倒流形成池塘，并淹没一些植物，如在北极主要流域广泛生长的柳树。这些柳树为生活在布鲁克斯山脉和北坡的麋鹿种群提供了重要的食物和庇护所。环境影响报告决案中，也预言了河岸环境变迁对大型动物的不良影响。[③]

某些野生生物学家还指出了使用异国草种进行植被恢复而引发的弊端。由于管道产生的热量，引入的草自然会生长茂盛。这吸引了许多食草动物，特别是在冬天，因为管道中的热量也意味着这种新的草料供应没有积雪覆盖。随着时间的流逝，这些动物可能会沿着管道走廊集中，在那里它们很容易被捕食者猎杀。此外，由于动物趋向于啃食美味的新草，故而促进了新草种的繁殖蔓延（利用动物的消化排泄等生理作用带来草种的更大面积的播种与蔓延），因此

---

① 高新祥译：《北海和阿拉斯加油气区》，石油工业出版社1988年版，第88页。

② Thomas A. Morehouse, "Fish, Wildlife, Pipeline: Some Perspective on Protection", *The Northern Engineer*, Vol. 16, No. 2, Summer 1984, pp. 18-26.

③ *Final Environmental Impact Statement*, *Proposed Trans - Alaska Pipeline*, Washington, D. C.: U. S. Dept. of the Interior, 1972, Vol. 4, pp. 150-151.

大大削弱了对新草侵蚀的控制成效。有关部门官员最近的一份报告认为，原生植被再造工作几乎没有取得成功，原生植物的再繁殖在“最有利的地点以外的所有地区都极其缓慢”①。

没有人确切地知道 800 英里管道沿线的生态状况如何，政府监督员（包括鱼类和野生动植物监督员），也没有全面了解生态威胁并及时纠正的能力。在许多情况下，生态学家和环保主义者也是边走边学，边学边批判，而所学到的东西对于阿拉斯加将来的任何大型项目都将是无价的，批判的声音将因为学习而更为响亮。而更多人能一眼辨识的是，石油开发与管道建设大大改变了极北荒野意象，无论是从物质层面还是心理层面。

1969 年秋天，在阿拉斯加费尔班克斯大学校园内展示了一截新近运到的日本制管道。在管道的一旁，竖立了一个刻有“阿拉斯加：1867—1969”的墓碑。② 对于许多人来说，管道的到来有着某种葬礼仪式的象征意义。因为，如果石油工业建造了管道，那么对某些人而言则标志着阿拉斯加荒野边疆的死去，或者至少是末日的开始。三年半后，当该项目即将获得授权时，这种看法依然没有改变。一位记者形容这条输油管道是“迈向摧毁美国最后的荒野的第一步”。很多环保主义者同意这一观点，工程建设的环境污染与生态影响虽然也引发关注与争议，但最关键的问题是管道对北极荒野的侵犯，最主要的破坏是象征性的和心理上的：“伤害将主要是对思想的破坏……那些珍视荒野的人将失去最重要的东西。”③

跨阿拉斯加管道的修建，一度让人们认为技术的力量可以克服环境污染和生态破坏。阿列斯卡的工程师们及其支持者的公开讲话，用或者委婉或者直白的语气，宣称他们将“最后的边疆”变成了

---

① *Final Environmental Impact Statement*, *Proposed Trans - Alaska Pipeline*, Washington, D. C.: U. S. Dept. of the Interior, 1972, Vol. 1, p. 120.

② “Pipeline Displays Defaced”, *Fairbanks Daily News-Miner*, 26 September, 1969.

③ Harvey Manning, *Cry Crisis! Rehearsal in Alaska*, San Francisco: Friends of the Earth, 1974, Introduction.

“最好的边疆”。然而，生态学家和环保主义者随后的审查，却批评了开发技术和管道修建所带来的巨大的环境破坏问题，指出这种破坏似乎在数量上还在不断积累，在性质上也彻底改变了阿拉斯加的某些方面。环保组织和环保主义者的批判为技术乐观主义者敲响了警钟，技术带来的改变将会成为“阿拉斯加边疆结束的开始”①。

二 与原住民集团的适时联合

原住民集团是阿拉斯加一股特殊而重要的政治力量。在阿拉斯加环境保护主义者中经常听到的一种说法是：阿拉斯加原住民是天生的政治盟友。然而在实际的环保斗争中，环保主义者发现，他们在一些问题上与原住民合作，而在另一些问题上则必须与原住民对抗。②

（一）与原住民集团的合作与对抗

在北坡石油开发与管道建设争议中，原住民集团发挥了特殊的作用。在争议的过程中，环保组织和环保主义者与原住民时而合作，共同反对开发者；时而对抗，为各自的利益而争夺，形成了一种特殊的联盟关系。

首先，原住民的土地权索赔运动阻碍了开发势力的管道建设提议，得到了环保组织和环保人士的拥护与配合。1970 年 3 月 9 日，针对希克尔颁发建设许可证，原住民向联邦地方法院提起诉讼，要求保护拟建管道土地中原住民的土地权利。3 月 26 日，配合原住民的土地权索赔运动，“地球之友”等环保组织也向内政部提起诉讼，指控授予石油管道通行权违反了 1920 年《矿物租赁法》的通行权宽度；也违反了《国家环境政策法》的要求，没有提供环境影响报告。法院发布了对整个项目的初步禁令。原住民和环保主义者的合作，

① Morgan Sherwood, *Big Game in Alaska: A History of Wildlife and People*, New Haven: Yale University Press, 1981, p. 152.

② Daniel Nelson, *Northern Landscapes: The Struggle for Wilderness Alaska*, Washington, D. C.: Resources for the Future Press, 2004, p. 157.

成功地阻止了该项目的进行。

而转过年来，原住民大面积的土地权索赔却又与环保组织的荒野保护愿望相悖，原住民由同盟者一变而成为对抗者。1971 年秋季，原住民土地赔偿的相关法案在国会迅速推进。荒野协会的执行董事斯图尔特·布兰德伯格与韦伯恩会面，并抱怨说："《阿拉斯加原住民土地赔偿安置法》即将通过，而却没有为国家公园或者保护区提供任何附加条款，我们就要失去阿拉斯加的一切了。"[①] 这一法案要求巨大面积的土地赔偿，很多地区都适合发展为美国国家保护系统或荒野地区，这无疑会触犯环保主义者的环保信念。

环保组织于是游说国会中具有环保倾向的参议员莫里斯·尤德尔（Morris Udall）。继其兄斯图尔特·尤德尔之后，他是国会中具有明显环保倾向的议员，是环保主义者游说和依赖的关键人物。尤德尔联合同样支持环保的众议员约翰·塞勒（John Saylor）一起提出了一项修正案，要求在原住民村庄做出选择后，即留出 1 亿英亩的土地，研究用于其他用途。原住民对此持强烈反对的态度。1971 年 10 月，在参议院投票之前，两名阿拉斯加原住民联合会的领导人物，在阿拉斯加环境保护协会主席罗伯特·韦登的办公室里开会，要求获得这个阿拉斯加当地环保组织的支持，在议会中投票反对任何像尤德尔—塞勒修正案一类的修正案。两位领导人称，他们在华盛顿进行了一系列行动，竭尽全力反对尤德尔—塞勒修正案。联合会的其他成员也配合他们的行动，对修正案进行了强烈的抵抗。原住民认为，尤德尔—塞勒修正案是意图阻止他们拥有经济利益丰厚的土地。[②] 韦登也没能说服他们改变观点，在《阿拉斯加原住民土地赔偿安置法》上，原住民与环保组织彻底决裂和对立起来。

接下来，当《保护法》提倡的公司模式的弊端愈发明显时，原

---

① Edgar Wayburn, *Your Land and Mine: The Evolution of a Conservationist*, Sierra Club Books, San Francisco, 2004, p. 231.

② Daniel Nelson, *Northern Landscapes: The Struggle for Wilderness Alaska*, Washington, D. C.: Resources for the Future Press, 2004, p. 105.

住民又与环保组织重归于好。法案建立了原住民公司模式，诱使原住民向现代经济社会过渡。然而公司模式不符合原住民繁衍生息的地理环境和文化体制，被证明不符合原住民未来的发展。原住民只有尊重本地市场情况，利用优势发展自己熟悉的行业，才可能获利。因此，原住民重新追求《安置法》消除的部落主权和生存权利。原住民的生存权利体现了尊重和关爱资源和环境的价值观，这使得他们又一次和环保主义者联合起来，反对开发势力对资源的剥夺和对环境的破坏。

部落自治权和生存权，对于阿拉斯加原住民的经济和文化价值发展至关重要。原住民的生存活动和文化尤其受到环保主义者的认可，在他们的共同努力下，1980 年颁发的《阿拉斯加国家利益土地保护法》为阿拉斯加原住民在公共土地上的生存活动提供了优先权。① 阿拉斯加联盟在追求阿拉斯加土地保护立法中发挥了重要作用，其成员也包括一些原住民地区公司，如卡莉斯塔公司、娜娜公司等。环境团体还与阿拉斯加原住民团体的代表合作制定了 H. R. 39 立法提案，法案还包含在阿拉斯加待建立的保护区内进行生存活动的规定。1978 年参议院的一份报告指出："阿拉斯加的 200 多个乡村是独特的，因为它们是美国最后的原住民社区。在该社区中，仍有相当多的居民依靠公共土地上的可再生资源来维持生存。"②

就是在这样的合作—对抗—再合作的反复"磨合"之中，环保组织利用原住民集团达成了自己的荒野保留与环境保护目标，而又在一定程度上满足了原住民的各方面需求，形成了良好的同盟关系。而与原住民的这种特殊联盟关系，在北坡石油开发与管道建设争议之后得到了很好的保护和存续。不仅如此，对于阿拉斯加这一特殊

① Felix S. *Cohen's Handbook of Federal Indian Law*, Nell J. Newton ed., LexisNexis, 2005, pp. 354-361.

② George J. Busenberg, *Oil and Wilderness in Alaska: Natural Resources, Environmental Protection, and National Policy Dynamics*, Washington D. C.: Georgetown University Press, 2013.

而重要的政治力量，环保主义者在随后的保护运动中还学习了“分而用之”的方法。

（二）对原住民集团的分而用之

石油开发与管道建设争议之后，阿拉斯加石油开发和环境保护的冲突依然存在。由于该州石油的重要经济意义，以及阿拉斯加已开发油田的局限性，阿拉斯加州开发势力长期以来一直在寻求在阿拉斯加北部地区扩大石油开发。[①] 联邦政府和阿拉斯加原住民社区对阿拉斯加北部地区扩大石油开发的计划，表现出部分支持、部分反对的复杂反应。在这种情况下，环保主义者需要对不同诉求的原住民进行适当地划分，并充分联合要求保护荒野和自然环境的原住民作为自己的联盟者，一起反对阿拉斯加的进一步开发，保护阿拉斯加荒野。

在随后的开发争议中，北极国家野生动物保护区是争议的焦点。1980年，《阿拉斯加国家利益土地保护法》将保护区的规模扩大了一倍以上，并将北极保护区的很大一部分地区指定为荒野。与此同时，《保护法》还将保护区沿海地区的约150万英亩土地划为油气开发区域，国会保留了批准在北极国家野生动物保护区进行油气开发的权力。[②] 1987年，一项对保护区沿海平原的联邦研究发现，该地区包含“美国陆上最杰出的石油勘探目标”[③]。同年，内政部部长唐纳德·霍德尔（Donald Hodel）建议批准在北极保护区进行油气开发。[④]

---

① George J. Busenberg, “The Policy Dynamics of the Trans-Alaska Pipeline System,” *Review of Policy Research*, Vol. 28, No. 5, 2011, pp. 401-422.

② *Arctic National Wildlife Refuge, Alaska, Coastal Plain Resource Assessment: Report and Recommendation to the Congress of the United States and Final Legislative Environmental Impact Statement*, Washington, D. C.: U. S. Dept. of the Interior, April 1987, pp. 1-2.

③ *Arctic National Wildlife Refuge, Alaska, Coastal Plain Resource Assessment: Report and Recommendation to the Congress of the United States and Final Legislative Environmental Impact Statement*, Washington, D. C.: U. S. Dept. of the Interior, April 1987, p. 7.

④ *Arctic National Wildlife Refuge, Alaska, Coastal Plain Resource Assessment: Report and Recommendation to the Congress of the United States and Final Legislative Environmental Impact Statement*, Washington, D. C.: U. S. Dept. of the Interior, April 1987, pp. 185-188.

北美原住民对保护区石油开发的态度分歧严重。在阿拉斯加，卡托维克（Kaktovik）市议会和北坡自治管理区（North Slope Borough）支持保护区的有限石油租赁开发。北坡自治管理区区长乔治·艾毛格克（George N. Ahmaogak）认为“野生生物和石油开发可以在北极共存”，并否认管道和道路会限制驯鹿的活动。北坡自治管理区的土地管理行政官沃伦·马图梅亚克（Warren O. Matumeak）在听证会上解释：“北坡市的居民直到最近才习惯于拥有一流的学校、现代化的住房、警察和消防设施，以及其他美国人长期以来一直理所当然享受的服务和设施。负责任的保护区开发将使我们能够在未来继续享受这些优质的现代服务。”①

显然，卡托维克和北坡自治管理区的居民仅在有限的程度上依赖北极生态资源。而依赖程度最高的原住民社区是北极村（Arctic Village），它是位于北极国家野生动物保护区以南阿拉斯加的一个定居点。另外，穿越育空地区的老乌鸦村（Old Crow）也严重依赖豪猪驯鹿群。驯鹿是这两个村庄最重要的食物来源，与卡托维克不同，这两个村庄没有海洋哺乳动物可以作为替代食物。韦尼蒂（Venetie）、育空堡（Fort Yukon）和查尔基齐克（Chalkyitsik）的阿拉斯加居民以及其他一些加拿大村庄也以猎杀豪猪驯鹿群为生。这些村庄都反对保护区的石油租赁。北极村理事会要求决策者们：“不要对驯鹿做你祖先对水牛所做的事。”②

环保主义者持续反对阿拉斯加州和石油工业推动保护区的石油开发。一方面，环保主义者支持北极村等原住民的观点，而反对卡托维克的原住民的态度，声称在保护区沿海平原开发石油会损害该

① *Arctic National Wildlife Refuge, Alaska, Coastal Plain Resource Assessment: Report and Recommendation to the Congress of the United States and Final Legislative Environmental Impact Statement*, Washington, D. C.: U. S. Dept. of the Interior, April 1987, p. 205.

② Peter A. Coates, *The Trans-Alaska Pipeline Controversy: Technology, Conservation and the Frontier*, Bethlehem: Lehigh University Press, 1991, p. 315.

保护区的自然品质，并对其驯鹿、北极熊和其他物种造成伤害。[1] 另一方面，环保主义者也强调，美国签署了许多国际野生动植物条约，旨在保护北极国家野生动物保护区中发现的迁徙物种，如豪猪驯鹿群。而保护区开发则将与这些国际条约义务相冲突。[2]

环保组织和环保主义者与阿拉斯加原住民建立了特殊的环保联盟，合理充分地利用原住民集团独特而重要的力量。他们联合要求保护土地和自然的原住民，并将原住民的生存活动纳入阿拉斯加保护区，从而保留了几千年来共同存在并相互作用的文化和生态过程——这是新的意义上的荒野文化的表现。

环保组织和环保主义者与阿拉斯加原住民集团形成了一种特殊的联盟关系。在某些问题上，他们经历了联合—对抗—再联合的关系；环保主义者必须根据事态的发展和原住民立场的变化，适时地调整自己的环保战略。而在另外一些问题上，原住民集团分裂成反环保和环保两股势力；环保主义者则必须积极联合要求环保的原住民势力，一起对抗反环保势力。毫无疑问，原住民集团及其诉求也是复杂而多变的，环保主义者想要联合这一势力达到自己的环保目标，必须将有效的联合与必要的对抗相结合，实行更为细致而合理的联盟策略。与阿拉斯加原住民集团的联合与对抗，促进了美国环保运动的进一步发展和创新。

三　对国际环保合作的初步尝试

在北坡石油开发与管道建设争议后期，环保主义者提出了跨加拿大替代线路。这是对开发势力的一种妥协表现，却在一定程度上

---

① Judith A. Layzer, "Oil versus Wilderness in the Arctic National Wildlife Refuge." in *The Environmental Case*: *Translating Values into Policy*, 3rd ed., Washington, DC: CQ Press, 2011, pp. 119-120.

② Judith A. Layzer, "Oil versus Wilderness in the Arctic National Wildlife Refuge." in *The Environmental Case*: *Translating Values into Policy*, 3rd ed., Washington, DC: CQ Press, 2011, p. 136.

成为阿拉斯加地区，又或者北美地区国际环保合作的契机。在与加拿大环保势力的对抗与合作中，美国环保组织和环保运动得到了进一步的发展和进步。

（一）与加拿大环保势力的对抗

在北坡石油开发和管道建设争议中，美国与加拿大环保组织最开始的联系是以对抗的形式出现的。而这种对抗换一个角度理解，依然可以看做国际环保合作的破冰之举，可以看做是国际环保合作的切磋和交流。

跨加拿大替代线路的提出，虽然得到了加拿大政府的积极支持，却受到了加拿大环保主义者的抵制和反对。许多加拿大环保主义者，对美国环保人士积极游说跨加拿大的管道线路感到愤怒。里尔·德埃苏姆（Lille D' Easum）是加拿大不列颠哥伦比亚省塞拉俱乐部分会的能源委员会主席，他驳斥了麦肯齐河谷线路的选择，认为它比跨阿拉斯加线路更糟糕。该分会主席吉姆·博伦（Jim Bohlen）同样反对阿拉斯加公共利益联盟的观点，认为建立加拿大输油管道只能加强在加拿大北极地区开采石油。他对美国环保人士采用双重标准的做法极为反感，并希望塞拉俱乐部的美国领导人“以无法安全、环保并符合社会情况的实施为由，停止对北方石油运输替代方案的任何讨论”①。

7月，“地球之友”宣称：“加拿大北部地区已经开始发生生态系统悲剧，普拉德霍的石油和天然气不会加剧这种悲剧。加拿大人几乎肯定会推动麦肯齐河沿岸的运输系统，将自己的天然气和石油推向市场。”② 加拿大环保主义者对这种说法感到愤怒。诚然，加拿大与北冰洋之间已经建立了公路连接。麦肯齐河口的道森（Dawson）与伊努维克（Inuvik）之间的登普斯特高速公路（Dempster

① Peter A. Coates, *The Trans-Alaska Pipeline Controversy: Technology, Conservation and the Frontier*, Bethlehem: Lehigh University Press, 1991, p. 242.

② Harvey Manning, “Which Way Out?” *Not Man Apart* 3, July 1973, p. 8, 转引自 Peter A. Coates, *The Trans-Alaska Pipeline Controversy: Technology, Conservation and the Frontier*, Bethlehem: Lehigh University Press, 1991, p. 243。

Highway）于1957年开始建设，但直到1968年一直处于休眠状态，目前正在修整中。一些加拿大环境保护主义者认为，如果非要比较的话，加拿大北极地区比美国北极地区原始得多。

阿拉斯加公共利益联盟支持加拿大替代线路的环保政策调整，影响了它的信誉，并增强了反对者的力量。生态学是相对较年轻的“行星家园”科学，它教导了超民族主义。人类习惯缘起于欧洲的政治或国家边界的概念，然而在生态领域，美国和加拿大的北极地区之间却没有边界。正如“地球之友”所强调的那样，“苔原和北美驯鹿没有国籍”①。联盟关于加拿大输油管道的政策，不仅使生态原则和国际主义服从于政治需要，而且还服从于民族主义和文化要求。这项政策将阿拉斯加只作为“美国”最后的荒野，却没有意识到它还是国际北极荒野和生态系统的一部分。反对者认为，联盟的保护标准是“美国”荒野，而不是受石油管道影响的北极荒野，因为如果支持一条跨加拿大的线路，那么被侵犯的荒野面积将更大。②

美国环保主义者还忽视了加拿大的另一重大问题，即加拿大原住民土地权索赔这一复杂因素。育空地区和西北地区的原住民也开始出现政治和文化意识。受他们的阿拉斯加同胞的启发，诸如兄弟会（Brotherhood）和原住民权利委员会（Committee for Original Peoples Entitlement）之类的原住民团体开始出现，并根据1899年和1921年签署的条约来敦促政府实现其土地要求。③

虽然北美地区的国家合作始于对抗和争议，但是这种交流也给随后的合作和团结奠定了基础。在《保护法》建立之后，美加两国在环保活动中多次协同行动，建立了若干大型跨国保护区，对国际

---

① Harvey Manning, *Cry Crisis! Rehearsal in Alaska*, San Franscisco: Friends of the Eearth, 1974, pp. 203.

② *Final Environmental Impact Statement*, *Proposed Trans - Alaska Pipeline*, Washington, D. C.: U. S. Dept. of the Interior, 1972, Vol. 5, table 1B.

③ Barry Kay, “Stopping the Pipeline is Northern Native Cause”, *Oil Week*, Vol. 23, March 1972, pp. 20-21.

环保合作进行了一系列的尝试。

（二）与加拿大环保势力的合作

《阿拉斯加国家利益土地保护法》在美国自然保护的历史上具有极其重要的意义。最重要的一点是，法案建立的保护区通常保护着野生动物的完整栖息地，并且能保证野生动植物的迁徙活动顺利进行。

在美国的其他州，保护区保护野生动植物种群的能力，通常受到这些保护区的有限面积和分散分布情况的限制，野生生物种群的栖息地和范围经常扩展到这些保护区的边界之外。分散的保护区的开发，已造成动物栖息地的广泛丧失，并为美国野生动植物的迁徙制造了障碍。相比之下，《保护法》是全面保护规划工作的结果。它的保护区通常非常大且经常相互联系，保护了大规模的完整的生态系统，其中包括野生生物的迁徙。[①] 这一保护特征和保护关注点，是开启国际保护合作的前提。

阿拉斯加的土地保护在国际上尤为重要，通过在加拿大建立与阿拉斯加保护区跨边界相连的保护区，更好地加强了对北美环境的保护。其实这种国际合作早在北坡石油开发与管道建设之前，就已经有所涉及；而《保护法》通过后，国际保护合作则掀起了一次高潮。[②] 1942 年，美国政府首次提出在加拿大与阿拉斯加接壤的边境上建立了克鲁安国家公园保护区（Kluane National Park Reserve）。1972 年后，一系列改革措施加强了对克鲁安公园的保护，并创建了一个合并保护区，包括加拿大的克鲁安国家公园和自然保护区（Kluane National Park and Reserve），以及克鲁安野生动物

① David Cameron Duffy, Keith Boggs, Randall H. Hagenstein, Robert Lipkin, and Julie A. Michaelson, "Landscape Assessment of the Degree of Protection of Alaska's Terrestrial Biodiversity", *Conservation Biology*, Vol. 13, No. 6, 1999, pp. 1332-1343.

② Roger Kaye, *Last Great Wilderness: The Campaign to Establish the Arctic National Wildlife Refuge*, Fairbanks: University of Alaska Press, 2006, pp. 38-39.

保护区（Kluane Wildlife Sanctuary）。[①] 1980 年，《保护法》建立了新的和扩大的保护区，包括弗兰格尔—圣伊莱亚斯国家公园和自然保护区（Wrangell-Saint Elias National Park and Preserve）、冰川湾国家公园和自然保护区（Glacier Bay National Park and Preserve）以及泰特林国家野生动物保护区（Tetlin National Wildlife Sanctuary）。它们不仅彼此之间相互联系，还与克鲁安自然保护区相互联系。[②] 1993 年，加拿大不列颠哥伦比亚省又建立了塔琴希尼—阿尔塞克公园（Tatshenshini-Alsek Park），将这一特别大的跨国保护区进一步扩大（见图 6-2）。[③]

在阿拉斯加北部，《保护法》扩大了原有的北极国家野生动物保护区，并建立了育空平原国家野生动物保护区（Yukon Flats National Wildlife Sanctuary）。而加拿大于 1984 年建立了艾夫瓦维克国家公园（Ivvavik National Park），并于 1995 年建立了毗邻的文图特国家公园（Vuntut National Park）。这两个国家公园彼此连接，并与美国的北极国家野生动物保护区和育空地区国家野生动物保护区相互连接；这四个连续的自然保护区共同构成了另一个大型跨国保护区。[④]

这两个大型跨国保护区加大了美国与加拿大两国对共同边界的环保合作兴趣。美国与加拿大两国在阿拉斯加及其周边地区的土地建立了一个庞大的北美保护系统，该保护系统保护野生动植物迁徙和其他生态系统衍进。这其中，两国关注的焦点是豪猪种群。豪猪种群季节性地，在北极国家野生动物保护区和加拿大的毗邻地区之

---

① John B. Theberge, "Kluane National Park", in *Northern Transitions Vol. I: Northern Resource and Land Use Policy Study*, edited by Everett B. Peterson and Janet B. Wright, Ottawa, Canada: Canadian Arctic Resources Committee, 1978, pp. 153-189.

② George Matz, "World Heritage Wilderness: From the Wrangells to Glacier Bay", *Alaska Geographic*, Vol. 26, No. 2, 1999, pp. 1-112.

③ George Matz, "World Heritage Wilderness: From the Wrangells to Glacier Bay", *Alaska Geographic*, Vol. 26, No. 2, 1999, pp. 1-112.

④ Bruce Woods, "Alaska's National Wildlife Refuges", *Alaska Geographic*, Vol. 30, No. 1, 2003, pp. 1-96.

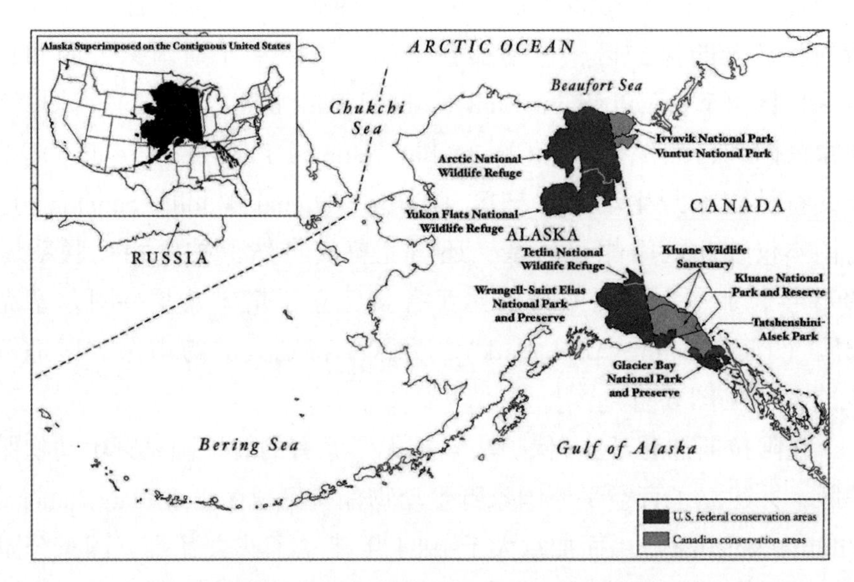

图 6-2　美国与加拿大通过国际环保合作建立的跨国保护区示意图

资料来源：George J. Busenberg, *Oil and Wilderness in Alaska*: *Natural Resources*, *Environmental Protection*, *and National Policy Dynamic*, Washington, D. C.: Georgetown University Press, 2013, p. 75。

间迁徙。① 庞大的北美保护系统可以保证该种群传统迁徙活动顺利进行，从而保证了该种群在北美地区的存续和发展。

在北坡石油开发与管道争议中，阿拉斯加的土地保护运动开始了。《阿拉斯加原住民土地赔偿安置法》中加入了阿拉斯加环境保护条款，并在随后发展成《阿拉斯加国家利益土地保护法》，使得阿拉斯加的土地保护获得空前成功，并带来了国际环保合作的初步尝试。两个大型跨国保护区的建立，组成了庞大的北美保护系统，对当地生态系统的完整性和野生动物的迁徙起到了巨大的保护作用。而这一保护系统，以及美国与加拿大跨国保护区的建立，为更多的国际

① Bruce Woods, "Alaska's National Wildlife Refuges", *Alaska Geographic*, Vol. 30, No. 1, 2003, pp. 1-96.

环保合作奠定了坚实的基础。在随后的三十多年中，美国与加拿大两国在保护野生迁徙动物、解决跨界大气污染、保护北极环境，以及解决全球环境变暖等问题上进行了持续合作。①

① 徐再荣等:《全球环境问题与国际回应》，中国社会科学出版社 2007 年版，第 241—247 页。

结　　论

美国战后突飞猛进的经济发展，造就了富裕繁荣的社会，并带来了不断膨胀的物质消费需求。进入 20 世纪 50 年代，美国能源结构转向石油开发为主，并迅速对石油资源产生了依赖，北坡石油开发也是这种依赖的表现。而阿拉斯加拥有着特殊的气候状态、地质条件、生态环境、人文风俗以及历史文化。它既是原住民的故乡，存在历史遗留的土地问题；又保留了大面积的荒野，是环保主义者急需保护的对象。因此，阿拉斯加案例中，开发与保护的碰撞产生了最为复杂深远的环境政治斗争。著名的环境政治史学家塞缪尔·海斯认为，环境政策制定将面临三方面力量，环境保护势力、反环保势力，以及调节和融合的政策制定机构的博弈。在阿拉斯加案例中，主要表现为全国的和当地的环保组织、阿拉斯加州开发势力、阿拉斯加原住民，以及联邦政府和国会的博弈。

在北坡石油开发和阿拉斯加管道争议中，这种博弈变得更为复杂。它的复杂性，表现在它包括技术争议、土地争议、环保争议等众多层面。阿拉斯加的特殊地质和气候条件、原住民的土地遗留问题、环保组织的新旧融合等因素，都使得这种博弈变得复杂又激烈。不论是环保势力还是开发势力，都不是铁板一块。环保主义者先和支持开发者联合，质疑地质问题，拖延管道建设；接着又和原住民联合，诉讼争取土地权利，将保护条款写入原住民土地索赔法案；随后又和当地渔业经济联合，共同反对环境污染。同时，这种联合又往往是暂时和多变的，环保势力还要根据形势的变化，适时调整自己的环保策略，并提出了跨加拿大替代线路的妥协方案。而这一选择，使得美国中西部和东北州人士也加入管道反对者阵营。他们赞成跨加拿大线路，反对企业垄断和石油外销。北坡石油开发和阿拉斯加管道争议最终发展为政治和经济争议，反映了能源开发与环境保护的深层次矛盾。而能源问题的深刻性还不限于此，能源危机的爆发最终令争议消失，能源安全问题压倒了一切，地区开发与荒野保护都因此被掩盖。

环境、能源和城市历史学家马丁·麦乐西认为，20 世纪 70 年代的能源危机和环保运动的冲突和融合，揭示出能源政策和环境保护之间的相互作用决定着两者发展的未来。决策者需要接受"能源—环境平衡"的观点，将其作为开发与保护两种观点之间的折中。在阿拉斯加案例中，这一理论得到了一定的体现。在这场长达四年，声势浩大的争议中，并没有任何一方势力获得了压倒性的胜利，而最终达成各方势力的均衡和妥协。1959 年的建州法案以及 1973 年的石油管道法案的颁布，使得阿拉斯加州得到丰厚的土地馈赠和巨大的能源利益，最终占有了阿拉斯加州 27%的公共土地，以及相关的能源开发权利，石油产业给阿拉斯加带来广泛的经济利益。1971 年的《阿拉斯加原住民土地赔偿安置法》，给予阿拉斯加原住民超过 4000 万英亩的土地和近 10 亿美元的土地权赔偿外，使其占有阿拉斯加州 12%的土地。而姗姗来迟的《阿拉斯加国家利益土地保护法》，建立了众多保护区，并指定了最大面积的荒野，受保护的土地面积占阿拉斯加土地的 28%。阿拉斯加州土地和资源的控制权分摊给许多相互竞争、有时也相互合作的利益集团——阿拉斯加州和石油工业、阿拉斯加原住民以及环境保护主义者，充分体现了"能源—环境平衡"的观点。

另一方面，北坡石油开发与阿拉斯加管道争议也对美国环保运动产生了巨大的促进作用。这首先体现在对技术主义乐观主义的批判。在石油工业大肆宣言技术改进带来的环保成果的同时，一些环保主义者清醒地认识到管道建设的技术缺陷也带来了巨大的环境代价。环境污染首当其冲，生态影响日益严重。最重要的是，极北荒野被干扰，处女地被侵犯，这是令环保主义者更为痛心的悲剧。其次，阿拉斯加特有的原住民问题，在加重争议的复杂性的同时，也为环保人士所利用。原住民一开始是环保势力的伙伴，共同阻止石油开发和管道建设；后来《安置法》大面积的土地赠予，又使其成为环保势力保护荒野的竞争对手；然而《安置法》中的环保条款，又令环保主义者在1980年取得了史无前例的成功，《保护法》在阿拉斯加保留了巨大的保护区和荒野，也帮助原住民获得《安置法》中缺乏的生存活动权利。最后，跨加拿大替代线路的提出，使得争议突破了阿拉斯加，突破了美国，发展成为跨越国界的北美环境保护的问题。加拿大环保主义者反对跨加拿大替代线路，而支持跨美国与加拿大国境的保护区建设。在这种摩擦与交融之中，北美地区开始了国际环境保护合作的尝试。

综上所述，阿拉斯加的各方势力盘根错节，阿拉斯加的开发问题错综复杂，阿拉斯加的环保任务异常艰巨。比之其他经济活动，阿拉斯加的能源开发为其环境保护带来了更为严峻的考验。环保主义者需要审视技术发展带来的更大环境问题，需要协调和利用阿拉斯加特殊且重要的政治力量，并放眼国际合作创造更多经验和优势。

参考文献

一　中文文献

（一）译著

[美] 阿瑟·林克、威廉·卡顿：《1900 年以来的美国史》（上中下），刘绪贻等译，中国社会科学出版社 1983 年版。

[美] 埃里克·方纳：《美国自由的故事》，王希译，商务印书馆 2002 年版。

[美] 艾尔弗雷德·克洛斯比：《哥伦布大交换》，郑明萱译，中国环境科学出版社 2010 年版。

[美] 艾尔弗雷德·克洛斯比：《生态扩张主义：欧洲 900—1900 年的生态扩张》，许友民、许学征译，辽宁教育出版社 2001 年版。

[美] 奥尔多·利奥波德：《沙乡年鉴》，侯文蕙译，吉林人民出版社 1997 年版。

[美] 巴里·洛佩兹：《北极梦：对遥远北方的想象与渴望》，张建国译，广西师范大学出版社 2017 年版。

[美] 巴里·康芒纳：《封闭的循环》，侯文蕙译，吉林人民出版社 1997 年版。

[美] 戴芙拉·戴维斯：《浓烟似水：环保骗局与环保斗争的故事》，吴晓东、翁端译，清华出版社 2006 年版。

[美] 菲利普·沙别科夫：《滚滚绿色浪潮：美国的环境保护运动》，周律、张建发、吉武、盛勤跃译，中国环境科学出版社 1997 年版。

[英] 克莱夫·庞廷:《绿色世界史：环境与伟大文明的衰落》，王毅、张学广译，上海人民出版社 2002 年版。

[美] 克里斯·朗革、廖红:《美国环境管理的历史与发展》，中国环境科学出版社 2006 年版。

[美] 蕾切尔·卡逊:《寂静的春天》，吕瑞安、李长生译，吉林人民出版社 1997 年版。

[美] 罗德里克·纳什:《大自然的权利：环境伦理学史》，杨通进译，青岛出版社 1999 年版。

[美] 罗德里克·纳什:《荒野与美国思想》，侯文蕙、侯钧译，中国环境科学出版社 2014 年版。

[苏] 斯多布尼科夫:《北极冻土带》，清河译，时代出版社 1955 年版。

[美] 唐纳德·沃斯特:《自然的经济体系——生态思想史》，侯文蕙译，商务印书馆 1999 年版。

[美] 唐纳德·沃斯特:《尘暴：20 世纪 30 年代美国南部大平原》，侯文蕙译、梅雪芹校，生活·读书·新知三联书店 2003 年版。

[美] 唐纳德·休斯:《什么是环境史》，梅雪芹译，北京大学出版社 2008 年版。

[美] 威廉·克罗农:《土地的变迁：新英格兰的印第安人、殖民者和生态》，卢奇、赵新华译，中国环境科学出版社 2012 年版。

[美] 威廉·曼彻斯特:《光荣与梦想：1932—1972 年美国社会实录》(上下)，海南出版社 2004 年版。

[美] 约翰·海恩斯:《星，雪，火》，吴美真译，江西人民出版社 2016 年版。

[美] 约翰·缪尔:《阿拉斯加的冰川》，胡森译，鹭江出版社 2006 年版。

[美] 约翰·缪尔:《阿拉斯加之旅》，马永波、张伟译，安徽人民出版社 2012 年版。

[美] 约翰·麦克尼尔:《阳光下的新事物：20 世纪世界环境史》，

韩莉、韩晓雯译，商务印书馆 2013 年版。

（二）著作

包茂红：《环境史学的起源和发展》，北京大学出版社 2012 年版。
崔凤、唐国建：《环境社会学》，北京师范大学出版社 2011 年版。
费孝通：《美国与美国人》，生活·读书·新知三联书店 1985 年版。
付成双：《自然的边疆：北美西部开发中人与环境关系的变迁》，中国社会科学文献出版社 2012 年版。
高新祥译：《北海和阿拉斯加油气区》，石油工业出版社 1988 年版。
侯文蕙：《征服的挽歌——美国环境意识的变迁》，东方出版社 1995 年版。
李道揆：《美国政府和美国政治》，商务印书馆 1999 年版。
李剑鸣、杨令侠主编：《20 世纪美国和加拿大社会发展研究》，人民出版社 2005 年版。
刘绪贻、杨生茂主编：《美国通史》（六卷本），人民出版社 2001 年版。
刘贞晔：《国际政治领域中的非政府组织——一种互动关系的分析》，天津人民出版社 2005 年版。
梅雪芹：《环境史学与环境问题》，人民出版社 2004 年版。
梅雪芹：《环境史研究》，中国环境科学出版社 2011 年版。
盛红生、贺兵：《当代国际关系中的“第三者”》，时事出版社 2004 年版。
宋家珩：《枫叶国度——加拿大的过去与现在 》，山东大学出版社 1989 年版。
滕海键：《战后美国环境政策史》，吉林文史出版社 2007 年版。
王杰等主编：《全球治理中的国际非政府组织》，北京大学出版社 2004 年版。
王晓德：《美国文化与外交》，世界知识出版社 2000 年版。
王旭：《美国城市史》，中国社会科学出版社 2000 年版。
王野乔：《景观，生命，阿拉斯加》，长春出版社 2008 年版。

王之佳：《对话与合作：全球环境问题和中国环境》，中国环境科学出版社 2003 年版。

王之佳：《中国环境外交》（上下），中国环境科学出版社 1999，2012 年版。

肖显静：《环境与社会——人文视野中的环境问题》，高等教育出版社 2006 年版。

徐再荣：《全球环境问题与国际回应》，中国社会科学出版社 2007 年版。

徐再荣等：《20 世纪美国环保运动与环境政策研究》，中国社会科学出版社 2013 年版。

杨生茂等：《美国史新编》，中国人民大学出版社 1990 年版。

赵黎青：《非政府组织与可持续发展》，经济科学出版社 1998 年版。

资中筠：《战后美国外交史》（上下），世界知识出版社 1994 年版。

（三）期刊论文

Timothy S. Collett，苏建华：《阿拉斯加北部斜坡普鲁德霍湾和库帕勒克河地区的天然气水合物》，《天然气地球科学》1998 年第 1 期。

陈健峰等：《阿拉斯加原油管道设计原则与特殊施工要点》，《油气储运》2006 年第 12 期。

戴轶敏：《近代捕鲸业的发展与美俄两国在俄美地区的领土争端》，《西伯利亚研究》2005 年第 4 期。

董继民：《阿拉斯加出售与太平洋世界的形成》，《山东师范大学学报》（人文社会科学版）2003 年第 5 期。

董小川：《阿拉斯加割让问题研究》，《世界历史》1998 年第 4 期。

付成双：《从征服自然到保护荒野：环境史视野下的美国现代化》，《历史研究》2013 年第 3 期。

高国荣：《美国现代环保运动的兴起及其影响》，《南京大学学报》（哲学、人文科学、社会科学版）2006 年第 4 期。

顾学稼：《沙俄出售阿拉斯加原因考析》，《四川大学学报》（哲学社会科学版）1987 年第 3 期。

侯文蕙:《20 世纪 90 年代的美国环境保护运动和环境保护主义》,《世界历史》2000 年第 6 期。
侯文蕙:《美国环境史观的演变》,《美国研究》1987 年第 3 期。
金海:《20 世纪 70 年代尼克松政府的环保政策》,《世界历史》2006 年第 3 期。
吕宏庆、李均峰、汤永亮:《多年冻土区管道的若干关键技术》,《天然气与石油》2009 年第 6 期。
梅雪芹:《20 世纪 80 年代以来世界环境问题与环境保护浪潮分析》,《世界历史》2002 年第 1 期。
潘家华、张德国:《阿拉斯加管道(待续)》,《油气储运》1994 年第 2 期。
潘家华、张德国:《阿拉斯加管道(续完)》,《油气储运》1994 年第 3 期。
裴广强:《近代以来美国的能源消费与大气污染问题——历史分析与现实启示》,《史学集刊》2019 年第 5 期。
滕海键:《美国历史上的资源与荒野保护运动》,《历史教学》(高校版)2007 年第 8 期。
吴剑奴:《美国能源结构演进》,《生产力研究》2012 年第 7 期。
吴琼:《从美国联邦法律的视角看阿拉斯加州土著民族的历史变迁》,《黑龙江省政法管理干部学院学报》2013 年第 3 期。
夏正伟、许安朝:《试析尼克松政府的环境外交》,《世界历史》2009 年第 1 期。
徐国琦:《威廉·亨利·西沃德和美国亚太扩张政策》,《美国研究》1990 年第 3 期。
杨建国:《尼克松政府针对沙特的能源外交政策探析》,《西南石油大学学报》(社会科学版)2018 年第 6 期。
张德明:《国际机遇的利用与美国向太平洋的领土扩张——"路易斯安那购买"和"阿拉斯加购买"新探》,《史学集刊》2009 年第 5 期。

钟宪章：《1973年冬尼克松政府能源应急对策研究》，《黑龙江社会科学》2010年第2期。

周建军、黄胤英：《社会分红制度的历史考察：阿拉斯加的经验》，《经济社会体制比较》2006年第3期。

（四）学位论文

李红妹：《1980年美国〈阿拉斯加国家利益土地保护法〉研究》，硕士学位论文，辽宁大学，2018年。

裴杰：《尼克松政府的环保政策与城市发展》，硕士学位论文，华东师范大学，2016年。

齐玎：《接近环境正义：环保团体参与环境公益诉讼问题研究》，硕士学位论文，复旦大学，2012年。

唐宝华：《美国石油进口政策及对中东的石油战略》，硕士学位论文，河北师范大学，2006年。

张娟娟：《尼克松—福特政府的中东石油政策》，硕士学位论文，河南大学，2011年。

周佳苗：《美国当代环境外交的肇始：探析尼克松时期的环境外交（1969—1972）》，博士学位论文，南京大学，2015年。

二 外文文献

（一）政府档案文献

1. 美国总统相关文献

Dwight David Eisenhower, "Admission of the State of Alaska into the Union", January 3, 1959, in *Code of Federal Regulations: 1959 Supplement to Tittle 3—The President*, Washington, D. C.: U. S. Government Printing Office, 1960.

Richard Nixon, "Address to the Nation About Policies To Deal With the Energy Shortages", November 7, 1973, in *Public Papers of the Presidents of the United States: Richard Nixon, 1973*, Washington, D. C.: U. S. Government Printing Office, 1975.

Richard Nixon, "Remarks on Signing a Bill Authorizing the Trans-Alaska Oil Pipeline", November 16, 1973, in *Public Papers of the Presidents of the United States*: *Richard Nixon*, 1973, Washington, D. C.: U. S. Government Printing Office, 1975.

Richard Nixon, "Remarks on Signing the National Environmental Policy Act of 1969", January 1, 1970, in *Public Papers of the Presidents of the United States*: *Richard Nixon*, *1970*, Washington, D. C.: U. S. Government Printing Office, 1971.

Richard Nixon, "Special Message to the Congress on Energy Policy Legislation", November 8, 1973, in *Public Papers of the Presidents of the United States*: *Richard Nixon*, *1973*, Washington, D. C.: U. S. Government Printing Office, 1975.

Richard Nixon, "Special Message to the Congress on Energy Policy", April 18, 1973, in *Public Papers of the Presidents of the United States*: *Richard Nixon*, *1973*, Washington, D. C.: U. S. Government Printing Office, 1975.

Richard Nixon, "Special Message to the Congress on Indian Affairs", July 8, 1970, in *Public Papers of the Presidents of the United States*: *Richard Nixon*, *1970*, Washington, D. C.: U. S. Government Printing Office, 1971.

Richard Nixon, "Special Message to the Congress Proposing the 1971 Environmental Program", February 8, 1971, in *Public Papers of the Presidents of the United States*: *Richard Nixon*, *1971*, Washington, D. C.: U. S. Government Printing Office, 1972.

Richard Nixon, "State of the Union Message to the Congress on Natural Resources and the Environment", February 15, 1973, in *Public Papers of the Presidents of the United States*: *Richard Nixon*, *1973*, Washington, D. C.: U. S. Government Printing Office, 1975.

Richard Nixon, "Statement about an Alaska Natives' Claims Bill", April

6, 1971, in *Public Papers of the Presidents of the United States: Richard Nixon, 1971*, Washington, D. C.: U. S. Government Printing Office, 1972.

Richard Nixon, "Statement about the Trans-Alaska Oil Pipeline", November 16, 1973, in *Public Papers of the Presidents of the United States: Richard Nixon, 1973*, Washington, D. C.: U. S. Government Printing Office, 1975.

Richard Nixon, "Statement Announcing Additional Energy Policy Measures", June 29, 1973, in *Public Papers of the Presidents of the United States: Richard Nixon, 1973*, Washington, D. C.: U. S. Government Printing Office, 1975.

Richard Nixon, " U. S. Foreign Policy for the 1970's: Building for Peace", A Report to the Congress, February 25, 1971.

2. 美国国会相关文献

United States, Congress, Joint Economic Committee, *Hearings*, *Natural Gas Regulation and the Trans - Alaska Pipeline*, 92d Cong., 2d sess., 1972.

United States, Congressional serial set, DOC 12932 - 4, 92st Cong., 1st sess., 1971.

United States, Congressional serial set, DOC 12979 - 2, 93st Cong., 2ed sess., 1972.

United States, House of Representatives, Committee on Interior and Insular Affairs. Subcommittee on Public Lands, *Hearings*, *Oil And Natural Gas Pipeline Rights-of-way*, 93d Cong., 1st sess., 1973.

United States, House of Representatives, Committee on Interior and Insular Affairs, Subcommittee on Public Lands, *Hearings*, *Oversight Hearings On Construction On Trans - Alaska Pipeline*, 94th Cong., 1st sess., 1974.

United States, House of Representatives, Subcommittee on Indian Affairs of the Committee on Interior and Insular Affairs, *Alaska Native Land Claims: Hearings on H. R. 11213, H. R. 15049, and H. R. 17129*, 90th Cong, 1968.

United States, House of Representatives, Subcommittee on Indian Affairs of the Committee on Interior and Insular Affairs, *Alaska Native Land Claims: Hearings on H. R. 13142, H. R. 10193, and H. R. 14212, Bills to Provide for the Settlement of Certain Land Claims of Alaska Natives, and for Other Purposes*, 91st Cong. , 1st sess. , 1969.

United States, Library of Congress, Congressional Research Service, G. H. Siehl, *Alaskan Oil, Environment vs. Economy: A Compilation of Selected Writings*, Washington, D. C. , 1973.

United States, Library of Congress, Congressional Research Service, Linda. Luther, *The National Environmental Policy Act: Background and Implementation*, Washington D. C. , 2005.

United States, Senate, Committee on Interior and Insular Affairs, *Alaska Native Land Claims: Hearings on S.* 2906, *A Bill to Authorize the Secretary of the Interior to Grant Certain Lands to Alaska Natives, Settle Alaska Native Land Claims, and for other Purposesand S.* 1964, *S.* 2690, *and S.* 2020 *Related Bills*, 90th Cong. , 2ed sess. , 1968.

United States, Senate, Committee on Interior and Insular Affairs, *Hearings, The Status of the Proposed Trans-Alaska Pipeline*, 91st Cong. , 1st sess. , 1969.

United States, Senate, Committee on Interior and Insular Affairs, *Hearings, Trans-Alaska Pipeline, Draft Environmental Impact Statement*, 92d Cong. , 1st sess. , 1971.

United States, Senate, Committee on Interior and Insular Affairs, *Alaska Native Land Claims: Hearings, on S.* 35 *and S.* 835... 92st Cong. , 1st sess. , 1971.

United States, Senate, Committee on Interior and Insular Affairs, *Hear-*

ings, *Rights - of - Way Across Federal Lands*, 93d Cong., 1st sess., 1973.

United States, Senate, Committee on Interior and Insular Affairs, Committee print by Library of Congress, Congressional Research Service, Environmental Policy Division, *Congress And the Nation's Environment: Environmental And Natural Resources Affairs of the 92d Congress*, 93d Cong., 1st sess., 1973.

United States, Senate, Committee on Interior and Insular Affairs, Committee print by A. R. Tussing, *The Trans - Alaska Pipeline And West Coast Petroleum Supply, 1977 - 1982: A Staff Analysis*, 93d Cong., 2ed sess., 1973.

United States, Senate, Committee on Interior and Insular Affairs, Committee print by B. Cooper, *An Assessment and Analysis of the Energy Emergency: a Staff Analysis*, 93d Cong., 1st sess., 1973.

United States, Senate, Committee on Interstate and Foreign Commerce, *Hearings Before the Merchant Marine And Fisheries Subcommittee of the Committee On Interstate And Foreign Commerce*, 88th Cong., 1st sess., 1957.

United States, Senate. Committee on Interior and Insular Affairs, Committee print by A. R. Tussing, *Toward a Rational Policy for Oil and Gas Imports: A Policy Background Paper*, 92d Cong., 2d sess., 1973.

3. 美国内政部相关文献

Alaska Natural Gas Transportation System Final Environmental Impact Statement - Consultation And Coordination, Washington, D. C.: U. S. Dept. of the Interior, Bureau of Land Management, 1976.

Arctic National Wildlife Refuge, Alaska, Coastal Plain Resource Assessment: Report and Recommendation to the Congress of the United States and Final Legislative Environmental Impact Statement, Washington, D. C.: U. S. Dept. of the Interior, Fish and Wildlife Service in cooperation with Geological Survey and Bureau of Land Management, April 1987.

Arthur H. Lachenbruch, *Some Estimates of the Thermal Effects of a Heated Pipeline in Permafrost*, Washington, D. C.: U. S. Dept. of the Interior, Geological Survey, 1970.

D. A. Brew, *Environmental Impact Analysis: the Example of the Proposed Trans–Alaska Pipeline*, Reston, Va.: U. S. Dept. of the Interior, Geological Survey, 1974.

D. R. Kernodle, J. W. Nauman, *Field Water–quality Information Along the Proposed Trans–Alaska Pipeline Corridor, September 1970 through September 1972*, Anchorage, Alaska, 1973.

Draft Environmental Impact Statement for the Trans–Alaska Pipeline Section 102 (2) c. of the National Environmental Policy Act of 1969, Washington, D. C.: U. S. Dept. of the Interior, January 1971.

Final Environmental Impact Statement, Proposed Trans–Alaska Pipeline, Washington, D. C.: U. S. Dept. of the Interior, 1972.

George F. Williss, "*Do Things Right the First Time*": *the National Park Service And the Alaska National Interest Lands Conservation Act of 1980*, Washington, D. C.: U. S. Dept. of the Interior, National Park Service, 1985.

J. M. Childers, *Channel Erosion Surveys Along Proposed TAPS Route, Anchorage, Alaska*, July 1971, Washington, D. C.: U. S. Dept. of the Interior, Geological Survey, 1972.

Jorgenson Report of the Draft Environmental Impact Statement for the Trans–AlaskaPipelin, Washington, D. C.: U. S. Dept. of the Interior, January 1971.

Norval F. Netsch, *Fishery Resources of Waters Along the Route of the Trans–Alaska Pipeline Between Yukon River and Atigun Pass In North Central Alaska*, Washington, D. C.: U. S. Dept. of the Interior, Fish and Wildlife Service, 1975.

O. J. Ferrians Jr. , R. Kachadoorian, G. W. Greene, *Permafrost and Related Engineering Problemsin Alaska*, Washington, D. C. : U. S. Dept. of the Interior, Geological Survey, 1969.

R. A. Page, D. M. Boore, W. B. Joyner and H. W. Coulter, *Ground Motion Values for Use in the Seismic Design of the Trans-Alaska Pipeline System*, Washington, D. C. : U. S. Dept. of the Interior, Geological Survey, 1972.

T. A. Morehouse, L. E. Leask, R. A. Childers, *Fish and Wildlife Protection In the Planning And Construction of the Trans-Alaska Oil Pipeline*, Washington, D. C. : U. S. Dept. of the Interior, Fish and Wildlife Service, 1978.

4. 美国国家环境保护局及其他机构相关文献

A. R. Tussing, *Alaska-Japan Economic Relations: A Study of the Potential Contribution of Trade With Japan to Alaska's Economic Development*, Washington, D. C. : Office of Regional Economic Development, 1968.

Chery J. Trench, *How Pipelines Make the Oil Market Work - Their Networks, Operation and Regulation*, A Memorandum Prepared for the Association of Oil Pipe Lines and the American Petroleum Institute's Pipeline Committee, New York: Allegro Energy Group, December 2001.

Larry Johnson, *Revegetation Along Pipeline Right-of-Way in Alaska*, Fairbanks: Army Cold Regions, Research and Engineering Laboratory, Alaskan Projects Office, 1982.

Lawrence Rakestraw, *History of the United States Forest Service In Alaska*, Washington, D. C. : Dept. of Agriculture, Forest Service, Alaska Region. , June 2002.

National Program for Continuing Environmental Monitoring for the Marine

Leg of the Trans-Alaska Pipeline System, Rockville, Md.: National Oceanic and Atmospheric Administration, Interagency Committee for Marine Environmental Prediction, Federal Task Force on Alaskan Oil Development, 1973.

National Research Council, *Oil in the Sea III: Inputs, Fates, and Effects*, National Academy Press, Washington: DC, 2002.

R. D. Brown and R. M. Helfand, *Review of Environmental Issues of the Transportation of Alaskan North Slope Crude Oil*, Washington, D. C.: Office of Energy, Minerals & Industry, Office of Research & Development, Environmental Protection Agency, May 1977.

Robert Marshall, B. FrankHeintzleman, and Alaska Resources Committee, *Regional Planning, Part VII, Alaska-its Resources And Development*, Washington: National Resources Committee, 1938.

5. 阿拉斯加州政府相关文献

Ernest Gruening, *Let Us End American Colonialism*, Address to Alaska Constitutional Convention, November 1955. http://xroads.virginia.edu/~cap/bartlett/colonial.html.

Schmidt Ruth A. M. and Champion C. A., *Environmental and Geologic Concerns in Concerns in Concerns in Construction of The Trans-Alaska Pipeline*, Office of the Covernor, Anchorage, Alaska, U. S. A.

Lidia L. Selkregg, *Alaska Regional Profiles*, Office of the Governor, Anchorage, Alaska, U. S. A.

6. 阿拉斯加鱼类与野生动物保护局相关文献

D. D. Roby, Raymond D. Cameron, K. R. Whitten, and W. T. Smith, *Caribou and the Trans-Alaska Pipeline: A summary of current knowledge*, Proceedings, 27th Alaska Science Conference, Fairbanks, 4-7 August 1976, Alaska Department of Fish and Game, Fairbanks, Alaska, 1976.

Raymond D. Cameron and K. R. Whitten, *Effects of the Trans-Alaska*

Pipeline on Caribou Movements, Alaska Department of Fish and Game, Juneau, Alaska, 1979.

Raymond D. Cameron and K. R. Whitten, *First Interim Reportof the Effects of the Trans-Alaska Pipeline on Caribou Movements*, Alaska Department of Fish and Game, Joint State - Federal Fish and Wildlife Advisory Team, Special Report No. 2, Anchorage, Alaska, 1976.

Raymond D. Cameron and K. R. Whitten, *Second Interim Report on the Effects of the Trans-Alaska Pipeline on Caribou Movements*, Alaska Department of Fish and Game, Joint State-Federal Fish and Wildlife Advisory Team, Special Report No. 8, Anchorage, Alaska, 1977.

Raymond D. Cameron and K. R. Whitten, *Third Interim Report of the Effects of the Trans-Alaska Pipeline on Caribou Movements*, Alaska Department of Fish and Game, Joint State-Federal Fish and Wildlife Advisory Team, Special Report No. 22, Anchorage, Alaska, 1978.

V. V. Ballenberghe, *Final Report on The Effects of The Trans - Alaska Pipeline on Moose Movements*, Alaska Department of Fish and Game, Joint State - Federal Fish and Wildlife Advisory Team, Special Report No. 23, Anchorage, Alaska, 1978.

（二）法律文件与评论

B. Barry, "Citizen Suits for Natural Resource Damages: Closing a Gap in Federal Environmental Law", *Wake Forest Law Review*, Vol. 24, No. 4, 1989.

Martha Hirschfield, "The Alaska Native Claims Settlement Act: Tribal Sovereignty and the Corporate Form", *The Yale Law Journal*, Vol. 101, Issue 6, Article 4, 1992.

Michael McCloskey, "Wilderness Act of 1964: Its Background and Meaning", *Oregon Law Review*, Vol. 45, No. 4, June 1966.

Peter H. Dominick and David E. Brody, "The Alaska pipeline: Wilderness Society v. Morton and the Trans-Alaska Pipeline Authorization Act", *American University Law Review*, Vol. 25, No. 2, 1973.

Peter M. Hoffman, "Evolving Judicial Standards under the National Environmental Policy Act and the Challenge of the Alaska Pipeline", *The Yale Law Journal*, Vol. 81, No. 8, July 1972.

R. S. Jones, "Alaska Native Claims Settlement Act of 1971: History and Analysis Together with Subsequent Amendments", Report No. 81-127, Washington, D. C.: U. S. Government Printing Office, June 1981.

To Amend Section 28 of the Mineral Leasing Act of 1920, and to Authorize a Trans-Alaska Oil Pipeline, and for Other Purposes, Public Law 93-153, 93rd Congress. 87 Stat. 576, November 1973.

United States, Supreme Court, *Records and Briefs of the United States Supreme Court. Rogers C. B. Mortonn v. Wilderness Society*, Press of Byron S. Adams Printing, Inc., Washington, D. C., 1972.

United States, Supreme Court, *Records and Briefs of the United States Supreme Court. Alyeska Pipeline Serv. v. Wilderness Society*, Press of Byron S. Adams Printing, Inc., Washington, D. C., 1973.

（三）口述史

David Brower, "Environmental Activist, Publicist, and Prophet", an oral history conducted in 1974-1978 by Susan R. Schrepfer, Regional Oral History Office, The Bancroft Library, University of California, Berkeley, 1980.

EdgarWayburn, "Global Activist and Elder Statesman of the Sierra Club: Alaska, International Conservation, National Parks and Protected Areas, 1980-1992", An Oral History Conducted in 1992 by Ann Lage, Regional Oral History Office, The Bancroft Library, University of California, Berkeley, 1996.

EdgarWayburn, "Sierra Club Statesman Leader of the Parks and Wilderness Movement: Gaining Protection for Alaska, the Redwoods, and Golden Gate Parklands", An Oral History Conducted 1976-1981 by

Ann Lage and Susan Schrepfer, Regional Oral History Office, The Bancroft Library, University of California, 1985.

Gates of the Arctic National Park. Project Jukebox, Oral History Program, University of Alaska Fairbanks, Fairbanks, Alaska.

Michael McCloskey, " Sierra Club Executive Director and Chairman, 1980s-1990s: A Perspective on Transitions in the Club and the Environmental Movement", An Oral History Conducted in 1998 by Ann Lage, Regional Oral History Office, The Bancroft Library, University of California, Berkeley, 1999.

Michael McCloskey, "Sierra Club Executive Director: The Evolving Club and the Environmental Movement, 1961 - 1981", An Oral History Conducted in 1981 by Susan R. Schrepfer, Sierra Club History Series, Regional Oral History Office, The Bancroft Library, University of California, Berkeley, 1983.

Railroads of Alaska Project, Project Jukebox, Oral History Program, University of Alaska Fairbanks, Fairbanks, Alaska.

Senator Ted Stevens Project, Project Jukebox, Oral History Program, University of Alaska Fairbanks, Fairbanks, Alaska.

Wrangell - St. Elias National Park, Project Jukebox, Oral History Program, University of Alaska Fairbanks, Fairbanks, Alaska.

（四）著作

Alvin H. Hansen, *The Postwar American Economy: Performance and Problems*, New York, 1964.

Arthur S. Link and William B. Catton, *American Epoch: a History of the United States Since 1900*, New York: Alfred A. Knopf, 1980.

Ben J. Wattenberg, *The Statistical History of the United States, from Colonial Times to the Present*, Washington, D. C. : Basic Books, 1976.

Benjamin Kline, *First Along the River: A Brief History of the U. S. Environmental Movement*, San Francisco: Acada Books, 1997.

Byron W. Daynes and Glen Sussman, *White House Politics and the Environment: Franklin D. Roosevelt To George W. Bush*, Texas College Station: Texas A & M University Press, 2010.

Charles J. Cicchetti, *Alaskan Oil: Alternative Routes and Markets*, Baltimore: Resources for the Future and Johns Hopkins University Press, 1972.

Charles O. Jones, *Clean Air: The Policies and Politics of Pollution Control*, Pittsburgh: University of Pittsburgh Press, 1975.

Charles Wohlforth, *From the Shores of Ship Creek: Stories of Anchorage's First 100 Years*, Anchorage, AK: Todd Comunications, 2014.

Chris Southcott, Frances Abele, David Natcher and Brenda Parlee, *Resources and Sustainable Development in the Arctic*, London: Taylor & Francis, 2018.

Christopher L. Dyer and James R. McGoodwin, ed., *Folk Management in the World's Fisheries: Lessons for Modern Fisheries Management*, University Press of Colorado, 1991.

Claus-M. Naske and Herman E. Slotnick, *Alaska: A History of the 49th State*, Grand Rapids, Mich.: William E. Eerdmans, 1979.

Claus-M. Naske, *A History of Alaska Statehood*, Lanham, MD: University Press of America, 1985.

Claus-M. Naske, *Edward Lewis "Bob" Bartlett of Alaska: A Life in Politics*, Fairbanks: University of Alaska Press, 1979.

Craig W. Allin, *The Politics of Wilderness Preservation*, Westport, Conn.: Greenwood Press, 1982.

Dan. O'Neill, *The Firecracker Boys: H-Bombs, Inupiat Eskimos, and the Roots of the Environmental Movement*, New York: St. Martin's Press, 1994.

Daniel Nelson, *Northern Landscapes: The Struggle for Wilderness Alaska*, Washington, D. C.: Resources for the Future Press, 2004.

Daniel Yergin, *The Prize: The Epic Quest for Oil, Money, and Power*, New York: Touchstone, 1991.

David M. Wrobel, *The End of American Exceptionalism: Frontier Anxiety from the Old West to the New Deal*, Lawrence: University Press of Kansas, 1993.

David S. Case, *Alaska Natives and American Laws*, Fairbanks: University of Alaska Press, 1984.

David. Brower, *For Earth's Sake: The Life and Times of David Brower*, Salt Lake City: Peregrine Smith Books, 1990.

Donald Craig Mitchell, *Sold American: The Story of American Natives and Their Land, 1867-1959*, Hanover, New Hampshire: Dartmouth College/University Press of New England, 1997.

Donald Craig Mitchell, *Take My Land, Take My Life: The Story of Congress's Historic Settlement of Alaska Native Land Claims, 1960-1971*, Fairbanks: University of Alaska Press, 2001.

Donald Worster, *Under Western Skies: Nature and History in the American West*, New York: Oxford University Press, 1992.

Edgar Wayburn and Allison Alsup, *Your Land and Mine: the Evolution of A Conservation*, San Francisco: Sierra Club Books, 2004.

Elizabeth Tower, *Anchorage: From Its Humble Origins as Railroad Construction Camp*, Fairbanks, AK: Epicenter Press, 1999.

Ernest Gruening, *Battle for Alaska Statehood*, Fairbanks: University of Alaska Press, 1967.

Ernest Gruening, *Many Battles: The Autobiography of Ernest Gruening*, New York: Liveright Publishers, 1973.

George J. Busenberg, *Oil and Wilderness in Alaska: Natural Resources, Environmental Protection, and National Policy Dynamics*, Washington D. C.: Georgetown University Press, 2013.

George J. Sefa Dei, ed., *Indigenous Philosophies and Critical Education*:

A Reade, New York: Peter Lang, 2011.

George W. Rogers, *The Future of Alaska: The Economic Consequences of Statehood*, Baltimore: Resources for the Future and Johns Hopkins University Press, 1962.

Hacker Andrew, *U/S: A Statistical Portrait of the American People*, New York: Viking Press, 1983.

J. Brooks Flippen, *Nixon and the Environment*, Albuquerque: University of New Mexico Press, 2000.

J. C. Fisher, *Energy Crises in Perspective*, New York: Wiley, 1974.

J. M. Hunt, *Petroleum Geochemistry and Geology*, San Francisco: W. H. Freeman, 1979.

Jack Roderick, *Crude Dream: A Personal History of Oil and Politics in Alaska*, Fairbanks: Epicenter Press, 1997.

James Morton Turner, *The Promise of Wilderness: A history of American Environmental Politic Since* 1964, Seattle: University of Washington Press, 2012.

James Morton Turner, *The Republican Reversal: Conservatives and the Environment from Nixon to Trump*, Cambridge, Massachusetts: Harvard University Press, 2018.

James P. Roscow, *800 Miles to Valdez: The Building of the Alaska Pipeline*, Englewood Cliffs, N. J Prentice-Hall, 1977.

James Rathlesberger, *Nixon and the Environment: The Politics of Devastation*, The Village Voice, 1972.

Jerry Mcbeath, Matthew Berman, Jonathan Rosenberg and Mary F. Ehrlander, *The Political Economy of Oil in Alaska: Multinationals vs. the State*, Boulder, CO: Lynne Rienner Publishers, 2008.

John C. Whitaker, *Striking a Balance: Environment and Natural Resource Policy in the Nixon-Ford Years*, Washington, D. C.: American Enterprise Institute for Public Policy Research, 1976.

John G. Clark, *Energy and Federal Government*, Urbana: University of Illinois Press, 1987.

John Hanrahan and Peter Gruenstein, *Lost Frontier: The Marketing of Alaska*, New York: W. W. Norton, 1977.

John Kenneth Galbraith, *The Affluent Society*, Boston: Houghton Mifflin, 1958.

John McPhee, *Encounters with the Archdruid: Narratives about a Conservationist and Three of His Natural Enemies*, New York: Farrar, Straus and Giroux, 1971.

John S. Whitehead, *Completing the Union: Alaska, Hawai'i, and the Battle for Sytatehood*, Albuquerque: University of New Mexico Press, 2004.

Karen Brewster, ed., *Boots, Bikes, and Bombers: Adventures of Alaska Conservationist Ginny Hill Wood (Oral History)*, Fairbanks: University of Alaska Press, 2012.

Ken Ross, *Environmental Conflict in Alaska*, Boulder, CO: University Press of Colorado, 2000.

Mark Harvey, *Wilderness Forever: Howard Zahniser and the Path to the Wilderness Act*, Seattle: University of Washington Press 2005.

Martin V. Melosi, *Coping with Abundance: Energy and Environment in Industrial America 1820-1980*, New York: Knopf, 1985.

Mary Clay Berry, *The Alaska Pipeline: The Politics of Oil and Native Land Claims*, Bloomington: Indiana University Press, 1975.

Melody Webb, *The Last Frontier: A History of the Yukon Basin of Canada and Alaska*, Albuquerque: University of New Mexico Press, 1985.

Mim Dixon, *What Happened to Fairbanks? The Effects of the Trans-Alaska Oil Pipeline on the Community of Fairbanks, Alaska*, Social Impact Assessment Series, Boulder, Colo.: Westview Press, 1978.

Owen Phillips, *The Last Chance Energy Book*, Baltimore: The Johns

Hopkins University Press, 1979.

Peggy Wayburn, *Adventuring in Alaska*, San Francisco: Sierra Club Books, 1982.

Peter A. Coates, *The Trans – Alaska Pipeline Controversy: Technology, Conservation and the Frontier*, Bethlehem: Lehigh University Press, 1991.

Peter H. Pearse, *Mackenzie Pipeline*, McGill–Queen's University Press, 1974.

Peter Metcalfe, *A Dangerous Idea: The Alaska Native Brotherhood and the Struggle for Indigenous Rights*, Fairbanks: University of Alaska Press, 2014.

Philip Shabecoff, *A Fierce Green Fire: The American Environmental Movement*, New York: Hill and Wang, A Division of Farah, Straus and Giroux, Inc. 1993.

Richard H. K. Vietor, *Energy policy in America Since* 1945: *A Study of Business – government Relations*, Cambridge: Cambridge University Press, 1984.

Richard J. Orsi, *Sunset Limited: The Southern Pacific Railroad and the Development of the American West, 1850–1930*, University of California Press, 2005.

Richard N. L. Andrews, *Managing the Environment, Managing Ourselves: a History of American Environmental Policy*, 2 nd ed. New Haven: Yale University Press, 2006.

Robert Douglas Mead, *Journeys Down the Line: Building the Trans – Alaska Pipeline*, Garden City, N. Y. : Doubleday & Co. , 1978.

Robert Gottlieb, *Forcing the Spring: The Transformation of the American Environmental Movement*, Washington, D. C: Island Press, 2004.

Robert M. Collins, *More: The Politics of Economic Growth in Postwar America*, New York: Oxford University Press, 2000.

Robert Marshall, *Arctic Village*, New York: H. Smith and Hass, 1933.

Robert Weeden, *Alaska Promises to Keep*, Boston: Houghton Mifflin, 1978.

Roger Kaye, *Last Great Wilderness: The Campaign to Establishthe Arctic National Wildlife Refuge*, Fairbanks: University of Alaska Press, 2006.

Ronald B. Mitchell, *Intentional Oil Pollution at Sea Environmental Policy and Treaty Compliance*, Cambridge, Mass MIT Press, 1994.

Ross Allen Coen, *Breaking Ice for Arctic Oil: The Epic Voyage of the SS Manhattan Through the Northwest Passage*, Fairbanks: University of Alaska Press, 2012.

Roxanne Willis, *Alaska's Place in the West: From the Last Frontier to the Last Great Wilderness*, Lawrence, Kan.: University Press of Kansas, 2010.

Samuel P. Hays, *A History of Environmental Politics Since 1945*, Pittsburgh: University of Pittsburgh Press, 2000.

Samuel P. Hays, *Beauty, Health, and Permanence: Environmental Politics in the United States, 1955-1985*, Studies in Environment and History. Cambridge: Cambridge University Press, 1987.

Samuel P. Hays, *Conservation and the Gospel of Efficiency: The Progressive Conservation Movement, 1890-1920*, Cambridge: Harvard University Press, 1959.

Stephen Hopgood, *American Foreign Environmental Policy and Power of the State*, New York: Oxford University Press, 1998.

Stephen R. Fox, *John Muir and His Legacy: The American Conservation Movement, 1890-1975*, Boston: Little, Brown and Company, 1981.

Stephen W. Haycox and Mary Childers Mangusso, *An Alaska Anthology: Interpreting the Past*, Seattle: University of Washington Press, 1996.

Stephen W. Haycox and Mary Childers Mangusso, *Interpreting Alaska's*

History: *An Anthology*, Seattle: University of Washington Press, 1993.

Stephen W. Haycox, *Battleground Alaska*: *Fighting Federal Power in America's Last Wilderness*, Lawrence: University Press of Kansas, 2016.

Steve J. Langdon, *Native peoples of Alaska*: *Traditional Living in a Northern Land*, 5 *th ed.*, Anchorage, AK: Greatland Graphics, 2014.

T. Neil. Davis, *Energy/Alaska*, Fairbanks: University of Alaska Press, 1984.

Vaclav Smil, *Energy Transitions*: *History*, *Requirements*, *Prospects*, Santa Barbara: Calif. Praeger, 2010.

Vaughn Jacqueline, *Environmental Politics*: *Domestic and Global Dimensions*, Sixth ed., Boston: Wadsworth Publishing, 2011.

Walter A. Rosenbaum, *Environmental Politics and Policy*, 3 rd ed., Washington, D. C.: CQ Press, 1995.

William Burch, et al., *Social Behavior*, *Natural Resources*, *and the Environment*, New York: Harper and Row, 1972.

William H. Chafe, *The Unfinished Journey*: *America Since World War II*, New York: Oxford University Press, 1986.

William H. Goetzmann and Kay Sloan, *Looking Far North*: *The Harriman Expedition to Alaska*, New York: Viking Press, 1899.

（五）论文

A. G. Ronhovde, "An Alaska Pipeline: Resolution of Outstanding Issues", *Polar Record*, Vol. 16, No. 105, September 1973.

A. G. Ronhovde, "An Alaska Pipeline: Resolution of Outstanding Issues II", *Polar Record*, Vol. 16, No. 105, 1974.

A. T. Bergerud, R. D. Jakimchuk and D. R. Carruthers, "The Buffalo of the North: Caribou (Rangifer tarandus) and Human Developments",

Arctic, Vol. 37, No. 1, March 1984.

Albert H. Jackman, "The Impact of New Highways upon Wilderness Areas", *Arctic*, Vol. 26, No. 1, March 1973.

Barbara Leibhardt, "Among the Bowheads: Legal and Cultural Change on Alaska's North Slope Coast to 1985", *Environmental Review*: ER, Vol. 10, No. 4, Winter 1986.

Bill Devall, "David Brower", *Environmental Review*: ER, Vol. 9, No. 3, Autumn 1985.

Breen Barry, "Citizen Suits for Natural Resource Damages: Closing a Gap in Federal Environmental Law", *Wake Forest Law Review*, Vol. 24, 1989.

Carol Barnhardt, "A History of Schooling for Alaska Native People", *Journal of American Indian Education*, Vol. 40, No. 1, 2001.

Charles M. Collins, Charles H. Racine and Marianne E. Walsh, "The Physical, Chemical, and Biological Effects of Crude Oil Spills after 15 Years on a Black Spruce Forest, Interior Alaska", *Arctic*, Vol. 47, No. 2, June 1994.

Christian Nellemann and Raymond D. Cameron, "Effects of Petroleum Development on Terrain Preferences of Calving Caribou", *Arctic*, Vol. 49, No. 1, March 1996.

Christopher Kirkey, "Moving Alaskan Oil to Market: Canadian National Interests and the Trans-Alaska Pipeline, 1968-1973", *American Review of Canadian Studies*, Vol. 27, No. 4, 1997.

David D. Morgan, "Oil by Rail", *Environment*, Vol. 14, October 1972.

David Lemarquand and Anthony D. Scott, "Canada-United States Environmental Relations", *Proceedings of the Academy of Political Science*, Vol. 32, No. 2, Canada-United States Relations, 1976.

David R. Klein, "Reaction of Reindeer to Obstructions and Disturbances", *Science*, Vol. 173, No. 30, July 1971.

DouglasG. Honegger, Douglas J. Nyman, Elden R. Johnson, Lloyd S. Cluff and Steve P. Sorensen, "Trans-Alaska Pipeline System Performance in the 2002 Denali Fault, Alaska, Earthquake", *Earthquake Spectra*, Vol. 20, No. 3, August 2004.

Elizabeth Elliot-Meisel, "Politics, Pride, and Precedent: The United States and Canada in the Northwest Passage", *Ocean Development & International Law*, Vol. 40, 2009.

Erich H. Follmann and John L. Hechtel, "Bears and Pipeline Construction in Alaska", *Arctic*, Vol. 43, No. 2, 1990.

Ernest S. Burch Jr, "The Caribou/Wild Reindeer as a Human Resource Source", *American Antiquity*, Vol. 37, No. 3, July 1972.

EvelynPinkerton, "Economic and Management Benefits from the Coordination of Capture and Culture Fisheries: The Case of Prince William Sound Pink Salmon ", *North American Journal of Fisheries Management*, Vol. 14, 1994.

George J. Busenberg, "Managing the Hazard of Marine Oil Pollution in Alaska", *Review of Policy Research*, Vol. 25, No. 3, 2008.

George J. Busenberg, "The Policy Dynamics of the Trans-Alaska Pipeline System", *Review of Policy Research*, Vol. 28, No. 5, 2011.

Gill Mull, "History of Arctic Slope oil exploration", *Alaska Geographic*, Vol. 9, No. 4, 1982b.

Gordon Scott Harrison, "The Alaska Native Claims Settlement Act, 1971", *Arctic*, Vol. 25, No. 3, September 1972.

Howard Thomas, "Environmental Considerations in Federal Oil and Gas Leasing on Outer Continental Shelf", *19 Natural Resources Jouneral*, Vol. 19, No. 2, Apria 1979.

Jack Davies, "Oil Shocked: A Microhistory of The First Days of The Energy Crisis October 16-17, 1973", *Australasian Journal of American Studies*, Vol. 33, No. 1, Special Issue: America in the 1970s,

July 2014.

John A. Gray and Patricia J. Gray, "The Berger Report: Its Impact on Northern Pipelines and Decision Making in Northern Development", *Canadian Public Policy/Analyse de Politiques*, Vol. 3, No. 4, 1977.

John Barkdull, "Nixon and the Marine Environment", *Presidential Studies Quarterly*, Vol. 28, No. 3, Going Global: The Presidency in the International Arena, Summer 1998.

John F. Helliwell, "Arctic Pipelines in the Context of Canadian Energy Requirements", *Canadian Public Policy/Analyse de Politiques*, Vol. 3, No. 3, 1977.

John Hoesterey and James S. Bowman, "The Environmental Message of Audubon and the Sierra Club Bulletin", *The Journal of Environmental Education*, Vol. 7, No. 3, 1976.

John R. Boyce and Mats A. N. Nilsson, "Interest Group Competition and the Alaska Native Land Claim Settlement Act", *Natural Resources Journal*, Vol. 39, 1999.

John Sandlos, "From the Outside Looking in: Aesthetics, Politics, and Wildlife Conservation in the Canadian North", *Environmental History*, Vol. 6, No. 1, Jane 2001.

Joshua Ashenmiller, "The Alaska Pipeline as an Internal Improvement, 1969-1973", *Pacific Historical Review*, No. 75, 2006.

Kenneth R. Philp, "The New Deal and Alaskan Natives, 1936-1945", *Pacific Historical Review*, Vol. 50, No. 3, August 1981.

Klein, David R. "Arctic Grazing Systems and Industrial Development: Can We Minimize Conflicts?" *Polar RGS*, Vol. 19, No. 1 (2000): 91-98.

Knut H. Roed, Michael A. D. Ferguson, Michel Crete and Tom A. Bergerud, "Genetic Variation in Transferrin as a Predictor for Differentiation and Evolution of Caribou from Eastern Canada", *Rengifer*,

Vol. 1, No. 2, 1991.

L. F. Liddle and W. N. Burrelu, "Problems in the Design of a Marine Transportation System for the Arctic", *Arctic*, Vol. 28, No. 3, September 1975.

L. F. , Liddle and W. N. Burrelu, "Problems in the Design of a Marine Transportation System for the Arctic", *Arctic*, Vol. 28, No. 3, September 1975.

Lennart G. Sopuck and Donald J. Vernam, "Distribution and Movements of Moose (Alces alces) in Relation to the Trans - Alaska Oil Pipeline", *Arctic*, Vol. 39, No. 2, June 1986.

Lloyd S. Cluff, Robert A. Page, D. Burton Slemmons and C. B. Crouse, "Seismic Hazard Exposure for the Trans-Alaska Pipeline", Advancing Mitigation Technologies and Disaster Response for Lifeline Systems, TCLEE 25, 2003.

Max C. Brewer, "Some Results of Geothermal Investigations of Permafrost in Northern Alaska", *Transactions*, *American Geophysical Union*, Vol. 39, No. 1, February 1958.

Melody Webb Grauman, "Kennecott and Nebesna, History Mines in the Wrangall Mountains of Southcentral Alaska", in Alaska History Society, *Mining in Alaska's Past*: *Conference Proceedings*, *Anchorage*, *1980*, Anchorage: Office of History and Archaeology, Division of Parks, 1980.

Melody WebbGrauman, "Kennecott: Alaska origins of a Copper Empire, 1900 - 1938", *Western Historical Quarterly*, Vol. 9, No. 2, April 1978.

Michael E. Kraft, "U. S. Environmental Policy and Politics: From the 1960s to the 1990s", *Journal of Policy History*, Vol. 12, No. 1, 2000.

Michael McCloskey, "The Wilderness Act of 1964: Its Background and

Meaning", *Oregon Law Review*, Vol. 45, June 1966.

Michael McCloskey, "Wilderness Movement at the Crossroads", *Pacific Historical Review*, Vol. 5, August 1972.

Paul Sabin, "Crisis and Continuity in U. S. Oil Politics, 1965-1980", *The Journal of American History*, Vol. 99, No. 1, Oil in American History, June 2012.

Peter Coates, " 'Oil from the Arctic: Building the Trans - Alaska Pipeline.' at the National Museum of American History", *Technology and Culture*, Vol. 40, No. 2, April 1999.

Peter Coates, "The Trans-Alaska Pipeline's Twentieth Birthday: Commemoration, Celebration, and the Taming of the Silver Snake", *The Public Historian*, Vol. 23, No. 2, Spring 2001.

Raymond D. Cameron, Daniel J. Reed, James R. Dau and Walter T. Smith, "Redistribution of Calving Caribou in Response to Oil Field Development on the Arctic Slope of Alaska", *Arctic*, Vol. 45, No. 4, December 1992.

Raymond D. Cameron, Kenneth R. Whitten. Walter T. Smith and Daniel D. Roby, "Caribou distribution and group composition associated with construction of the Trans - Alaska Pipeline", *Canadian Field - Naturalist*, Vol. 93, No. 2, 1979.

Raymond D. Cameron, Walter T. Smith, Robert G. White and Brad Griffith, "Central Arctic Caribou and Petroleum Development: Distributional, Nutritional, and Reproductive Implications", *Arctic*, Vol. 58, No. 1, March 2005.

Riley E. Dunlap and Angela G. Mertig, " The evolution of the U. S. environmental movement from 1970 to 1990: An overview", *Society & Natural Resources*, Vol. 4, 1991.

Robert J. Ritchie, and Skip Ambrose. " Distribution and Population Status of Bald Eagles (Haliaeetus leucocephalus) in Interior Alaska."

Arctic, Vol. 49, No. 2 (Jun., 1996): 120-128.

Robert Weeden and David R. Klein, "Wildlife and Oil: A Survey of Critical Issues in Alaska", *Polar Record*, Vol. 15, 1971.

Rogers C. B. Morton, "The Nixon Administration Energy Policy", *The Annals of the American Academy of Political and Social Science*, Vol. 410, The Energy Crisis: Reality or Myth, November 1973.

Russell E. Train, "The Environmental Record of the Nixon Administration", *Presidential Studies Quarterly*, Vol. 26, No. 1, The Nixon Presidency, Winter 1996.

Samuel P. Hays, "From Conservation to Environment: Environmental Politics in the United States Since World War Two", *Environmental Review*: ER, Vol. 6, No. 2, 1982.

Scott A. Wolfe, Brad Griffith and Carrie A. Gray Wolfe, "Response of Reindeer and Caribou to Human Activities", *Polar Research*, Vol. 19, No. 1, 2000.

Sune Holt, "The Effects of Crude and Diesel Oil Spills on Plant Communities at Mesters Vig, Northeast Greenland", *Arctic and Alpine Research*, Vol. 19, No. 4, Restoration and Vegetation Succession in Circumpolar Lands: Seventh Conference of the Comité Arctique International, November 1987.

Ted Greenwood, "Canadian-American Trade in Energy Resources", *International Organization*, Vol. 28, No. 4, Canada and the United States: Transnational and Transgovernmental Relations, Autumn 1974.

Terrence M. Cole, "Jim Crow in Alaska: The Passage of the Alaska Equal Rights Act of 1945", *Western Historical Quarterly*, Vol. 23, No. 4, November 1992.

Thomas A. Bailey, "Why the United States Purchased Alaska", *Pacific Historical Review*, Vol. 3, 1934.

Thomas A. Morehouse, "Fish, Wildlife, Pipeline: Some Perspective on

Protection", *The Northern Engineer*, Vol. 16, No. 2, Summer 198.

Thomas G. Smith, "John Kennedy, Stewart Udall, and New Frontier Conservation", *Pacific Historical Review*, Vol. 64, No. 3, 1995.

Trevor Lloyd, "Canada's Arctic in the Age of Ecology", *Foreign Affairs*, Vol. 48, No. 4, July 1970.

V. Alexander and K. Van Cleve, "The Alaska Pipeline: A Success Story", *Annual Review of Ecology and Systematics*, Vol. 14, 1983.

Walter T. Smith and Raymond D. Cameron, "Reactions of Large Groups of Caribou to a Pipeline Corridor on the Arctic Coastal Plain of Alaska", *Arctic*, Vol. 38, No. 1, March 1985.

Wayne C. Thomas and Monica E. Thomas, "Public Policy and Petroleum Development: The Alaska Case", *Arctic*, Vol. 35, No. 3, September 1982.

Wayne C. Thomas and Monica E. Thomas, "Public Policy and Petroleum Development: The Alaska Case", *Arctic*, Vol. 35, No. 3, September 1982.

Wayne C. Thomas, "Distribution of Costs and Benefits of Energy Development in Alaska Among in Alaska Among Participants and Groups Affected", *Proceedings*, *Annual Meeting*, Western Agricultural Economics Association, Vol. 48, July 20-22, 1975.

（六）硕博士论文

Danielle E. Verna, "Influences of policy and vessel behavior on the risk of ballast-borne marine species invasions in coastal Alaska", Master. diss., Alaska Pacific University, 2014.

GilZemansky, "Water Quality Regulation during Construction of the Trans - Alaska Oil Pipeline", Ph. D. diss., University of Washington, 1983.

James Lee Cuba, "A Moveable Frontier: Frontier Images in Contemporary Alaska", Ph. D. diss., Yale University, 1981.

John Hilton Wolfe, "Alaskan Literature: The Fiction of America's Last Wilderness", Ph. D. diss., Michigan State University, 1973.

Timo Christopher Allan, "Locked up! A History of Resistance to the Creation of National Parks in Alaska", Ph. D. diss., Washington State University, 2010.

三 网络资源

美国国家环境保护局官网：https://www.epa.gov/history

美国国家地质调查局官网：https://www.usgs.gov/

美国石油地质学家协会官网：https://www.aapg.org/

美国总统计划官网：https://www.presidency.ucsb.edu/

阿拉斯加州政府官网：http://alaska.gov/

阿拉斯加州鱼类和野生动物保护部门官网：https://www.adfg.alaska.gov/index.cfm?adfg=home.main

阿拉斯加大学费尔班克斯口述史计划网站：http://jukebox.uaf.edu.

阿拉斯加原住民在线资料网站：http://www.alaskool.org/default.htm

班克罗夫特官网：http://www.lib.berkeley.edu

美国法律诉讼信息网：https://www.leagle.com/

Jstor 论文数据库：http://www.jstor.org

Proquest 学位论文数据库：http://www.proquest.com

维基百科：https://en.wikipedia.org

Hathi Trust 数字图书馆：https://www.hathitrust.org

HeinOnline 法学期刊全文数据库：https://heinonline.org

B-OK 电子图书馆：http://b-ok.org

附　　录

北坡石油开发与管道建设争议年表

1968 年 2 月，在阿拉斯加北坡的普鲁德霍湾发现了大量的石油和天然气储量。

1968 年 10 月，大西洋里奇菲尔德石油公司、汉贝尔石油炼制公司，以及英国石油公司成立了石油财团，旨在建造跨阿拉斯加管道运输石油。

1968 年 12 月 31 日，相关石油公司成立的工作组得出结论认为，通过加拿大和阿拉斯加的全陆路线也是可行的，可以在合理的时间内建造，并且可以成功运作。

1969 年 2 月，石油财团宣布申请建设从北坡普鲁德霍湾到阿拉斯加南部海岸瓦尔迪兹的输油管道的许可证。

1969 年 4 月 19 日，内政部副部长特雷恩成立了北坡特别工作小组，为阿拉斯加北坡的联邦土地开发制定了指导方针。

1969 年 8 月，特雷恩对北坡特别工作小组发布的管道建设的环境影响报告召开公众听证会，永久冻土问题提出并受到重视。

1969 年 9 月至 12 月，关于拟议管道的公开听证会在阿拉斯加和华盛顿特区举行。

1969 年 9 月 15 日，北坡特别工作小组向总统提交了初步报告。

1969 年 9 月，阿拉斯加州拍卖北坡的 4.5 亿英亩土地，获得了

9 亿美元的巨额租赁款。

1969 年 12 月，石油财团提交了一份经修订的单一通道申请，宽度为 54 英尺，另有 2 份特别土地使用许可证申请（SLUP）；一个申请 46 英尺 SLUP 用于额外的通道和建筑空间，一个申请 200 英尺 SLUP 用于建造运输道路。

1969 年 12 月，内政部部长希克尔批准修改阿拉斯加“土地冻结”，允许在利文古德到育空河之间修建一条公路。土地管理局发布了动员权限，允许 5 个道路建设承包商开发建设营地，并动员建设育空河以北的道路。

1970 年 1 月 1 日，1969 年国家环境政策法案《国家环境政策法》（NEPA）生效。

1970 年 3 月 5 日，内政部部长希克尔告诉总统，他准备授权石油财团建造从育空到北坡的运输道路——这一行为等于最终批准北坡石油开发和管道建设。

1970 年 3 月 9 日，5 个村庄的原住民向联邦地方法院提起诉讼，禁止希克尔在不向原住民承包商提供任何工作的情况下，颁发进一步的工程许可证。

1970 年 3 月 26 日，荒野社会、“地球之友”和环境保护基金公司提起诉讼，要求阻止建造管道。

1970 年 4 月 23 日，美国哥伦比亚特区地方法院批准了环保组织的禁止要求，裁定 54 英尺的通行权，46 英尺的 SLUP 和 200 英尺的 SLUP 的申请超出了《矿物租赁法》第 28 条规定的宽度；同时裁定内政部部长必须从整体上考虑管道项目，并做出全面的环境影响报告。

1970 年 8 月，阿列斯卡管道服务公司建立。

1971 年 1 月，内政部向公众和其他联邦机构发布了环境影响报告草案。

1971 年 2 月，参议院内政委员举行了公开听证会，个人与相关结构都对草案提出质疑。

1971 年 4 月，科尔多瓦渔民对内政和农业部部长提起诉讼，指控内政部未能履行《国家环境政策法》规定需要履行的义务。

1971 年 7 月 1 日，国会通过了《阿拉斯加原住民土地赔偿安置法》（ANCSA）。这一方案决定将给予原住民超过 4000 万英亩的土地，以及约 10 亿美元现金赔偿。法案还包含了一系列环保条款，为后续阿拉斯拉环保运动奠定了基础。

1972 年 1 月 13 日，环境保护委员会起诉内政部部长莫顿，要求内政部考虑迄今为止忽视的一系列替代方案。

1972 年 3 月 20 日，内政部发布了关于管道的环境影响报告决案，并要求各方势力在 45 天期限内给出批评意见。

1972 年 5 月 4 日，环保和相关人士向内政部提交了 1000 多页的批判意见。

1972 年 5 月 11 日，内政部部长莫顿宣布决定批准北坡石油开发与管道建设。

1972 年 8 月 15 日，地区法院解散了初步禁令，否认了永久性禁令，并驳回了荒野协会诉莫顿案中的投诉。

1973 年 2 月 9 日，美国巡回法院推翻了地方法院解散禁令，并禁止施工。

1973 年 4 月，最高法院驳回了审判，拒绝审查巡回法院的裁决，实行“立法还押”，将管道项目交于国会处理。

1973 年 7 月，蒙代尔和贝赫提出了“北坡能源资源法”，该修正案企图消除内政部部长对管道的批准，主张由美国国家科学院对替代线路进行研究，但因种种原因失败。

1973 年夏天，阿拉斯加参议员格雷夫和史蒂文斯提出一项修正案，要求授权内政部部长给予管道项目“避免《国家环境政策法》进一步行动”的许可，并艰难通过。

1973 年 7 月 17 日，参议院通过了 S. 1081 法案。

1973 年 8 月 2 日，众议院通过了 H. R. 9130 法案。

1973 年 11 月 16 日，尼克松总统签署《跨阿拉斯加管道授权法案》。

1976 年，环保组织在华盛顿建立了专门的保护主义者联盟——阿拉斯加联盟，处理阿拉斯加环保问题。

1977 年，跨阿拉斯加输油管道建成，北坡石油开发正式开始。

1977 年，阿拉斯加联盟的环保主义者与众议院内务委员会的工作人员合作，起草了一项重要的阿拉斯加土地保护法案 H. R. 39。法案要求在阿拉斯加划定 1. 465 亿英亩的荒野，遭到了阿拉斯加国会代表团的强烈反对。

1978 年 11 月，内政部部长塞西尔·安德鲁斯利用《联邦土地政策和管理法》所授权限，保留了 4400 万英亩的土地，使其成为国家野生动物保护区。

1978 年 12 月，卡特总统利用《古物法》所授权限，又保护了 5600 万英亩的土地，使其成为国家纪念地。

1980 年，国会对阿拉斯加土地法案进行了长时间政治谈判。最终结果是一项参议院妥协案，该法案旨在为国家保护系统增加约 1. 05 亿英亩土地。

1980 年 12 月 2 日，卡特总统签署了《阿拉斯加国家利益土地保护法》（ANILCA），为国家保护系统增加了 1. 05 亿英亩保护区，并划定了 5630 万英亩荒野。

后　记

岁月如歌，光阴似箭，在整理博士论文出版的同时，我不禁再次回忆自己三年的博士研究生求学生涯。回顾往昔，以往的奋斗和辛劳都成为最美好的回忆；回首来路，陪我坚定前行的老师、朋友、亲人更是我最高贵的财富。所有这一切，都令我备感珍惜。在拙作付梓之际，让我对所有指导帮助过我的人致以最真挚的感谢。

博士三年，我最要感谢的就是我的导师徐再荣先生。徐老师自我入学以来，在学习和科研方面给了我诸多帮助，是我博士三年学习奋斗的最大助力。徐老师特别注重对我科学研究能力的培养，总是在适当的时机给予适当的指导。在与老师的定期会面交流中，老师既会站在较高的起点指引我的博士研究方向，又会对我提出的具体研究疑问给出精辟的意见，引领并辅导我博士阶段的学习与研究。除此之外，老师还带领我参加重要的学术讲座、学术会议，指导我参加研习营学习、博士答辩会等科研活动，让我得以和学术界相关专业的名师和学友们广泛交流，开阔了视野，增长了见识，既提升了挑战专业难题的科研能力，也获得了融入学术大家庭的归属感。徐老师传授给我的不仅仅是知识和方法，更重要的是宝贵的学术品德和积极的生活态度，这将使我终身受益。

博士三年，我也离不开其他老师、同学和朋友的关心与帮助。梅雪芹老师是我进入环境史领域的领路人。硕士二年级下半学期，我曾经跟随梅老师学习《环境史导论》课程。这一课程的学习，课后对环境史经典著作的阅读，以及与老师同学的广泛交流，给我博士阶段的研究奠定了基础。博士二年级期间，我曾经两次到南开大学津南校区学习，参加了环境史研习营和第四届北美史研究工作坊，与众多优秀的老师和同学交流学习，并受到了付成双老师、丁见民老师的帮助和指导。首都师范大学的姚百慧老师，历任我硕士、博士论文答辩委员会成员，连续两次给我的学位论文写作以真诚的指导，尤其在文献收集和运用等方面给了我巨大的启示和帮助。世界历史研究所的汪朝光所长、孟庆龙老师、姜南老师、高国荣老师、侯艾君老师，在博士论文开题报告和预答辩中对我的论文撰写和修改提出了很好的建议，使我受益匪浅。刘巍老师是世界历史所的教学秘书，我时常会因为个人琐碎的杂务，如申请奖学金、申报科研立项、找工作等，去向刘老师求助和请教。而刘老师每次都及时给我答复，并认真处理我提出的问题，还时常给我鼓励和肯定，是我博士求学道路上的良师。

我同样感谢研究生阶段的师兄和同窗们。最应该感谢的是我的同门师兄张宏宇，他在我考博和读博阶段都给予了莫大的帮助。我的第一篇学术论文，就是在和师兄的广泛讨论下完成的。他在书目阅读、文献搜索等学术技能方面也给我提出了很多宝贵意见。我们也在读博经验、职业规划等方面广有交流。然后，和我同届入学的吴迪同学和张经纬同学，也是我读博期间的亲密战友。几年前和他们一起在东厂胡同面试的场景还历历在目，从那时候起，我们三个人就建立了密切的联系，时常在学习和生活中互相帮助、互相扶持。而作为一个有家庭、不住校的博士生，我更多时候需要他们为我处理各种校园杂事，非常感谢他们曾经给予我的关心和照顾。

我还要感谢博士求学生涯中遇到的其他专业、其他学校的同学，我在他们身上也学习到了很多知识，吸收了很多力量。朱豆豆同学是我博士二班的同学，她虽然和我不同专业，但是她强大的科研能力总是吸引我去和她多交流多学习；在毕业求职期间，我们更是互相鼓励，互相帮助。博士二班的班长唐凤英同学和党支部组织委员师帅同学，对班级事务非常负责，是全班同学的服务者。我在入党、评优等事务上，也多次得到两位同学的帮助。除了社科院的同学，其他高校的相关专业的同学也是我读博生涯中的良师益友。通过参加学术讲座、学术会议，我和大家广泛交流，在很多时候都能获得很大的启发。给予帮助和启迪的同学很多，恕不一一赘述。

最后我要感谢我的家人对我学业的支持和鼓励。在读博期间，我最感谢的家人是我的爱人马喜立博士。他具有丰富的科研经验和优秀的科研能力，在撰写和发表核心论文方面给了我很大的帮助。同时，他还总在适当的时机，支持、肯定、鼓励，甚至是表扬我，这让我有更大的干劲完成博士三年的学习和科研工作。其次非常感谢父母对我的关照和鼓励，他们承担了最繁重的家庭工作，帮助我照看孩子，我才能有精力学习。最后，我还要感谢我最爱的女儿，她是我甘之如饴，矢志奋斗的最大动力！感谢并感恩我有这么多支持我、爱我的家人，支持我完成博士学业，支持我追求学术梦想。我愿将这本书献给他们。

往事不可追，来者犹可待。博士三年的科研经历也留下不少遗憾，博士三年所收获的指导帮助还未能报答，而我在此只能怀揣过往未竟梦想，展望未来前途征程。万望自己不辜负老师的殷切教导，不辜负亲友的热切期盼，在将来的工作生活中，不懈奋斗，勉励前行，用切实的进步回报大家的期许，用优异的成绩书写更好的人生。

张文静

2022年2月26日于北京

中国社会科学院大学优秀博士学位论文出版资助项目书目

- 元代刑部研究
- 杨绛的人格与风格
- 与时俱化:庄子时间观研究
- 广告法上的民事责任
- 葛颇彝语形态句法研究
- 计算机实施发明的可专利性比较研究
- 唐宋诗歌与园林植物审美
- 西夏文《解释道果语录金刚句记》研究
- 阿拉斯加北坡石油开发与管道建设争议及影响

越南海洋战略与中越海洋合作研究

中国共产党“以史育人”的历史进程及基本经验研究